战略性新兴领域"十四五"高等教育系列教材
纳米材料与技术系列教材　　　总主编　张跃

氢能与燃料电池

赵海雷　杜志鸿　杨天让　宋西平　杜春雨　韩国康　编

机械工业出版社

本书系统阐述了氢能与燃料电池的基础理论和知识，介绍了该领域的技术前沿和发展趋势。全书包括氢与氢能、氢气的制备、氢气的储存及输运、燃料电池，并重点介绍了最具应用潜力的质子交换膜燃料电池、固体氧化物燃料电池的发电机理、电池结构、关键材料、研究进展及应用领域，以及其他类型燃料电池。

本书可作为高等院校材料科学与工程专业本科生、研究生的教学用书，也可作为从事能源、材料、氢能及燃料电池等领域工作的科研和技术人员的参考读物。

图书在版编目（CIP）数据

氢能与燃料电池 / 赵海雷等编. -- 北京：机械工业出版社，2024.12. -- (战略性新兴领域"十四五"高等教育系列教材)(纳米材料与技术系列教材).
ISBN 978-7-111-77672-7

I.TM911.42

中国国家版本馆 CIP 数据核字第 2024MN6438 号

机械工业出版社（北京市百万庄大街22号　邮政编码100037）
策划编辑：丁昕祯　　　　　责任编辑：丁昕祯　舒　宜
责任校对：潘　蕊　陈　越　　封面设计：王　旭
责任印制：刘　媛
北京中科印刷有限公司印刷
2024年12月第1版第1次印刷
184mm×260mm・15.75印张・385千字
标准书号：ISBN 978-7-111-77672-7
定价：59.80元

电话服务　　　　　　　　　网络服务
客服电话：010-88361066　　机　工　官　网：www.cmpbook.com
　　　　　010-88379833　　机　工　官　博：weibo.com/cmp1952
　　　　　010-68326294　　金　书　网：www.golden-book.com
封底无防伪标均为盗版　机工教育服务网：www.cmpedu.com

编委会

主任委员：张 跃

委　　员（排名不分先后）

蔡　智	曹文斌	陈春英	杜志鸿
段嗣斌	冯　春	郭　林	何　洋
姜乃生	蒋宝龙	康　卓	李丽东
梁倬健	廖庆亮	刘　颖	马　源
南策文	彭开武	钱国栋	强文江
任伟斌	沈　洋	孙颖慧	滕　蛟
王　捷	王荣明	王守国	王欣然
王宇航	徐晓光	杨天让	郁建灿
张冰芦	张俊英	张先坤	张　铮
赵　典	赵海雷	赵　璇	赵宇亮
郑新奇	周　述		

序

人才是衡量一个国家综合国力的重要指标。习近平总书记在党的二十大报告中强调："教育、科技、人才是全面建设社会主义现代化国家的基础性、战略性支撑。"在"两个一百年"交汇的关键历史时期，坚持"四个面向"，深入实施新时代人才强国战略，优化高等学校学科设置，创新人才培养模式，提高人才自主培养水平和质量，加快建设世界重要人才中心和创新高地，为2035年基本实现社会主义现代化提供人才支撑，为2050年全面建成社会主义现代化强国打好人才基础是新时期党和国家赋予高等教育的重要使命。

当前，世界百年未有之大变局加速演进，新一轮科技革命和产业变革深入推进，要在激烈的国际竞争中抢占主动权和制高点，实现科技自立自强，关键在于聚焦国际科技前沿、服务国家战略需求，培养"向极宏观拓展、向极微观深入、向极端条件迈进、向极综合交叉发力"的交叉型、复合型、创新型人才。纳米科学与工程学科具有典型的学科交叉属性，与材料科学、物理学、化学、生物学、信息科学、集成电路、能源环境等多个学科深入交叉融合，不断探索各个领域的四"极"认知边界，产生对人类发展具有重大影响的科技创新成果。

经过数十年的建设和发展，我国在纳米科学与工程领域的科学研究和人才培养方面积累了丰富的经验，产出了一批国际领先的科技成果，形成了一支国际知名的高质量人才队伍。为了全面推进我国纳米科学与工程学科的发展，2010年，教育部将"纳米材料与技术"本科专业纳入战略性新兴产业专业；2022年，国务院学位委员会把"纳米科学与工程"作为一级学科列入交叉学科门类；2023年，在教育部战略性新兴领域"十四五"高等教育教材体系建设任务指引下，北京科技大学牵头组织，清华大学、北京大学、浙江大学、北京航空航天大学、国家纳米科学中心等二十余家单位共同参与，编写了我国首套纳米材料与技术系列教材。该系列教材锚定国家重大需求，聚焦世界科技前沿，坚持以战略导向培养学生的体系化思维、以前沿导向鼓励学生探索"无人区"、以市场导向引导学生解决工程应用难题，建立基础研究、应用基础研究、前沿技术融通发展的新体系，为纳米科学与工程领域的人才培养、教育赋能和科技进步提供坚实有力的支撑与保障。

纳米材料与技术系列教材主要包括基础理论课程模块与功能应用课程模块。基础理论课程与功能应用课程循序渐进、紧密关联、环环相扣，培育扎实的专业基础与严谨的科学思维，培养构建多学科交叉的知识体系和解决实际问题的能力。

在基础理论课程模块中，《材料科学基础》深入剖析材料的构成与特性，助力学生掌握材料科学的基本原理；《材料物理性能》聚焦纳米材料物理性能的变化，培养学生对新兴材料物理性质的理解与分析能力；《材料表征基础》与《先进表征方法与技术》详细介绍传统与前沿的材料表征技术，帮助学生掌握材料微观结构与性质的分析方法；《纳米材料制备方法》引入前沿制备技术，让学生了解材料制备的新手段；《纳米材料物理基础》和《纳米材料化学基础》从物理、化学的角度深入探讨纳米材料的前沿问题，启发学生进行深度思考；《材料服役损伤微观机理》结合新兴技术，探究材料在服役过程中的损伤机制。功能应用课程模块涵盖了信息领域的《磁性材料与功能器件》《光电信息功能材料与半导体器件》《纳米功能薄膜》，能源领域的《电化学储能电源及应用》《氢能与燃料电池》《纳米催化材料与电化学应用》《纳米半导体材料与太阳能电池》，生物领域的《生物医用纳米材料》。将前沿科技成果纳入教材内容，学生能够及时接触到学科领域的最前沿知识，激发创新思维与探索欲望，搭建起通往纳米材料与技术领域的知识体系，真正实现学以致用。

希望本系列教材能够助力每一位读者在知识的道路上迈出坚实步伐，为我国纳米科学与工程领域引领国际科技前沿发展、建设创新国家、实现科技强国使命贡献力量。

张跃

北京科技大学
中国科学院院士

前　言

在全球能源转型和生态、经济可持续发展的背景下，氢能和燃料电池技术逐渐成为解决能源与环境问题的重要途径。氢能作为一种清洁、可再生的能源载体，具有来源广泛、储能密度高、清洁无污染等优点。而燃料电池作为将氢的化学能高效转化为电能的关键技术，展现出广阔的应用前景。因此，发展氢能和燃料电池技术具有巨大的能源战略意义。

氢气的制备、存储和输运是氢能利用的核心环节。氢气的制备主要包括化石燃料重整、电解水，以及生物质转化等方法。其中，电解水制氢因其清洁性和可再生性而备受关注。氢气的存储方式多样，包括气态存储、液态存储和固态存储等，以满足不同应用场景的需求。氢气的输运涉及管道输运、车载输运和船舶输运，确保氢能在不同地域间的高效、安全传递。

燃料电池作为氢能利用的重要技术，具有高效、环保、适应性广等优点。燃料电池的类型主要包括质子交换膜燃料电池（PEMFC）、固体氧化物燃料电池（SOFC）、碱性燃料电池（AFC）、磷酸燃料电池（PAFC）和熔融碳酸盐燃料电池（MCFC）等。每种燃料电池在工作温度、发电效率、应用领域等方面各有特点。质子交换膜燃料电池因其低温高效的特性，广泛应用于交通和便携式电源领域；固体氧化物燃料电池则因其高温高效和燃料灵活性，适用于分布式发电和工业应用。

本书旨在系统地介绍氢能与燃料电池的基础理论、关键技术和应用实践，内容涵盖氢能的制备、存储与输运，燃料电池的工作原理、类型和性能优化，以及氢能与燃料电池在交通、工业、能源存储等领域的应用实例。通过详细的理论讲解和丰富的案例分析，帮助读者全面理解这一新兴领域的技术发展现状与未来趋势。

随着全球对可持续能源解决方案需求的不断增加，氢能与燃料电池技术在政策支持、市场推动和技术创新的共同作用下，正迅速走向商业化应用。我们希望本书不仅能为学术研究和工程实践提供有价值的参考信息，还能激发更多的创新思维，推动氢能与燃料电池技术的发展和应用。

本书由北京科技大学赵海雷教授、北京科技大学杜志鸿副教授、华北电力大学杨天让副教授、北京科技大学宋西平教授、哈尔滨工业大学杜春雨教授、哈尔滨工业大学韩国康博士编写而成。作者参阅了国内外的大量教材、专著和学术论文。本书融合了作者的研究实践和本领域的研究进展，并对相关知识进行了梳理和总结，希望读者能够从本书中得到有益的启示和帮助。

由于作者的知识和水平有限，书中难免存在遗漏与不妥之处，敬请广大读者批评指正，在此致以最诚挚的感谢。

作　者

目 录

序
前 言
第1章 氢与氢能 1
1.1 氢的性质 1
1.1.1 氢的物理性质 1
1.1.2 氢的化学性质 1
1.2 氢能及其应用 2
1.2.1 氢能应用概述 2
1.2.2 氢能在交通领域的应用 3
1.2.3 氢能在化工领域的应用 3
1.2.4 氢能在电力领域的应用 5
第2章 氢气的制备 7
2.1 化石燃料重整制氢 7
2.1.1 重整反应原理 7
2.1.2 工艺流程 9
2.2 工业尾气制氢 13
2.2.1 尾气来源 13
2.2.2 工艺路线 14
2.3 高温分解制氢 16
2.3.1 高温分解的原理 16
2.3.2 高温分解制氢的应用及优势 19
2.4 电解水制氢 20
2.4.1 碱性电解水制氢 21
2.4.2 质子交换膜电解水制氢 25
2.4.3 固体氧化物电解水制氢 28
2.4.4 阴离子交换膜电解水制氢 33
2.5 其他制氢技术 34
2.5.1 生物质转化制氢 34
2.5.2 光催化制氢 36
第3章 氢气的储存及输运 38
3.1 氢气的储存 38
3.1.1 气态储氢 38
3.1.2 液态储氢 45
3.1.3 超临界态储氢 50
3.1.4 固态储氢 53
3.1.5 液态介质储氢 70
3.2 氢气的输运 74
3.2.1 管道输运 75
3.2.2 车载输运 77
3.2.3 船舶输运 80
3.3 加氢站 80
3.3.1 加氢站的分类 80
3.3.2 气态加氢站 81
3.3.3 液态加氢站 83
3.3.4 加氢站的现状与发展趋势 84
第4章 燃料电池 86
4.1 燃料电池的诞生 86
4.2 燃料电池的工作原理 87
4.3 燃料电池热力学 88
4.3.1 基本热力学函数 88
4.3.2 反应焓与燃料的热潜能 89
4.3.3 吉布斯自由能与电池电动势 90
4.3.4 燃料电池可逆电压的预测 91
4.3.5 燃料电池的效率 94
4.4 燃料电池反应动力学 95
4.4.1 电流与反应速率之间的关系 95
4.4.2 电极电势与电流密度之间的关系：Butler-Volmer方程 97
4.5 燃料电池的结构、特点及其分类 101
4.5.1 燃料电池的基本构成 101
4.5.2 燃料电池的特点 102
4.5.3 燃料电池的分类 102
第5章 质子交换膜燃料电池 104
5.1 质子交换膜燃料电池概述 104
5.1.1 PEMFC工作原理 104

5.1.2 PEMFC 基本组成 ………… 105
5.1.3 PEMFC 发展简史 ………… 105
5.1.4 PEMCF 的特点 …………… 106
5.2 质子交换膜 …………………… 107
　5.2.1 质子交换膜的基本性质 … 107
　5.2.2 全氟磺酸膜化学组成与质子传导机制 …………………… 107
　5.2.3 质子交换膜性能评估 …… 108
　5.2.4 全氟磺酸膜衰减机制 …… 110
　5.2.5 全氟磺酸膜改性提升策略 … 112
　5.2.6 其他质子交换膜 ………… 114
5.3 PEMFC 催化剂 ……………… 115
　5.3.1 质子交换膜燃料电池电催化原理 ……………………… 115
　5.3.2 催化剂基本要求 ………… 118
　5.3.3 PEMFC 催化剂发展史 … 118
　5.3.4 Pt 基催化剂评估 ………… 119
　5.3.5 Pt 基催化剂的衰减机制 … 123
　5.3.6 Pt 基催化剂的性能提升策略 … 125
　5.3.7 非 Pt 氧还原催化剂 …… 129
5.4 PEMFC 膜电极 ……………… 130
　5.4.1 膜电极结构 ……………… 130
　5.4.2 催化层 …………………… 131
　5.4.3 有序膜电极 ……………… 132
　5.4.4 气体扩散层 ……………… 134
5.5 PEMFC 流场板 ……………… 135
　5.5.1 流场板的要求 …………… 135
　5.5.2 流场板的常见材料 ……… 135
　5.5.3 流场板评估方式 ………… 136
　5.5.4 流场结构 ………………… 137
　5.5.5 流场板提升策略 ………… 137
5.6 质子交换膜燃料电池运行影响因素 … 139
　5.6.1 工作温度和压力的影响 … 139
　5.6.2 PEMFC 水管理 ………… 139
　5.6.3 低温储存与冷启动 ……… 140
　5.6.4 电堆中单电池的一致性与反极现象 ……………………… 140
　5.6.5 电堆启停引发的衰减 …… 141
　5.6.6 开路/怠速情况下的衰减 … 142
5.7 质子交换膜燃料电池应用实例 … 142
　5.7.1 商用/乘用车 …………… 143

5.7.2 潜水器和船舶 …………… 144
5.7.3 轨道交通 ………………… 144
5.7.4 飞行器 …………………… 145
5.7.5 固定式发电 ……………… 146

第 6 章　固体氧化物燃料电池 … 147
6.1 电池结构及工作原理 ………… 147
　6.1.1 SOFC 的电池结构 ……… 147
　6.1.2 SOFC 的工作原理 ……… 148
　6.1.3 SOFC 的特点 …………… 149
6.2 SOFC 电池及电堆关键材料 … 151
　6.2.1 SOFC 电解质 …………… 152
　6.2.2 SOFC 阳极材料 ………… 168
　6.2.3 SOFC 阴极材料 ………… 177
　6.2.4 SOFC 连接体材料 ……… 182
　6.2.5 SOFC 密封剂材料 ……… 195
6.3 SOFC 电池构型 ……………… 202
　6.3.1 平板式 SOFC …………… 203
　6.3.2 管式 SOFC ……………… 205
　6.3.3 平管式 SOFC …………… 206
　6.3.4 微管式 SOFC …………… 207
6.4 应用领域及发展状况 ………… 208
　6.4.1 SOFC 应用领域 ………… 208
　6.4.2 SOFC 的发展状况 ……… 217

第 7 章　其他类型燃料电池 … 220
7.1 碱性燃料电池 ………………… 220
　7.1.1 结构及工作原理 ………… 220
　7.1.2 碱性燃料电池关键材料 … 221
　7.1.3 碱性燃料电池的优缺点 … 224
　7.1.4 碱性燃料电池的发展现状 … 225
7.2 磷酸燃料电池 ………………… 226
　7.2.1 电池结构及工作原理 …… 226
　7.2.2 磷酸燃料电池关键材料 … 227
　7.2.3 磷酸燃料电池优缺点 …… 230
　7.2.4 磷酸燃料电池发展现状 … 230
7.3 熔融碳酸盐燃料电池 ………… 231
　7.3.1 结构及工作原理 ………… 231
　7.3.2 熔融碳酸盐燃料电池关键材料 … 232
　7.3.3 熔融碳酸盐燃料电池的优缺点 … 235
　7.3.4 应用领域及发展现状 …… 235

参考文献 ………………………… 239

第 1 章

氢与氢能

1.1 氢的性质

1.1.1 氢的物理性质

氢是宇宙中最为丰富的元素之一，其物理性质独特。在常温常压下，氢气是一种无色无味、极易燃烧且难溶于水的气体。氢气的密度为 0.089g/L（0.1MPa，0℃），仅为空气密度的 1/14，是已知密度最小的气体。这使得氢气能够轻松上升并扩散到空气中。然而，这也带来了安全隐患，因为氢气的扩散性可能导致其在空气中积聚并引发爆炸。由于它具有无色无味的特性，氢气几乎无法被察觉到，只有在特定试验条件下才能被明确观测。这种无色特性使得氢在许多应用中能够保持透明，不会干扰其他物质的颜色。氢的熔点和沸点都非常低。在标准状况下，氢以气态形式存在，只有在极端低温下才会转化为液态或固态。氢的溶解性相对较弱，难溶于水，这一性质限制了氢在水中的传播和应用。在某些特殊条件下，如高压或催化剂的存在下，氢可以与水发生反应，但这通常需要较高的能量输入。

氢独特的物理性质既带来了广泛的应用前景，也带来了一定的安全隐患。了解这些性质对于氢的储存、输运和使用至关重要，以确保其在各个领域的安全和有效应用。

氢气是一种易燃气体，应储存在阴凉、通风的仓库中，仓内温度不宜超过 30℃，并远离火种和热源。氢气钢瓶的瓶体应根据 GB/T 7144—2016《气瓶颜色标志》标准涂为淡绿色，$p=20$MPa 的应有大红单环，$p>30$MPa 的应有大红双环，并用红色油漆标注"氢气"字样和充装单位的名称，且应保持漆色和字样的鲜明。

1.1.2 氢的化学性质

氢气是一种双原子气体分子，由两个氢原子通过共用一对电子构成，是物质中最小的分子，如图 1-1 所示。氢原子具有独特的电子构型 1s，因此既可能获得一个电子，成为 H^-（具有氦构型 $1s^2$），也可能失去一个电子，变成质子 H^+。由于氢原子只有一个电子，这个电子容易被其他原子或分子夺走，从而表现出还原性。在化学反应中，氢原子常常作为还原剂，将其他物质还原。由于氢原子只有一个电子，其电子云分布集中，使得原子半径较小，外层电子与原子核相互作用较强，因此氢原子的第一电离能相对较高。氢分子是一种相对稳定的气体分子，常温下不易发生化学反应。这种稳定性使得氢气成为理想的能源载体，可用于燃料电池等清洁能源技术中。此外,氢分子质量小,扩散速度快,这使得氢气在化学反应中能够迅速与其他物质接触并发生反应,因此氢气也是化工领域的重要原料。

氢气具有可燃性和爆炸性。在适当条件下,氢气可以与氧气发生剧烈的化学反应,生成水并释放大量热能。氢气燃点为574℃,氢气燃烧的焓变为−286kJ/mol。

$$H_2(g)+\frac{1}{2}O_2(g)\longrightarrow H_2O(l), \Delta rHm=-286kJ/mol \quad (1\text{-}1)$$

当空气中氢气浓度(体积分数,后同)在4.1%~74.8%时,遇明火即可引起爆炸。该反应过程非常迅速且能量密集,因此氢气在储存和使用时需要特别注意安全。氢气不仅可以在氧气中燃烧,还可以在氯气中燃烧,生成有刺激性气味的氯化氢,其化学反应方程式为

$$H_2+Cl_2\longrightarrow 2HCl \quad (1\text{-}2)$$

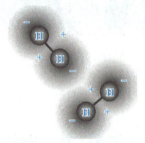

图 1-1 氢分子结构示意图

除了燃烧,氢气还具有还原性。在加热条件下,氢气能够夺取某些含氧化合物中的氧,使其他元素被还原。例如,氢气可以用来还原氧化铜,使其由黑色逐渐变成红色,并生成水。这个反应的化学方程式为

$$H_2+CuO\longrightarrow Cu+H_2O \quad (1\text{-}3)$$

1.2 氢能及其应用

1.2.1 氢能应用概述

氢作为一种清洁、高效的新型能源,具有广泛的应用前景。随着科技的进步和人们对可持续发展认识的深入,氢能的应用范围正在不断扩大。无论是在交通、电力、化工还是其他领域,氢能都展现出了巨大的潜力和优势。未来,随着氢能技术的不断突破和基础设施的逐步完善,氢能必将在全球能源转型中发挥重要作用,为实现碳中和目标提供强有力的支持。

在交通领域,氢能的应用已经取得了显著进展。**氢燃料电池汽车作为新兴的绿色交通工具,以其零排放、高效能、低噪声等优点受到广泛关注。**与传统燃油车相比,氢燃料电池电动汽车利用氢气与氧气在燃料电池中发生电化学反应产生电能,从而驱动车辆行驶。这种能源转换方式不仅减少了有害物质的排放,还提高了能量利用效率。目前,许多国家都在积极推广氢燃料电池汽车,并建设加氢站等基础设施,为氢能交通的发展提供有力支持。

氢能在发电领域也发挥着重要作用,它可以解决可再生能源的间歇性问题。当风能、太阳能等可再生能源发电过剩时,可以通过电解水制氢的方式将电能转化为氢能储存起来。当用户需要用电时,再通过燃料电池将氢能转化为电能。这样不仅可以提高可再生能源的利用率,还可以解决电网负荷不稳定的问题,为电力系统的稳定运行提供有力保障。

氢作为一种清洁的能源和原料,还可以用于钢铁、化工等行业的生产,使用氢能可以减少对化石燃料的依赖,减少温室气体排放,推动工业绿色发展。通过燃料电池热电联供、天然气掺氢等方式,氢能也可以部分替代建筑供热和燃气中的化石燃料,推动节能减排。这不仅有助于降低建筑领域的碳排放,还可以提高能源利用效率,为绿色建筑的发展提供有力支持。

此外，氢能在合成氨等传统化工领域也有广泛应用。作为原材料，氢气具有庞大的存量需求。未来，随着氢冶金、工业供热等新领域的发展，氢能的应用将更加广泛。

1.2.2 氢能在交通领域的应用

城市交通碳排放密集，温室效应问题严峻。随着氢能技术的不断创新和产业化应用的推进，储氢、运氢、加氢等基础设施建设逐步完善，氢能在城市公共交通领域的应用场景越来越广泛。潍坊、上海、张家口等地已经率先迈入氢能公交时代，北京冬奥会期间大量采用氢能车辆，成为绿色交通的示范。传统燃油公共交通车辆能耗高、污染严重，而氢能公交车辆在行驶过程中具有低碳无污染、加氢速度快、噪声小等优势，对降低交通领域碳排放、改善城市环境和减少化石能源消耗具有重要意义。目前，国内氢能示范城市出台了多项激励政策，推进城市公交车辆的氢能置换，探索氢能城市公共交通体系。随着氢燃料电池技术的不断进步，氢能公交车辆的购置价格也在快速下降，已与纯电动公交的购置成本基本持平。氢燃料电池规模化量产有望进一步降低氢能公交车辆的生产成本。然而，氢能公共交通普及的主要瓶颈在于加氢站数量不足和氢气价格较高，这导致氢能公交车辆运营成本居高不下。氢燃料电池电动汽车（FCEV）使用电力为电动机提供动力。与其他电动汽车相比，FCEV 使用氢燃料电池发电，而不是仅从电池中获取电力。FCEV 使用储存在车辆燃料箱中的纯氢气作为燃料。与传统内燃机车类似，它们可以在不到 4min 的时间内加满燃料，行驶里程超过 500km。FCEV 不产生有害尾气排放，只排放水蒸气和热空气。

在船舶领域，燃料电池船舶的应用日益广泛。燃料电池作为船舶的动力源，能够提供稳定可靠的直流电源，满足船舶发动机的所有电力需求。它的电能效率高，且不产生温室气体，唯一的副产物是干净的水，符合环保要求。此外，燃料电池船舶支持远程运输，氢气的能量密度比锂电池高，意味着船舶可以在再次加氢前运行更长时间，行驶更远。对于固定线路轮渡和近海船只等来说，氢燃料电池技术是一个理想的选择。同时，氢气可储存在大型液体储存设施中，便于在码头加氢，为燃料电池船舶的广泛应用提供了便利。加氢站是保障氢燃料电池船舶正常使用的重要配套设施。

在航天领域，燃料电池的应用同样引人注目。燃料电池能够为航天器提供高效、可靠的电力支持。由于其能量密度高、运行稳定且环境友好，燃料电池在航天领域具有显著的优势。在飞船等航天器的能源系统中，燃料电池已经成为一种重要的能源解决方案。它们不仅为航天器提供稳定的电力供应，还能够在极端环境下保持高效运行，为航天任务的顺利进行提供有力保障。

1.2.3 氢能在化工领域的应用

1. 化工行业氢气的利用现状

当前，氢气在国内外石油化工行业中得到了广泛的生产和利用。作为一种重要的中间原料，氢气被用于生产多种化工产品。我国石化行业中主要涉氢的领域包括煤化工、天然气化工、石油化工、焦炉气化工、氯碱化工和精细化工等。主要产品涵盖氨、过氧化氢（双氧水）等无机化工产品，甲醇、烯烃、乙二醇等有机化工产品，以及成品油、合成天然气等能源化工产品，还有多种精细化工和化工新材料产品。

氢气作为石油化工原料，可用于生产合成氨、甲醇以及石油炼制过程中的加氢反应。同时，氢气也作为化工合成的中间产品和原料。

1) 合成氨工业。我国工业制氢的50%~60%用于合成氨工业，理论上生产1t合成氨需要0.176t氢气，对应体积为1983Nm³（标准立方米）的氢气。

2) 石油化工。①加氢精制，除去油品中的硫、氮、氧等杂原子及金属杂质，并对部分芳烃或烯烃进行加氢饱和，改善油品使用性能；②加氢裂化，包括烷烃加氢裂化制烯烃、烷烃加氢异构化、烯烃加氢生成饱和烷烃、芳香烃加氢等；③渣油加氢炼化，较重的原料油在苛刻条件下发生转化反应的加氢工艺；④润滑油加氢，通过加氢精制和加氢裂化反应，改善润滑油的使用性能。

3) 煤化工。①焦油加氢，通过加氢改质工艺，完成脱硫、不饱和烃饱和、脱氮反应和芳烃饱和，获得优质石脑油和燃料油；②苯及苯的同系物加氢，粗苯精制主要提取苯、甲苯、二甲苯等产品。

4) 精细化工。我国自20世纪50年代开始研究催化加氢技术，1978年成功开发了硝基苯气相催化加氢制成苯胺技术。催化加氢技术在精细化工生产中具有连续性操作、污染小、环境友好等优点，但对氢源的要求高，催化剂复杂且昂贵。主要应用包括制备对氨基酚、邻氯苯胺、邻苯二胺、环丁烯砜催化加氢、脂肪叔胺等。

2. 氢气化工利用技术前沿——CO_2加氢转化

在碳达峰、碳中和愿景下，CO_2加氢热催化转化技术引起了广泛关注。CO_2加氢催化可以有选择性地获得甲烷、甲醇、二甲醚和烃类化合物，如烯烃、芳烃和油品等产品。考虑到甲烷、二甲醚和油品等用作燃料使用后仍会排放CO_2，生成高附加值化学品将是重要的技术途径。此外，CO_2热力学稳定，是能量最低的含碳物质，与H_2反应必将脱氧形成水。该反应耗氢量较高，因此廉价易得的H_2源将是CO_2加氢热催化转化应用需要解决的关键问题。CO_2加氢反应的几种路径如下：

1) 转化为一氧化碳

$$CO_2+H_2\longrightarrow CO+H_2O \tag{1-4}$$

2) 转化为甲醇

$$CO_2+3H_2\longrightarrow CH_3OH+H_2O \tag{1-5}$$

3) 转化为二甲醚

$$2CO_2+6H_2\longrightarrow CH_3OCH_3+3H_2O \tag{1-6}$$

4) 转化为甲酸

$$CO_2+H_2\longrightarrow HCOOH \tag{1-7}$$

5) 转化为烯烃，如C_2H_4、C_3H_6、C_4H_8

$$nCO_2+3nH_2\longrightarrow C_nH_{2n}+2nH_2O \tag{1-8}$$

近年来，CO_2加氢制甲醇的技术研究在我国取得了显著进展。中国科学院大连化物所李灿团队研发的"液态阳光"技术，通过利用太阳能、风能、水能等可再生能源发电，结合电解水制氢（绿氢）和CO_2加氢制甲醇技术，将可再生能源以液态燃料甲醇形式储存利用。2020年1月，该团队实现了全球首套千吨级太阳燃料合成示范项目试车成功，太阳能到液体燃料甲醇的能量转化效率大于14%。目前，正在准备开展10万t/a的"液态阳光"示范项目。

1.2.4 氢能在电力领域的应用

相比于传统电力系统,新型电力系统在多个方面发生了重要变化。从发电侧来看,能源结构将从以火电为主转向以风能、太阳能等新能源为主,特征变化包括从高碳电力系统转变为低碳电力系统,以及从连续可控电源转变为随机波动电源。在电网侧,系统将从单一大电网演变为大电网与微电网互补并存,特征变化包括从刚性电网转变为灵活韧性电网,并且电网的数字化水平将显著提高。从用户侧来看,用户将从单纯的电力消费者转变为电力"产消者",特征变化包括从静态负荷资源转变为动态可调负荷资源,从单向电能供给变为双向电能互济,终端电能替代比例也将大幅提升。在电能平衡方式上,将由传统的"源随荷动"模式转变为"源网荷储"互动模式,特征变化包括调度模式从自上而下转变为全网协同,并且从实时平衡模式转变为非完全实时平衡模式。在技术基础方面,系统将从以同步机为主的机械电磁系统变为以同步机和电力电子设备共同主导的混合系统,特征变化包括从高转动惯量系统转变为低转动惯量系统。

面对新型电力系统的需求,氢能可以发挥以下关键作用:首先,氢能可以通过多种方式储存,如高压压缩、低温液化、固体储氢、转化为液体燃料或与天然气混合储存在天然气基础设施中,从而实现从小时到季节的长时间、跨季节储存。其次,液态氢的能量密度大(143MJ/kg,相当于40kW·h/kg),约为汽油、柴油、天然气的2.7倍,是电化学储能(100~240W·h/kg)的上百倍,氢能是少数能够储存100GW·h以上的方式之一,并且氢气的运输方式多样,不受输配电网络的限制,从而实现大规模、跨区域调峰。氢能也是一种重要的工业原料,绿色氢能可用于替代化石燃料,作为冶金、水泥和化工等工业领域的还原剂。氢能在新型电力系统中的定位不同于电化学储能,主要用于长周期、跨季节、大规模和跨空间储存,在新型电力系统"源网荷"中具有丰富的应用场景,如图1-2所示。

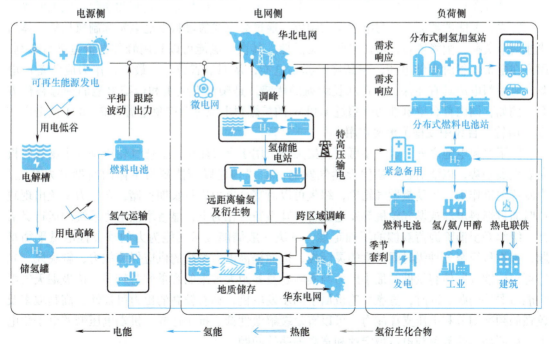

图1-2 氢能在新型电力系统"源网荷"的应用场景

1. 氢能在电源侧的应用

氢能在电源侧的应用价值主要体现在<u>减少弃电、平抑风光功率波动</u>和<u>跟踪出力</u>等方面。首先，由于光伏、风力等新能源出力具有天然的波动性，弃光、弃风问题一直存在。随着我国"双碳"目标下新能源装机和发电量的快速增长，未来新能源消纳仍有较大隐忧。将无法并网的电能转化为绿氢，不仅可以解决新能源消纳问题，还能为当地工业、交通和建筑等领域提供清洁廉价的氢能。其次，氢能系统可以实时跟踪调整风电场、光伏电站的出力。在风电场、光伏电站出力尖峰时吸收功率，在出力低谷时输出功率，使联合功率曲线变得平滑，从而提升新能源并网友好性，支撑大规模新能源电力外送。最后，通过对风电场、光伏电站的出力预测，有助于电力系统调度部门统筹安排各类电源的协调配合，及时调整调度计划，降低风光等随机电源接入对电力系统的影响。

2. 氢能在电网侧的应用

氢能在电网侧的应用价值主要体现在<u>为电网运行提供调峰容量和缓解输变线路阻塞等方面。首先，氢能可以提供调峰辅助容量。</u>电网接收和消纳新能源的能力在很大程度上取决于其调峰能力。随着大规模新能源的渗透及产业用电结构的变化，电网的峰谷差将不断扩大。我国电力调峰辅助服务面临着较大的容量缺口。预计到2030年容量调节缺口将达到1200GW，到2050年，缺口将扩大至约2600GW。氢能具有高密度、大容量和长周期储存的特点，可以提供非常可观的调峰辅助容量。<u>其次，氢能可以缓解输配线路阻塞。</u>在我国部分地区，电力输送能力的增长跟不上电力需求增长的步伐，高峰电力需求时输配电系统会发生拥挤阻塞，影响电力系统的正常运行。大容量的氢能可以充当"虚拟输电线路"，安装在输配电系统阻塞段的潮流下游，将电能存储在没有输配电阻塞的区段，并在电力需求高峰时释放电能，从而减少输配电系统容量的要求，缓解输配电系统阻塞的情况。

3. 氢能在负荷侧的应用

<u>氢能在负荷侧的应用价值主要体现在电力需求响应、电价差额套利和应急备用电源等方面。</u>首先，氢能能够灵活参与电力需求响应，通过分布式氢燃料电池电站和制氢加氢一体站快速调节负荷，削峰填谷，增强电网的灵活性。其次，氢能可以利用峰谷电价差进行套利，用户在电价低谷时存储电能，在高峰时释放电能，从而节省成本。最后，作为应急备用电源，氢燃料电池具有环保、静音和长续航的优势，是柴油发电机和传统电池的理想替代方案。例如，国内首台单电堆功率超过120kW的氢燃料电池移动应急电源在2018年抗击广东省"山竹"台风中发挥了重要作用。

除了燃料电池之外，氢气还可以直接燃烧，用于燃气轮机。氢燃气轮机是未来燃气轮机主要发展趋势，以清洁燃料替代天然气发电，在"构建以新能源为主体的新型电力系统"中发挥关键作用。借助氢燃气轮机，绿氢可以对富余电力进行长期存储，在电力系统出现缺口时通过燃料电池或燃气轮机等发电设备将其重新转化为电，显著增强电力系统的运行灵活性，缓解乃至消除源荷双侧的不确定性，解决一般储能技术无能为力的季节性电量平衡难题，提供秒级至分钟级时间尺度的灵活性，进而提高电力系统的供应保障能力，解决风、光等可再生能源置信容量低、最小出力与实际容量差距大带来的容量效益较弱、抗极端天气影响能力弱等问题。同时，氢燃气轮机属于同步发电机，具有较高的出力可控性、高爬坡率及较强的频率调节和电压支撑能力，可以有效缓解惯性低、抗扰性弱、机端电压低的电子化电力系统所面临的频率与电压稳定性和宽频振荡等问题。

第 2 章

氢气的制备

2.1 化石燃料重整制氢

化石燃料重整制氢是工业上常用的制氢手段，也是目前最成熟的技术之一。这种方法能够高效、清洁地利用化石燃料，主要包括煤制氢、天然气制氢和石油类原料制氢。

2.1.1 重整反应原理

1. 煤制氢

目前，全球约有20%的商用氢气来源于煤制氢。由于煤制氢过程中会产生粉尘和二氧化碳，因此被称为"灰氢"。在我国，煤作为最主要的化石能源，占据能源结构的70%左右。这种制氢方法成本低廉，能够提供大量工业原料氢气，是实现大规模制氢的首选技术。

煤制氢的主要方法包括煤气化、煤直接液化（CTL）、煤间接液化（ITL）、煤热解、生物煤气化及热化学循环法。煤气化是最常见的方法，通过高温高压将煤转化为合成气（CO和H_2的混合物），然后进一步处理分离出纯净的氢气。煤直接液化是将煤转化为液体燃料的过程中产生氢气。煤间接液化通过气化煤制备合成气，费-托合成方法将合成气转化为液体燃料，并获得氢气。煤热解是在高温下将煤分解为固体残渣和气体产物（包括氢气）。生物煤气化则是利用生物质与煤的混合物进行气化，产生合成气，并提取氢气。热化学循环法通过热化学循环将煤转化为氢气。煤制氢的主要反应如下：

$$C + H_2O \longrightarrow CO + H_2 \tag{2-1}$$

$$CO + H_2O \longrightarrow CO_2 + H_2 \tag{2-2}$$

煤制氢的优势包括能够实现大规模制氢，满足炼化厂用氢需求；成本较低，是降本增效的首选工艺，并可替代现有天然气、石油干气等制氢原料，促进资源综合利用。然而，煤制氢的缺点也很明显，包括二氧化碳和粉尘的排放不利于环境保护，以及煤炭资源有限，原料供应需适度控制。

2. 天然气制氢

天然气制氢是一种低碳、高效的氢气制取技术。高温下，甲烷与水蒸气在催化剂的作用下发生重整反应，生成氢气和二氧化碳。天然气制氢具有以下优势：相较于传统化石能源直接燃烧，二氧化碳排放量较低，对环境影响小；转化率和氢气纯度较高，能源利用效率高；稳定性和可靠性好，能够确保氢气供应的连续性和稳定性。

重整反应，尤其是甲烷蒸汽重整反应（Steam Methane Reforming，SMR），见表2-1，是天然气制氢的核心步骤。这个反应过程可以将甲烷和水转化为氢气和二氧化碳。重整反应可以分为两个主要阶段：甲烷与水蒸气反应阶段和一氧化碳变换反应阶段。

（1）甲烷与水蒸气反应阶段

$$CH_4 + H_2O \longrightarrow CO + 3H_2 \tag{2-3}$$

在这个反应中，甲烷（CH_4）与水蒸气（H_2O）在催化剂（通常为镍基催化剂）的作用下，发生化学反应，生成一氧化碳（CO）和氢气（H_2）。该反应需要吸收大量的热量，因此需要在高温下进行，通常反应温度在700~1100℃之间。

（2）一氧化碳变换反应阶段　在上一阶段生成的一氧化碳和水继续反应，该反应称为一氧化碳水蒸气变换反应，其化学方程式为

$$CO + H_2O \longrightarrow CO_2 + H_2 \tag{2-4}$$

在这个反应中，一氧化碳（CO）与水蒸气（H_2O）在催化剂（如铁铬氧化物）的作用下，发生化学反应，生成二氧化碳（CO_2）和氢气（H_2）。与上一阶段的吸热反应不同，这一阶段的反应是放热的。

表2-1　甲烷蒸汽重整主要反应

反应方程式	$\Delta H/(kJ/mol)$
$CH_4 + H_2O = 3H_2 + CO$	206.29
$CH_4 + 2H_2O = 4H_2 + CO_2$	164.9
$CO + H_2O = H_2 + CO_2$	−41.19

3. 石油类原料制氢

石油是从地下深处开采的棕黑色可燃黏稠液体，是重要的液体化石燃料。通常不直接用石油制氢，而是用石油初步裂解后的产品（如石脑油、重油、石油焦及炼厂干气）制氢。

（1）石脑油制氢　石脑油（Naphtha）是蒸馏石油的产品之一，是以原油或其他原料加工生产的用于化工原料的轻质油，又称粗汽油。首先，石脑油需要经过脱硫处理以去除硫化物。然后，在高温和镍基催化剂的作用下，石脑油与水蒸气进行蒸汽重整反应，生成氢气和一氧化碳。接着，通过水煤气变换反应，一氧化碳与水蒸气进一步反应，生成更多的氢气和二氧化碳。最终，通过气体分离技术提纯氢气，得到高纯度的氢气产品。

（2）重油制氢　重油是原油提取汽油、柴油后的剩余重质油，其特点是分子量大、黏度高。重油的相对密度在0.82~0.95，其成分主要是烃，另外含有部分的硫黄及微量的无机化合物。重油中的可燃成分较多，含碳86%~89%，含氢10%~12%。重油与水蒸气及氧气反应制得含氢气体产物。部分重油燃烧提供转化吸热反应所需热量及一定的反应温度。气体产物主要组成：氢气占46%（体积分数，后同），一氧化碳占46%，二氧化碳占6%。我国建有大型重油部分氧化法制氢装置，用于制取合成氨的原料。重油部分氧化包括碳氢化合物与氧气、水蒸气反应生成氢气和碳氧化物，典型的部分氧化反应如下：

$$C_nH_m + \frac{n}{2}O_2 \longrightarrow nCO + \frac{m}{2}H_2 \tag{2-5}$$

$$C_nH_m + nH_2O \longrightarrow nCO + \left(n + \frac{m}{2}\right)H_2 \tag{2-6}$$

$$H_2O + CO \longrightarrow CO_2 + H_2 \tag{2-7}$$

与甲烷相比,重油的碳氢比较高,因此重油部分氧化制氢的氢气主要是来自蒸汽和一氧化碳,其中蒸汽贡献氢气的69%。与天然气蒸汽转化制氢气相比,重油部分氧化需要空分设备来制备纯氧。

(3) 石油焦制氢 石油焦(Petroleum Coke)是重油再经热裂解而成的产品。通过气化技术,石油焦可以与蒸汽和氧气反应生成合成气(主要成分为氢气和一氧化碳)。随后,通过水煤气变换反应,进一步提高氢气产量。石油焦制氢具有原料成本低、资源利用率高的特点,是一种有效的制氢途径,特别适用于拥有大量石油焦资源的地区。

(4) 炼厂干气制氢 炼厂干气是指炼油厂炼油过程(如重油催化裂化、热裂化等过程)中产生并回收的非冷凝气体(也称蒸馏气),主要成分为乙烯、丙烯和甲烷、乙烷、丙烷、丁烷等,主要用作燃料和化工原料。其中,催化裂化产生的干气量较大,一般占原油加工量的4%~5%。催化裂化干气的主要成分是氢气(占25%~40%)和乙烯(占10%~20%)。炼厂干气制氢主要是通过轻烃水蒸气重整加上变压吸附分离法来制取氢气。

2.1.2 工艺流程

1. 煤制氢工艺流程

煤制氢的工艺流程通常包括气化、气体净化、水气变换、氢气分离和副产品处理等步骤,工业流程如图2-1所示。以下是一个详细的工艺流程:

(1) 气化 首先,将煤作为原料送入气化炉或气化反应器。在气化炉中,煤在高温(通常在800~1000℃)和缺氧(或少氧)的环境下发生热解反应,产生合成气。合成气主要由一氧化碳(CO)、氢气(H_2)、甲烷(CH_4)和氮气(N_2)组成。

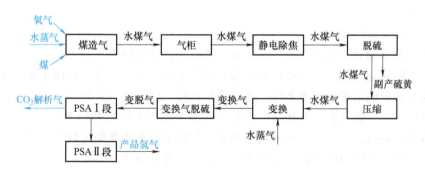

图2-1 煤气化工业流程

(2) 气体净化 合成气中含有一定量的杂质,如硫化物、灰分和其他不纯物质,这些杂质会影响氢气的纯度和催化反应的效果。因此,合成气需要经过气体净化步骤。气体净化可以包括脱硫、脱灰、脱氮等处理过程,以去除其中的杂质。

(3) 水气变换 经过气体净化后的合成气进入水气变换反应器。在水气变换反应器中,通过催化剂的作用,将一氧化碳(CO)与水蒸气(H_2O)反应生成二氧化碳(CO_2)和氢气(H_2)的反应,即水气变换反应。

(4) 氢气分离 经过水气变换反应后的气体混合物含有高纯度的氢气。为了获取纯度更高的氢气,需要进行氢气分离步骤。常见的氢气分离技术包括压力变压吸附(Pressure Swing Adsorption,PSA)和膜分离等。

(5)副产品处理　在煤制氢的过程中,除了氢气外还会产生一些副产品,如二氧化碳(CO_2)和其他残余气体。这些副产品需要进行处理,以减少对环境的影响和资源的浪费。副产品处理可以包括捕集和储存二氧化碳、转化为有用的化学品或燃料等。

通过以上工艺流程,煤可以被转化为高纯度的氢气,这种氢气可以用于工业生产、能源生产、化工加工等各种应用。然而,需要注意的是,煤制氢过程中会产生二氧化碳等温室气体,因此需要考虑环境影响并采取相应的措施进行减排和治理。

工业制氢过程中的煤气化主要反应为

$$C_nH_m + nH_2O \longrightarrow nCO + (n+m/2)H_2 \tag{2-8}$$

根据零排放设计方案的不同,气化炉内发生的主要化学反应也不一样。通过自身放热实现气化主要是在高温高压下碳,在氢气气氛下气化为CH_4,其化学反应如下:

主反应:

$$C + 2H_2 \longrightarrow CH_4 \tag{2-9}$$

次反应:

$$C + H_2O \longrightarrow CO + H_2 \tag{2-10}$$

$$CO + H_2O \longrightarrow CO_2 + H_2 \tag{2-11}$$

上述反应中,主反应为放热反应,次反应为吸热反应,但次反应仅有微量发生,所以气化炉中进行的化学反应总体效果相当于放热反应。在炉内对温度和压力协调控制是至关重要的,通过喷入的水量和喷水位置来调节以满足气化要求的炉内温度。新型煤气化制氢技术有两种,第一种考虑碳和氢气反应生成甲烷,甲烷和水反应进一步制得氢气,这也是所谓的加氢气化技术。另一种就是考虑碳和水的反应,以及一氧化碳和水的转化反应制取氢气。

2. 天然气制氢工艺流程

在天然气重整制氢工艺流程中,各个步骤都有其独特的作用。首先,加氢脱硫步骤是为了去除原料中的硫化合物,防止催化剂中毒。接下来是预重整,这一阶段主要是在重整程序开始前,通过协商确定重组关键条件,降低重整风险。甲烷蒸汽重整是核心步骤,通过甲烷与水蒸气的反应产生氢气和一氧化碳。中温水气交换则用于回收和调节工艺过程中的热量,提高能源效率。最后,变压吸附技术用于从混合气体中分离出高纯度氢气。整个流程的每个步骤都相互关联,共同确保高效、安全地生产出高质量的氢气。

接下来是整个工艺流程(见图2-2)的详细步骤:

(1)加氢脱硫(HDS)　加氢脱硫是甲烷重整制氢前的关键净化步骤。由于原料天然气中可能含有硫化合物等杂质,这些杂质在重整过程中可能会对催化剂造成毒化,从而影响重整效率和氢气品质。因此,在重整前必须进行加氢脱硫处理。在加氢脱硫过程中,原料气先与氢气混合,然后在催化剂的作用下进行反应。这个过程中,硫化合物与氢气反应生成硫化氢,而硫化氢随后被特定的吸附剂或溶剂去除。加氢脱硫的反应条件通常较为温和,可以在较低的温度和压力下进行,这有助于减少能耗和设备成本。通过加氢脱硫处理,可以显著提高后续重整过程中催化剂的活性和稳定性。这不仅可以延长催化剂的使用寿命,还可以确保重整过程的高效进行,从而提高氢气的产率和品质。

第2章 氢气的制备

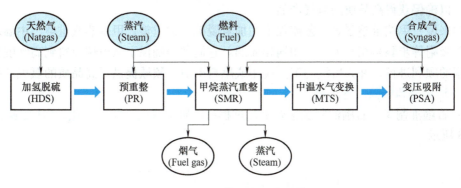

图 2-2 天然气制氢工艺流程

(2) 预重整（PR） 预重整是在甲烷蒸汽重整之前的一个重要步骤。它的主要目的是提高重整过程的效率和氢气的产率。在预重整阶段，原料气在较低的温度和压力条件下进行部分重整反应。这个过程中，部分甲烷被转化为合成气，即一氧化碳和氢气的混合物。预重整的好处在于它可以减轻后续甲烷蒸汽重整过程中催化剂的积炭问题。积炭是重整过程中常见的问题之一，它会影响催化剂的活性和选择性，从而降低氢气的产率和品质。通过预重整处理，可以预先转化一部分甲烷，从而减小在后续重整过程中的积炭风险。此外，预重整还可以提高重整过程的热效率。由于预重整是在较低的温度和压力下进行，因此可以利用余热进行加热，从而减少外部能源的消耗。这不仅有助于降低生产成本，还符合当前节能减排的环保要求。

(3) 甲烷蒸汽重整（SMR） 甲烷蒸汽重整是甲烷重整制氢工艺流程中的核心步骤。在这个过程中，甲烷和水蒸气在催化剂的作用下发生吸热反应，生成一氧化碳和氢气。这个反应通常需要较高的温度（700~850℃）和压力条件，以确保高效的反应速率和氢气产率。在甲烷蒸汽重整过程中，催化剂的选择和使用至关重要。常用的催化剂包括镍基催化剂等，它们具有高活性和选择性，能够有效地促进甲烷和水蒸气的反应。同时，为了保持催化剂的活性和稳定性，需要定期对催化剂进行再生或更换。甲烷蒸汽重整产生的氢气需要进一步提纯才能用于后续的工业应用或燃料电池等领域。提纯过程通常包括冷却、压缩、干燥和过滤等步骤，以确保氢气的纯度和品质达到要求。

(4) 中温水气交换（MTS） 中温水气交换是在重整过程之后进行的一个重要步骤。它的主要目的是进一步提高氢气的纯度并去除其中的一氧化碳等杂质。在这个过程中，一氧化碳与水蒸气反应生成二氧化碳和氢气。这个反应可以有效地去除一氧化碳等杂质并提高氢气的纯度。中温水气交换通常在较低的温度和压力下进行，以确保高效反应速率和杂质去除效果。通过这一步骤的处理，可以获得更高纯度的氢气产品，从而满足后续工业应用或燃料电池等领域的需求。

(5) 变压吸附（PSA） 变压吸附是一种高效的气体分离技术。在甲烷重整制氢工艺流程中主要用于从混合气体中选择性地吸附某些组分以实现气体的提纯和分离。在这个过程中，通过改变吸附剂上的压力和温度条件可以实现对氢气的选择性吸附和解吸，从而获得高纯度的氢气产品。变压吸附技术具有能耗低、操作简便、产品纯度高等优点，因此在工业生产中得到广泛应用。在甲烷重整制氢工艺流程中，变压吸附技术通常用于最后一步的氢气提纯过程，以确保获得高品质的氢气产品。

总的来说，甲烷重整制氢工艺流程中的加氢脱硫、预重整、甲烷蒸汽重整、中温水气交换、变压吸附等步骤是相互关联、相辅相成的。它们共同确保了从甲烷原料到高纯度氢气的转化过程的顺利进行，并为后续的工业应用或燃料电池等领域提供了高品质的氢气产品。

3. 石油类燃料制氢工艺流程

（1）石脑油制氢　石脑油制氢主要工艺过程有石脑油脱硫、蒸汽转化、CO 变换、PSA，如图 2-3 所示。

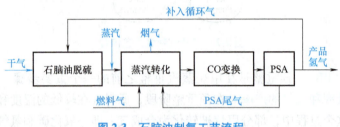

图 2-3　石脑油制氢工艺流程

（2）重油制氢　重质油制氢工艺流程包括空分制氧、油气化生产合成气、耐硫变换将 CO 变为 H_2+CO_2、低温甲醇洗去杂、PSA 提纯氢气，工艺流程如图 2-4 所示。

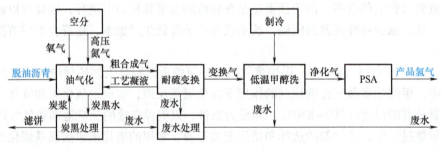

图 2-4　重油制氢流程

（3）石油焦制氢　石油焦往往含硫量高，所以较为常见的是高硫石油焦制氢。高硫石油焦制氢主要工艺装置有空气分离、石油焦气化、CO 变换、低温甲醇洗、PSA 氢气精制，工艺流程如图 2-5 所示。

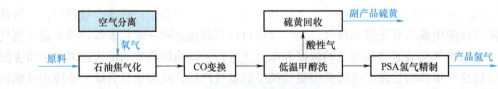

图 2-5　石油焦制氢流程

（4）炼厂干气制氢　炼厂干气是指炼油厂炼油过程中，如重油催化裂化、热裂化、延迟焦化等，产生并回收的非冷凝气体（也称蒸馏气），主要成分为乙烯、丙烯、甲烷、乙烷、丙烷、丁烷等，主要用作燃料和化工原料。其中催化裂化产生的干气量较大，一般占原油加工量的 4%~5%。催化裂化干气的主要成分是氢气（占 25%~40%）和乙烯（占 10%~

20%），延迟焦化干气的主要成分是甲烷和乙烷。

炼厂干气制氢工艺流程包括干气压缩加氢脱硫、干气蒸汽转化、CO 变换、PSA，炼厂干气制氢工艺流程与天然气制氢非常相似，如图 2-6 所示。

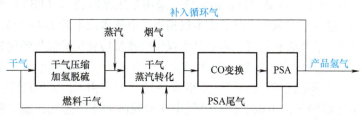

图 2-6　炼厂干气制氢工艺流程

2.2　工业尾气制氢

2.2.1　尾气来源

工业尾气制氢又称为工业副产氢，是我国主要氢气来源之一。这些工业尾气主要来自炼焦企业、钢铁企业和氯碱工业，每年会副产数百万 t 的氢气。

表 2-2　主要含氢工业副产气产量及组分表

序号	排放气类别	产量/($10^8 m^3/a$)	典型组成（体积分数）（%）	氢气量/($10^8 m^3/a$)
1	焦炉煤气	约 1114	H_2 为 57，CH_4 为 25.5，CO 为 6.5，C_nH_m 为 2.5，CO_2 为 2，N_2 为 4	约 635
2	炼厂气	约 1193	H_2 为 14~90，CH_4 为 3~25，C_2+ 为 15~30	约 620
3	合成氨尾气	约 124	H_2 为 20~70，CH_4 为 7~18，Ar 为 3~8，N_2 为 7~25	约 86
4	甲醇驰放气	约 239	H_2 为 60~75，CH_4 为 5~11，CO 为 5~7，CO_2 为 2~13，N_2 为 0.5~20	约 161
5	兰炭尾气	约 290	H_2 为 26~30，CO 为 12~16，CH_4 为 7~8.5，CO_2 为 6~9，N_2 为 35~39	约 81.2
6	氯酸钠副产气	约 5.7	H_2 为 95，O_2 为 2.5，其他	约 5
7	聚氯乙烯（PVC）尾气	约 12.86	H_2 为 50~70，C_2H_2 为 5~15，C_2H_3Cl 为 8~25，N_2 为 10~15	约 6
8	烧碱尾气	约 99.17	H_2 为 98.5，N_2 为 0.5，O_2 约为 1，其他	约 97.7
9	丙烷脱氢（PDH）尾气	约 3.8	H_2 为 80~92，C_2H_6 为 1~2，C_3H_8 为 0.5~1，N_2 为 1~2	约 3.1

1）焦炉煤气是指用几种烟煤配成炼焦用煤，在炼焦炉中经高温干馏后，在产出焦炭和焦油产品的同时所得到的可燃气体，是炼焦产品的副产品。1t 煤在炼焦过程中可产出

730~780kg 焦炭和 300~340m³ 焦炉煤气以及 35~42kg 焦油。焦炉煤气热值高、燃烧快、火焰短、生成废气比重小。其主要成分为甲烷、氢和一氧化碳等，可用作燃料和化工原料。焦炉煤气可应用于发电、生产甲醇、制氢以及直接还原铁等工艺技术。焦炉煤气组分本身含有氢气 54%~59%，通过简单的分离就可以获得氢气。采用变压吸附技术（PSA）可从焦炉煤气中提取高纯度（99.9%左右）的氢气。制氢成本仅相当于电解水成本的 1/4~1/3。也可以将焦炉煤气重整转化为合成一氧化碳和氢气，再通过水煤气变换反应将焦炉煤气转化为氢气。

2）炼厂气主要来源于原油蒸馏、催化裂化、热裂化、石油焦化、加氢裂化、催化重整、加氢精制等过程。不同来源的炼厂气其组成各异，大多由 C_4 以下的烷烃、烯烃、氢气和少量氮气、二氧化碳等气体组成。针对氢气中含量较高的炼厂排气、加氢脱烷基气、催化重整气、过氢脱硫气、催化裂化气与加氢处理气等，可以应用制冷法、分离膜法、减压吸附工艺，使其中的氢气直接分离出来，然后回收。然而，并非所有炼厂气都能用于制氢的原料，原因是很多烯烃含量高的炼厂气在不能去除烯烃和不饱和烃的情况下，会导致催化剂出现严重积炭现象。如果直接经过加氢反应，会让烯烃转化为烷烃，这样剧烈的反应过程会放热造成加氢反应器严重高温，影响制氢装置的正常生产。因此，针对加氢裂化干气中去除烯烃后，可成为理想的制氢原料。焦化气在完成脱硫与加氢饱和处理之后也可用于制氢原料。相比之下，催化重整的干气由于烯烃含量很高且含氧，所以作为氢原料的难度较大。

3）氯碱工业是我国的基础工业之一，目前我国是世界上烧碱产能最大的国家，占全球产能的 40%。每年我国氯碱工业副产氢气稳定在 70 万 t 以上。氯碱工业以饱和氯化钠溶液为原料，将其通入电解槽中进行电解，生产烧碱、氯气和氢气等基础工业原料，其原理如下：

$$2NaCl+2H_2O \longrightarrow Cl_2+H_2+2NaOH \qquad (2-12)$$

一般生产 1t 烧碱副产 280m³ 氢气。在电解的过程中，氯化钠溶液中的氢离子带正电荷，在电解池的阴极得电子，被还原为氢气。氯离子在阳极失电子，被氧化为氯气。电解液变成氢氧化钠溶液，从而浓缩干燥得到烧碱。氯碱行业生产的氢气纯度较高，不含有可导致燃料电池催化剂中毒的硫、碳、氨等杂质，因此被认为是现阶段理想氢气来源之一。

2.2.2 工艺路线

焦炉煤气制氢主要有焦炉煤气直接净化串联 PSA 分离提纯氢气和焦炉煤气蒸汽转化+PSA 分离提氢两种工艺。目前主流工艺是焦炉煤气压缩净化后采用变压吸附法直接分离提纯氢气。如图 2-7 所示，变压吸附制氢工艺流程主要分为 4 个阶段。第 1 阶段为压缩工序，压缩炼焦厂产生的焦炉煤气，压力由 5~12kPa 提升至变压吸附所需压力 0.6~1.8MPa。第 2 阶段为预处理与净化工序，焦炉煤气经冷却进入预净化装置，预脱除有机物、H_2S、NH_3 等杂质，再通过变温吸附（TSA）工艺进一步脱除易使吸附剂中毒的组分，如焦油、萘、硫化物。第 3 阶段为压缩及变压吸附工序，它被认为是整个工艺的核心，用于除去 H_2 以外的绝大部分杂质组分。第 4 阶段为 H_2 精制工序，前一道工序获得的 H_2 一般含有少量 O_2 和水分，为获得纯度达 99.999%（体积分数，后同）的高纯氢，还需严格控制 O_2 含量（低于 2×10^{-6}）。

该工艺运行过程中可能存在以下问题：产品 H_2 中氧含量较高，H_2 纯度降低，产氢量下降。对于氧含量超标，由于吸附剂对 O_2 的吸附能力有限，要求原料气中 O_2 含量控制在设计

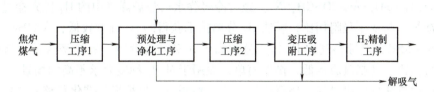

图 2-7 变压吸附制氢工艺流程

标准内。对于产氢量低这一问题，关键在于控制原料气温度。温度不宜高于 40℃，高于设计温度会导致预净化效果不理想，造成后续吸附脱除工序中的吸附剂中毒失活，进而引起 H_2 精制工序气体杂质成分含量超标，超出吸附剂最大处理能力。控制原料气温度的关键在于前端冷却装置，确保原料气温度在 40℃ 以下。原料气中 N_2 含量对制氢影响很大，N_2 体积分数降低 2%，H_2 回收率由 47% 增至 55%，能耗降低 50%。H_2 产量低也可能与变压吸附塔中吸附剂的使用比例有关，CH_4 含量决定了吸附时间，而分子筛对 CH_4 的吸附能力固定。适当增加吸附塔中分子筛比例有利于增强 CH_4 吸附，提高 H_2 产量。当吸附塔前后压差 ≥ 0.1MPa 时，表明吸附剂已经接近失活，导致 H_2 产量下降，需及时更换催化剂。

除变压吸附法之外，还可采用低温分离（深冷分离）法提纯氢气，包括低温冷凝法和低温吸附法。其中，低温冷凝法是利用合成气不同组分挥发度的相对差异，通过气体膨胀制冷、精馏等操作实现氢气提浓的深冷分离方法。氢气的临界温度为 20K，受其临界温度的影响，当原料气中氢气含量较高时，混合物的临界温度过低，液化难度增大。一般只有氢气体积分数为 30%~80%，CH_4 和 C_3H_6 体积分数为 40% 左右的混合气才适用于低温冷凝法分离，提浓后的氢气体积分数为 90%~95%，收率最高可达 98%。深冷分离需要较多的压缩机、低温设备，设备投资及维护费用较高，生产使用受限，常用于原料气中氢气体积适宜、C_3~C_5 含量较高、杂质含量低的催化裂解气、加氢裂化气、焦化气等气体的氢气提纯。低温吸附法是在低温条件下（通常是在液氮的温度下），利用吸附剂对氢气源中低沸点气体杂质组分的选择性吸附作用制取纯度可达到 6N（99.9999%）以上的超高纯氢气的方法。吸附剂一般选用活性炭、硅胶和分子筛，吸附剂吸附饱和后，经升温、减压脱附或解析操作，可使吸附剂再生。该法对原料气的要求较高，原料气中氢含量一般要求大于 95%，且需精脱 CO_2、H_2S、H_2O 等杂质，因此通常与其他分离法联合使用，制备超高纯氢气。此工艺的优点是产品纯度高，但设备投资大、能耗较高、操作较为复杂，不适用于大规模生产。

膜法 H_2 分离技术也是焦炉煤气物理分离技术的另一条途径，分离原理如图 2-8 所示，该技术借助膜两侧压差有选择性地迫使氢分子穿过膜，在另一侧产品区富集，杂质气体则滞留在初始侧，从而达到分离 H_2 的目的。膜分离气体过程可概括为气体的溶解、扩散、（产品侧）解析。膜分离效果与 3 个参数有关：膜两侧各气体组分的分压差、膜面积、膜选择性。理论上压差越大，H_2 分离纯度越高，最终达到上限值，但压力增加会导致相应能耗大幅提升。气体的相对渗透速度为：H_2O >

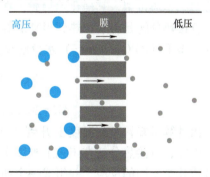

图 2-8 膜法 H_2 分离技术分离原理

注：浅色小球代表氢分子，深色大球代表杂质分子。

$H_2>He>H_2S>CO_2>O_2>Ar>CO>CH_4>N_2$。经过冷凝除水后焦炉煤气中的 H_2 优先穿过膜,在低压侧形成富氢。与变压吸附相比,膜法 H_2 分离技术获得的 H_2 纯度较低,在80%~90%,H_2 收率为50%~85%,且原料气中 H_2 体积分数高于30%才能获得一定经济效益。与变压吸附法、深冷法相比,其制氢成本低、操作简单,适用于对 H_2 纯度要求不高的场景。

除了物理方法分离出氢气,还有化学方法重整制氢。焦炉煤气催化重整和非催化重整以水蒸气、CO_2、O_2 或空气为气化氧化剂,选择性氧化 CH_4,产生富氢合成气,再通过 PSA 等物理方法净化、分离、提纯,从而获得纯氢。焦炉煤气非催化重整制氢是在一定压力下通过高温增强作用促进反应气转化,而催化重整制氢是借助催化剂对焦炉煤气中的气体分子进行活化,实现不同气体分子在催化剂活性位点上的重整,反应一般在常压下进行。主要反应如下:

水蒸气重整:

$$CH_4+H_2O \longrightarrow CO+3H_2 \tag{2-13}$$

部分氧化:

$$CH_4+\frac{1}{2}O_2 \longrightarrow CO+2H_2 \tag{2-14}$$

干重整:

$$CH_4+CO_2 \longrightarrow 2CO+2H_2 \tag{2-15}$$

水蒸气变换:

$$CO+H_2O \longrightarrow CO_2+H_2 \tag{2-16}$$

逆水蒸气变换:

$$CO_2+H_2 \longrightarrow CO+H_2O \tag{2-17}$$

2.3 高温分解制氢

2.3.1 高温分解的原理

高温分解制氢是一种在高温条件下将水分子分解得到氢气的方法。它主要包括直接热分解和热化学分解两种方法。直接热分解主要通过高温将水分子直接分解成氢气和氧气,热化学分解则是通过引入其他化学物质,在相对较低的温度下实现水分子的间接分解。

直接热分解是将水加热到很高的温度,然后将产生的氢气从平衡混合物中分离出来。在标准状态下(25℃,1atm⊖)水分解反应的热力学性质如下:

$$H_2O(g) \longrightarrow H_2(g)+\frac{1}{2}O_2(g) \tag{2-18}$$

$$\Delta H=285.84 kJ/mol; \Delta G=237.19 kJ/mol$$

由计算可知,直到温度上升到4700K左右时,反应的吉布斯(Gibbs)自由能才能为零。因此,直接热分解在工艺上难以实现。热化学分解则通过引入新的物种 x,将水分解反应分成几个不同的反应,并组成一个如下所示的循环过程:

⊖ 1atm=101.325kPa。

$$H_2O + x \longrightarrow xO + H_2 \qquad (2\text{-}19)$$

$$xO \longrightarrow x + 0.5O_2 \qquad (2\text{-}20)$$

其净结果是水分解产生氢气和氧气：

$$H_2O \longrightarrow H_2 + 0.5O_2 \qquad (2\text{-}21)$$

各步反应的熵变、焓变和吉布斯自由能变化之和等于水直接分解反应的相应值；而每步反应有可能在相对较低的温度下进行。在整个过程中只消耗水，其他物质在体系中循环，这样就可以达到热分解水制氢的目的。

热化学循环分解水的研究始于 20 世纪 60 年代末。20 世纪 70—80 年代，研究人员发表了大量的论文，提出了许多循环，过程包含的反应最少为 2 个，最多可达 8 个，大部分为 3~6 个。按照涉及的物料，热化学循环制氢体系可分为氧化物体系、卤化物体系和含硫体系。此外，还有与电解反应联合使用的热化学杂化循环体系。

氧化物体系是利用较活泼的金属与其氧化物之间的互相转换或者不同价态的金属氧化物之间进行氧化还原反应的两步循环：一是高价氧化物（MO_{ox}）在高温下分解成低价氧化物（MO_{red}），放出氧气；二是 MO_{red} 被水蒸气氧化成 MO_{ox} 并放出氢气，这两步反应的焓变相反。

$$MO_{red}(M) + H_2O \longrightarrow MO_{ox} + H_2 \qquad (2\text{-}22)$$

$$MO_{ox} \longrightarrow MO_{red}(M) + 0.5O_2 \qquad (2\text{-}23)$$

金属氧化物经热化学循环分解水制氢时，氧化物的分解反应能较快进行的所需温度较高，所以一般考虑与集中太阳能热源耦合。该法优点在于过程步骤比较简单，氢气和氧气在不同步骤生成，因此不存在高温气体分离困难等问题。面临的问题包括过程温度高，带来材料问题；连续操作困难；热效率较低；产氢量小。集中太阳能热源尚存在很多问题，尽管如此，该体系仍然引起人们广泛的研究兴趣，目前的主要研究方向是寻找能在较低温度下分解的氧化物体系。

含硫体系研究的循环主要有 4 个：碘硫循环、H_2SO_4-H_2S 循环、硫酸-甲醇循环和硫酸盐循环。前 3 种过程的共同点是都有硫酸的高温分解步骤。研究最广泛的是热化学硫碘（IS）循环（见图 2-9）。

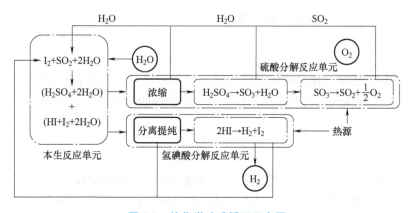

图 2-9　热化学硫碘循环示意图

该过程由 3 个反应组成：

本生（Bunsen）反应：

$$SO_2+I_2+2H_2O \longrightarrow 2HI+H_2SO_4 \tag{2-24}$$

硫酸分解反应：

$$H_2SO_4 \longrightarrow H_2O+SO_2+0.5O_2 \tag{2-25}$$

氢碘酸分解反应：

$$2HI \longrightarrow H_2+I_2 \tag{2-26}$$

上述3个反应的净反应为水分解：

$$H_2O \longrightarrow H_2+0.5O_2 \tag{2-27}$$

IS循环面临的挑战性问题包括：HI 酸和水形成共沸物，导致传统蒸馏方法的 HI 浓缩过程能耗高且效率低；HI 分解反应为可逆反应，平衡转化率低，需要不断分离产物 H_2；H_2SO_4 在400℃下的反应具有强腐蚀性，对材料要求很高。尽管如此，IS 循环的优点显著：利用低于1000℃的热源将水分解产生氢气，化学过程经过验证，能够连续操作，闭路循环只需加入水且无流出物，预期效率可达约52%，联合过程（制氢与发电）效率可达60%。

在金属-卤化物体系中，氢气的生成反应可以表示为

$$3MeX_2+4H_2O \longrightarrow Me_3O_4+6HX+H_2 \tag{2-28}$$

其中 Me 可为 Mn 和 Fe，X 可为 Cl、Br 和 I。该体系中最著名的循环为绝热 UT-3 循环，金属选用 Ca，卤素选用 Br，循环示意图如图2-10所示。

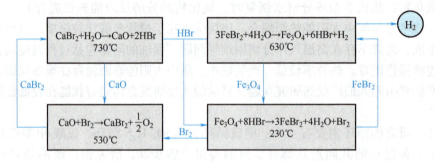

图2-10 UT-3循环示意图

循环过程包括以下4个化学反应步骤：

(1) $CaBr_2$ 与水分解生成 HBr

$$CaBr_2+H_2O \longrightarrow CaO+2HBr \tag{2-29}$$

该反应为固-气反应，在730℃进行，$\Delta G=210142$kJ/mol。在室温条件下，$CaBr_2$ 易潮解，吸水量最多可达6mol，所需温度是整个过程中最高的，略低于 $CaBr_2$ 熔点。

(2) O_2 生成

$$CaO+Br_2 \longrightarrow CaBr_2+\frac{1}{2}O_2 \tag{2-30}$$

该反应也为固-气反应，在530℃进行，自由能 $\Delta G=-77158$kJ/mol。

(3) Br_2 产生 在 HBr 回收后，UT-3 过程在230℃下通过以下固-气反应使 Br_2 再生，$\Delta G=123118$kJ/mol

$$Fe_3O_4+8HBr \longrightarrow 3FeBr_2+4H_2O+Br_2 \tag{2-31}$$

(4) $FeBr_2$ 与水反应生成 H_2 在630℃下由 $FeBr_2$ 与水反应生成氢气，$\Delta G=134151$kJ/mol

$$3FeBr_2+4H_2O \longrightarrow Fe_3O_4+6HBr+H_2 \tag{2-32}$$

UT-3 循环具有以下优点：预期热效率为 35%～40%，如果同时发电，总体效率可以提高 10%；过程热力学非常有利；两步关键反应均为气-固反应，显著简化了产物与反应物的分离；整个过程中所用的元素廉价易得，无须使用贵金属；过程只涉及固态和气态的反应物与产物，分离问题较少；最高温度为 1033K，可以与高温气冷反应堆相耦合。

2.3.2 高温分解制氢的应用及优势

热化学分解是目前高温分解制氢技术中最成熟的工艺路线。针对热化学分解水制氢已经研发了很多循环流程，但大部分循环不能满足热力学要求，或不能适应苛刻的化工条件。只有碘硫循环、UT-3 循环等少数流程经过了广泛研究和实验室规模的验证，并进行了流程初步设计，是优先的候选流程，但它们仍面临诸多工艺和材料难题。在现阶段，核能特别是高温气冷堆仍是热化学分解最主要的热源选择，因为其能够持续稳定地提供 850～900℃ 的高温热源。

利用太阳能作为高温热源也可以为水热分解制氢带来足够的热量。世界上日照充足的"阳光带"地区的最大直接日照经常达到 $1kW/m^2$。直接日照的反射和集中可以通过被称为集热器或定日镜的太阳跟踪镜来实现。一些现代太阳能集中系统的最大集中系数在 1500～5000 范围内，并且可以提供高温太阳能热，在阳光带地区甚至可达几十兆瓦。集中的太阳辐射集中在太阳能接收器上，根据太阳能集中系统的配置，接收器的最高温度可超过 1500℃。将太阳能的热量应用于高温水解的第一步是使用收集器/定日镜反射和集中直接日照。大规模的太阳能聚光系统大约发展了 30 年，主要发展了 4 种类型的太阳能聚光系统：抛物线槽式、塔式、碟式和太阳能聚光系统，如图 2-11 所示。

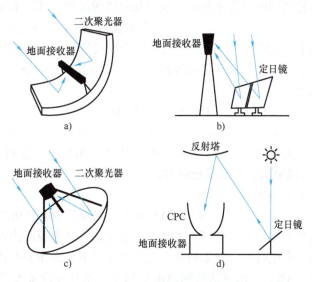

图 2-11 太阳能聚光系统示意图

这些系统将集中的太阳辐射产生的高温热能转化为电能、加工热能和化学燃料的能力不断提高。抛物线槽式系统使用线性抛物线聚光器沿着集热器的聚焦线聚焦太阳光，太阳能被聚焦线上的管道中的流体吸收。浓度因子仅在 30～100 的范围内，在流体中产生 200～400℃ 的温度。然而，太阳能热的最高温度不足以提供现有或正在开发的热化学水分解循环所需的过程热量。在中央电力塔式系统中，一组双轴跟踪镜将太阳光直接反射到安装在中央塔顶部的接收器/反应堆上。电力塔式系统通常达到 300～1500 的浓度比，接收器/反应器的最高工作温度可达 1500℃。

碟式系统使用抛物面碟形聚光器将直接日照集中在接收器/反应堆上，浓度比通常在 1000～5000 之间，温度可以达到 1500℃ 以上。新开发的太阳能聚光系统由定日镜场、反射塔和装有二次聚光器的地面接收器组成。反射塔的光路包括照射双曲面反射镜的定日镜场，反射器被放置在场地目标点下方的塔上，双曲面的上焦点与场的目标点重合，反射器引导光束向下。地面布置复合抛物面聚光器（CPC）型二次聚光器，进一步增强太阳能的集中，双浓缩系统的浓度因子在 5000～1000 的范围内，地面上的接收器/反应器可以达到 1300℃ 以上的温度。

与传统的热化学过程相比，太阳能有一些特点：高热通量密度和由于日晒波动而频繁地进行热转变。因此，传统的工业热化学过程通常不适合太阳能驱动的过程，需要使该工艺适应太阳高温。化学过程应该不间断地进行才是有效的，但太阳能高温供热是间歇性的，如在夜间、白天、太阳被云层遮挡。为了解决这一问题，理想的做法是将太阳能高温热量储存在储热系统中，并将储存的热能连续（每天 24h）用于该过程。然而，在 1000K 以上的温度下，在工业规模上实现热存储是非常困难的，而且分解水需要极高的温度，这无论是对聚焦装置反应器，还是产物分离材料都提出了极高的要求。

2.4　电解水制氢

电解水制氢是一种利用电能将水分解成氢气和氧气的过程。其基本原理是通过电解槽中的两个电极（阳极和阴极）在水中施加电压。当电流通过水时，水分子（H_2O）在阳极处被氧化生成氧气（O_2），在阴极处，质子与电子结合生成氢气（H_2）。因此，整个电解水的过程主要可以分为两个半反应，分别是阳极析氧反应（OER）和阴极析氢反应（HER）。整个电解过程可以表示为

$$2H_2O \longrightarrow 2H_2 + O_2 \tag{2-33}$$

通过这种方法，电能被转化为化学能储存在氢气中，氢气可以作为清洁能源用于燃料电池、工业生产等领域。电解水制氢的优点是产物纯净、无污染，且可以利用可再生能源（如太阳能和风能）提供电力，实现绿色制氢。

电解水制氢技术主要包括以下几种。

(1) 碱性电解水制氢（AWE）技术　AWE 技术具有较低的电解槽成本及不需贵金属的优势，是最成熟的电解制氢技术。然而，该技术在催化活性和隔膜欧姆损耗方面存在一定的限制，导致其运行电流密度较低，启动较慢，在波动工况下的操作安全性较差，较适用于稳定的电源输入。因此，AWE 技术更适合网电电解制氢，尤其在设备大型化方面具有显著优势，但低电耗和高效率仍是未来亟待攻克的难题。

(2) 质子交换膜电解水制氢（PEMWE）技术　PEMWE 技术迅速发展，初步实现商业化。PEMWE 技术使用质子交换膜作为固体电解质，具备动态响应速度快、负荷范围广、运行电流密度大、输出氢气压力高、系统结构紧凑等优点，适合与可再生能源发电系统耦合。然而，PEMWE 电解槽在强酸性和高氧化性环境下运行，依赖价格昂贵的金属材料，如铱、

铂、钛等，其高昂的成本制约了大规模发展，且寿命低于 AWE 电解槽。

(3) **固体氧化物电解水制氢（SOEC）技术**　SOEC 技术因其高效率备受关注。SOEC 技术通过在高温下（通常在 700~1000℃）进行电解水产生氢气，这种高温环境使得电解过程更加高效，理论上可以达到更高的能源转换效率。SOEC 能够实现较低的电能消耗，并且在电解过程中不需要使用酸性或碱性电解质，减少了对环境的污染。然而，SOEC 技术也面临一些挑战，如高温工作条件对材料耐久性和系统设计提出了严苛要求。尽管国内在单电池和电堆基础研发方面已达到国际先进水平，但系统集成能力仍需提升。未来，SOEC 技术的发展将集中在提高材料的耐久性、降低系统成本，以及优化系统集成能力方向，以实现更广泛的商业化应用。

(4) **阴离子交换膜电解水制氢（AEMWE）技术**　AEMWE 技术结合了 AWE 技术和 PEMWE 技术的优点，作为一项新兴技术，已成为欧美国家的研发热点。AEMWE 技术在弱碱性条件下工作，可以使用价格低廉的非贵金属催化剂，降低了成本和能耗，同时具备良好的动态响应特性，适应可再生能源的波动。AEMWE 技术可用纯水或低浓度的碱性溶液替代浓 KOH 溶液，有效避免了强腐蚀性问题。然而，该技术仍面临许多技术瓶颈，如 AEM 的离子传输能力、热稳定性和化学稳定性尚未达到商业化水平。

2.4.1　碱性电解水制氢

碱性电解水制氢一般使用高浓度碱溶液作为电解质溶液进行电解水反应，是目前技术成熟度最高、工业化进程最早、制氢成本最低的电解水制氢技术，是目前国内大型电解制氢项目的首选技术路线。碱性电解水制氢技术研究起步较早，从 1927 年挪威推出碱水制氢装置算起有近百年历史，我国自主研发碱性电解槽也有近 50 年的时间。

1. 反应机理

电解水反应可以分解为式（2-34）阴极析氢（HER）和式（2-35）阳极析氧（OER）2 个半反应：

$$\text{HER：} \quad 2H_2O + 2e^- \longrightarrow H_2 + 2OH^- \quad (E_{\text{cathode}} = -0.83\text{V 相对于标准氢电极}) \tag{2-34}$$

$$\text{OER：} \quad 4OH^- \longrightarrow O_2 + 2H_2O + 4e^- \quad (E_{\text{anode}} = 0.40\text{V 相对于标准氢电极}) \tag{2-35}$$

水的理论分解电压为阳极电势与阴极电势的差值 1.23V，如图 2-12a 所示。根据能斯特方程，电解液 pH 变化虽然会影响阴极和阳极的电极电位，但 1.23V 的理论分解电压保持不变。在实际的电解水过程中，由于电极活化、离子扩散、电池内阻等影响，需要施加高于理论分解电压的电解电压才能使电解反应连续发生，实际施加的电池电压中超过理论分解电压的部分被称为过电势（η），有

$$E_{\text{cell}} = E_{\text{rev}} + \eta_{\text{anode}} + \eta_{\text{cathode}} + IR_{\text{cell}} \tag{2-36}$$

式中，E_{rev} 为可逆电势；η_{anode} 为阳极过电势；η_{cathode} 为阴极过电势；I 为电流；R_{cell} 为电池总电阻。

阳极过电势、阴极过电势、电池总电阻以及理论分解电压共同构成电池电压，如图 2-12b 所示。

(1) **HER 反应机制**　碱性环境下的析氢反应是多步骤反应构成的双电子转移反应，使其反应动力学变得复杂且缓慢。如图 2-13a 所示，酸性介质中质子（H^+ 或 H_3O^+）直接参与反应与电子结合变为氢中间体（H^*），而在碱性介质中需要额外的水解离步骤来产生后续

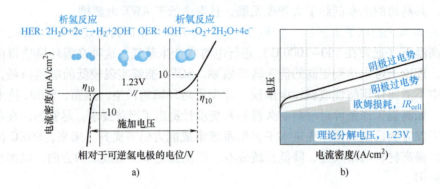

图 2-12 HER、OER 极化曲线和碱性电解水典型 IV 曲线及过电势构成

a) HER 和 OER 极化曲线 b) 碱性电解水典型 IV 曲线及过电势构成

(η_{10}—达到 10mA/cm^2 电流密度所需的过电势)

析氢过程需要的氢离子，如图 2-13b，使得大多数催化剂在碱性条件下的 HER 活性比在酸性条件下低 2~3 个数量级。

碱性 HER 过程一般用下列步骤描述：

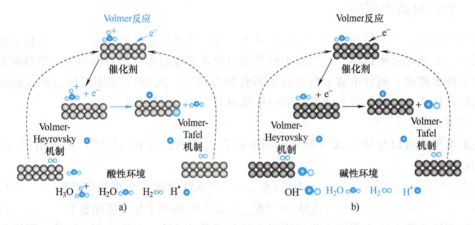

图 2-13 HER 反应机制

a) 酸性环境 b) 碱性环境

Volmer 步骤： $H_2O + e^- \longrightarrow H^* + OH^-$ (2-37)

Heyrovsky 步骤： $H_2O + e^- + H^* \longrightarrow H_2 + OH^-$ (2-38)

Tafel 步骤： $H^* + H^* \longrightarrow H_2$ (2-39)

式中，* 表示催化剂的活性吸附位点；H^* 表示吸附在活性位点上的氢中间体。Volmer 步骤是 HER 过程中的必要步骤，然后通过 Heyrovsky 步骤或 Tafe 步骤来进行。一般来说，Tafel 步骤具有更快的反应速率，即 Volmer-Tafel 机制的 HER 反应效率更高。碱性 HER 过程的具体机制可以通过 Tafel 斜率来识别，当 Tafel 斜率处于较高值（大于 120mV/dec）或较低值（小于 40mV/dec）时，表明碱性 HER 反应速率控制步骤为 Volmer 步骤或 Tafel 步骤，此时碱性 HER 反应机制为 Volmer-Tafel 机制；当 Tafel 斜率在处于中间值时（40~120mV/dec），碱性 HER 反应速率控制步骤为 Heyrovsky 步骤，此时碱性 HER 反应机制为 Volmer-Heyrovsky

机制（见图2-13）。

（2）OER 反应机制　在碱性环境中，相较于 HER 过程，OER 过程势垒更高、更为复杂且缓慢，因此阳极过电势一般大于阴极过电势。一般认为 OER 具有两种不同的反应机制：如图2-14a 所示的金属作为氧化还原中心的吸附氧析出机制（AEM）以及如图2-14b 所示的晶格氧作为氧化还原中心的晶格氧氧化机制（LOM）。

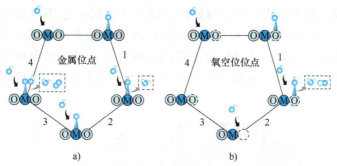

图2-14　OER 反应机制

a）AEM 机制　b）LOM 机制

传统的 AEM 机制认为催化剂表面是静态的，活性仅受到 OH*（羟基中间体）和 OOH*（羟基氧化物中间体）吸附能之间线性关系的限制，理论上最小过电位应为 0.37V。一般认为 AEM 涉及 4 个连续的氢氧根-电子转移步骤，如下：

$$\mathrm{OH + M \longrightarrow M{-}OH + e^-} \tag{2-40}$$

$$\mathrm{OH + M{-}OH \longrightarrow M{-}O + H_2O + e^-} \tag{2-41}$$

$$\mathrm{M{-}O + OH^- \longrightarrow M{-}OOH + e^-} \tag{2-42}$$

$$\mathrm{M{-}OOH + OH \longrightarrow O_2 + H_2O + M + e^-} \tag{2-43}$$

在 LOM 机制下，不再认为催化剂表面是热力学稳定的，晶格氧有效激活后作为活性位点，以自身为媒介通过亲和攻击直接接收氢氧根离子，复合形成氧气分子，氧气的释放产生了一个氧空位位点，并重新由氢氧根离子补充，从而完成 OER 循环。这种机制不再经历中间产物 OOH* 的生成，从而避免了线性关系对催化剂活性的限制。

2. 关键材料

国内碱性电解水制氢设备的技术路线一般为高压-聚苯硫醚 PPS 隔膜-非贵金属电极。国内碱性电解槽一般工作温度一般为 70~90℃，工作压力为 1~3MPa，采用 30%（质量分数）的 KOH 水溶液作为电解液，聚苯硫醚（PPS）编织布作为隔膜，非贵金属镍基材料（镍网、雷尼镍等）作为电极。国内的高压-聚苯硫醚 PPS 隔膜-非贵金属电极的技术成熟，近年来，国内单体碱性电解水设备规模化进展迅速，设备成本优势明显。国外则以氯碱电解槽转化而来的常压碱性电解槽路线为主，且大多使用含有贵金属催化剂的电极以及更薄、亲水性更强的有机/无机复合隔膜。

（1）电极材料　电极催化剂是发生电化学反应的场所，主要功能是实现稳定的电荷转移、为反应中间物种提供吸附位点、降低水分子氧化和还原的活化能。碱性电解水的电极主要分为贵金属材料、过渡金属材料和非金属材料三类，其中：贵金属催化剂在 OER（氧化铱、氧化钌）和 HER（铂）中均具有优异的催化活性，但由于储量及价格因素限制了其大规模工业化应用,一般通过改变其组成或结构、增强本征催化活性的方式降低贵金属载量;碳材料催化剂成本低且性能稳定,但其应用仍受限于自身较低的本征催化活性,一般通过高温处理掺杂氮、磷或硫等非金属元素进行改性;过渡金属基催化剂(镍、铁、钴和钼等及其化合物)具有成本低、制备方法简单且结构组成多样等优势,被认为是代替贵金属催化剂的理想材料,主要有过渡金属单质、硫化物、磷化物、氧化物、氢氧化物和氮化物等。相比于铁、钴和钼等过渡金属材料,镍基催化剂催化 HER 的吉布斯自由能变化较小,其电极材料(例如镍网、雷尼镍以及泡沫镍等)制备方法简单且在高温、高浓度的碱性电解质中稳定性较好,成为目前主流商业碱性电解水设备电极材料,一般通过电子环境调控、纳米结构优化(见图 2-15)和多组分协同效应等策略进行改性从而提升其本征催化活性。

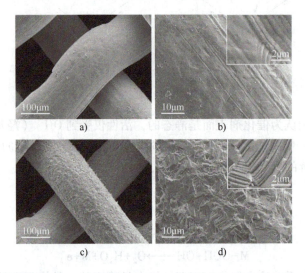

图 2-15 镍网电极及进行表面纳米结构优化的镍网电极的扫描电镜形貌表征图
a)原始镍网(100μm) b)原始镍网(10μm) c)通过阳极电蚀刻方法得到的表面具有 3D 有序结构的镍网(100μm) d)通过阳极电蚀刻方法得到的表面具有 3D 有序结构的镍网(10μm)

(2)隔膜材料 高效可靠的碱性电解水系统中,除了高活性的催化剂之外,起到分割阴阳两极、避免氢氧混合以及传递氢氧根离子等作用的隔膜至关重要。因此,理想的隔膜材料应具备良好的离子导电性、低电阻率、高隔气性、高机械强度以及在高温高浓度碱性电解质中的长期耐久性。碱性电解水发展至今经历了石棉隔膜、聚苯硫醚 PPS 隔膜以及复合隔膜三代。石棉隔膜为传统碱性电解槽隔膜,具有强度高、耐蚀、耐高温且亲水性好等优势,但由于存在毒性目前已被淘汰。聚苯硫醚 PPS 隔膜有着耐热性能优异、机械强度高、电性能优良的特点,但由于亲水性差、厚度大(大于 500μm)和通孔尺寸大等原因,通常表现出较高的离子电阻和透气性,导致能耗高,氢氧易互窜。

但是即使在表面耦合有机亲水基团进行亲水性改进,PPS 隔膜离子电阻高、厚度较大且隔气性差等问题仍较难完全解决。在表面使用无机材料填充,例如二氧化锆(ZrO_2),可以提高隔膜亲水性。因此,在 PPS 织物表面涂覆无机功能涂层形成截面如图 2-16 所示的无机-有机-无机结构复合隔膜成为目前隔膜研究的主要方向。复合隔膜表面的无机功能涂层具有均匀的微孔结构,不仅大幅提高了亲水性及隔气性,而且降低了离子电阻以及隔膜厚度。

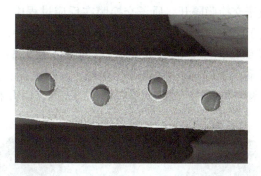

图 2-16 复合隔膜截面的扫描电镜形貌表征图

3. 电解系统

碱性电解水制氢作为发展最早的电解水制氢工艺，技术路线已经相当成熟，目前工业上碱性电解装置的生产规模已经可以达到 10MW 级（2000Nm^3/h），甚至更高，搭配高效的电极催化剂，目前工业电解槽上最高能达到的电流密度为 3000~6000A/m^2。完整的碱性电解装置包含：控制系统、碱性电解槽、气体分离与纯化装置（BOP）以及储气罐四部分。碱性电解槽作为核心部件（见图 2-17），主要由紧固螺杆、双极板、密封垫片、阴极电极、隔膜、阳极电极以及电解槽两端的端板构成。电解液通常采用质量浓度为 30% 的 KOH 溶液，工作温度为 70~90℃，工作压力维持在 3.5MPa 的以下。阴、阳极端压板起到的是紧固电解槽的作用，阴、阳极板上外接电源的正负极，双极板将电解槽分隔为一个个电解小室，密封垫安装在每块金属板中间防止碱液泄漏并起到绝缘作用。电解液经过外部的循环泵流入电解槽，通过内部的流道将电解液输送至每一个小室内，此时外加电源对电解槽供电，阴极生成氢气，阳极生成氧气，隔膜将产生的气体分隔，氢气和氧气随着电解液分别流出电解槽，进入气液分离系统，分离后的电解液会流回电解槽，形成碱液循环，气体会进行下一步的纯化过程并储存集中。

图 2-17 大型碱性电解槽内部示意图

2.4.2 质子交换膜电解水制氢

1. 质子交换膜电解水槽的结构及工作原理

质子交换膜电解水（Proton Exchange Membrane Water Electrolyzer，PEMWE）槽的结构

如图 2-18 所示，主要有膜电极（MEA）、流场板（也称为双极板，BP）、气体扩散层（GDL）。两个半电池由质子交换膜隔开，质子交换膜在反应过程中传输质子，并阻止产物气体通过。催化剂直接负载于膜表面或多孔传输层。在大多数电池中，催化剂层直接沉积在膜上，形成电池的关键组成部分，即膜电极（MEA）。两个多孔传输层（也称为 GDL）夹在 MEA 的两侧。流场板（也称为 BP）封装了两个半电池，承担电荷、物质、热量的传递功能，并与外部电源建立联系。氢气和氧气产物依次通过催化剂表面，GDL 和 BP 释放出电池。

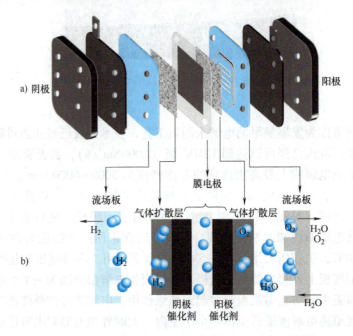

图 2-18 PEM 电解水槽的结构与工作原理
a）关键部件 b）工作原理

PEM 电解水工作原理如图 2-18b 所示，在外加电压的驱动下，水被分解成氧气和氢气是 PEM 电解水的核心反应，反应式为式（2-44）：

$$H_2O(l) \longrightarrow H_2(g) + \frac{1}{2}O_2(g) \tag{2-44}$$

整个电解过程可分为两个电化学半反应，即阳极的析氧反应（OER）和阴极的析氢反应（HER）：

阳极：

$$H_2O(l) \longrightarrow \frac{1}{2}O_2(g) + 2H^+ + 2e^- \tag{2-45}$$

阴极：

$$2H^+ + 2e^- \longrightarrow H_2(g) \tag{2-46}$$

2. 质子交换膜电解水槽关键部件

（1）膜电极（MEA） 膜电极是质子交换膜电解水（PEMWE）的核心，由质子交换膜、阴极和阳极电催化剂集成，很大程度上决定了电解水的性能。理想的质子交换膜应满足多种功能要求，包括低透气性、优异的质子导电性、良好的吸水性、低溶胀比、优异的化学和机械稳定性、低成本和高耐久性。目前，全氟磺酸（PFSA）膜是最常用的商业质子交换膜。该膜具有疏水的聚四氟乙烯类骨架和亲水的磺酸侧链。根据当量重量（EW）、侧链化学性质和长度，PFSA 可分为不同种类，例如 Nafion、Aciplex、Flemion、3M 的长侧链类和短侧链类（SSC），如图 2-19 所示。膜的厚度会影响 PEMWE 的离子电导率，试验证实在一定程度上膜越薄，电阻越小，电解槽性能越好。

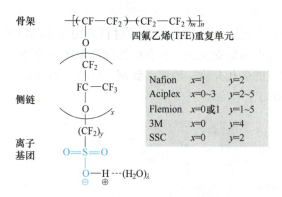

图 2-19　各种 PFSA 聚合物电解质膜的化学结构

膜电极的制备同样也是一个重要部分。目前，MEA 主要有两种构型，即催化剂涂层膜结构（CCM）和多孔传输电极结构（PTE）。PTE 结构是将催化剂直接沉积在多孔传输层上。在这种情况下，需要对 PTE 的孔径进行优化，因为孔径小会造成过大的传质阻力，而孔径大则会导致催化剂渗入 PTE，导致催化剂利用率低。CCM 构型能使膜与催化剂之间有更好的接触，从而降低界面电阻，提高质子的导电性和耐久性。除此之外，有研究者提出直接膜沉积（DMD），这种方法是通过直接将膜喷涂到阴极电极（具有涂有 Pt/C 的微孔层的炭布基底）上制备，其欧姆损耗和传质损失降低，从而具有更好的电化学性能。

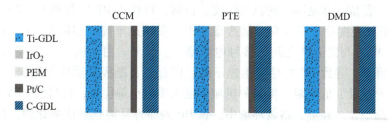

图 2-20　PEMWE 膜电极的 3 种主要构型

由于 PEM 电解槽的阳极处于强酸性环境（pH≈2）、电解电压为 1.4~2.0V，多数非贵金属会腐蚀并可能与 PEM 中的磺酸根离子结合，进而降低 PEM 传导质子的能力。PEM 电解槽的电催化剂研究主要是 Ir、Ru 等贵金属/氧化物及其二元、三元合金/混合氧化物，以钛材料为载体的负载型催化剂。当前的阳极铱催化剂载量在 $1mg/cm^2$ 量级，阴极 Pt/C 催化剂的 Pt 载量为 $0.4~0.6mg/cm^2$。Ru 的电催化析氧活性高于 Ir，但稳定性差；通过与 Ir 形成稳定合金可提高催化剂的活性与稳定性。

（2）气体扩散层（GDL）　气体扩散层是质子交换膜与双极板间的多孔介质，如图 2-21 所示。高性能 GDL 材料必须满足以下要求：

1）GDL 必须耐蚀性好，因为阳极 OER 的高过电位、氧气的存在以及水分解过程中产生的质子会引起强酸性环境。

2）GDL 需要导电子，因此必须具有良好的导电性和低电阻率。

3）GDL 不仅需要为膜提供机械支撑，特别是在面临操作压差的情况下，更要确保气体能够高效排出，同时水能够有效流向催化层。

GDL 通常由碳材料（如碳纸和碳布）或金属材料（如钛和不锈钢）制成。然而，由于阳极高氧化电位且碳材料机械强度较低，因此碳材料只用作 PEMWE 的阴极。金属 GDL 因其导电性高、成本低的特点而备受关注。钛在酸性和高阳极电位环境下仍能保持较低的腐蚀性，且易于形成多种类型的多孔介质。因此，钛网、钛毡、泡沫钛或烧结钛粉末等材料常被用作 PEMWE 的阳极 GDL。

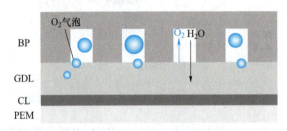

图 2-21　GDL 功能示意图

（3）流场板（BP）　流场板是 PEMWE 中的多功能组件，具有两个基本功能：

1）连接电堆中相邻的电池，导电、导热。

2）具有流场，可确保水均匀流向 MEA 界面，快速去除生成的气态产物并提供机械支撑。

由于这些功能必须在电解槽工作的环境下保持，这就要求 BP 具有高导电性、高耐蚀性、低渗透性、低成本和足够高的机械强度。目前，可作为 BP 的材料有石墨、钛、不锈钢等。石墨 BP 机械强度差、成本高、制造难度大、腐蚀速率高。在阳极，碳腐蚀降低了 BP 的厚度，导致 MEA 与集流体之间的接触电阻增加。此外，由于碳表面易被氧化，石墨 BP 的疏水性明显降低，导致 BP 的性能迅速下降。因此，石墨板只适用于阴极。与石墨相比，钛具有优异的耐蚀性、低电阻、良好的机械强度和质量小等优点，是目前 PEMWE 极板的最佳材料。但在高电位、高湿、富氧环境中，钛 BP 表面容易钝化形成氧化膜，这大大增加了 BP 和集流体之间的接触电阻。为解决这一问题，开发了涂层和合金保护钛板的方法，例如将贵金属或铂族金属涂覆在钛板上，以满足在高压和氧化环境下的耐久性和性能要求，但这种方法成本高昂。不锈钢是钛的替代品之一，但不锈钢部件在恶劣的酸性环境中易被快速腐蚀，因此也需要涂层以保持合理的使用寿命。

2.4.3　固体氧化物电解水制氢

固体氧化物电解池（Solid Oxide Electrolysis Cell，SOEC）是一种高温电解水制氢技术，利用高温水蒸气进行电解，效率显著高于传统的碱性电解和质子交换膜电解技术。SOEC 在 600~1000℃（通常为 700~800℃）的高温下运行，具备快速的电化学反应动力学过程和更高的能源转化效率。这种技术不仅能够将电能高效地转化为化学能，还能利用可再生能源合成高附加值的化学品,如氨气和甲醛。SOEC 的高温条件使其不需贵金属催化剂,同时具备余热利用和可逆操作的特点,可以在制氢和热电联产等多个领域应用。高温操作条件(500~800℃)使得电解水反应能够在热中性电压下进行,这意味着如果制氢现场有高质量的废热源,通过合理的热回收,制氢过程所需的总能量可以由电能和热能共同提供,从而降低电能需求,大幅提升整体电效率,甚至可以达到或超过 100%。较高的操作温度还大大降低了析氧和析氢两个半反应的过电位,使得高温电解制氢具有天然的高效率优势,并避免了贵金属催化剂的使用。然而,过高的温度也对电解池器件材料提出了挑战,如密封性能和长期高温服役性能等,制约了高温电解制氢的商业化推广。因此,当前的技术发展趋势是通过优化催化材料来降低电解池的操作温度,如开发高电导率电解池材料和高催化活性电解催化材料,最终目标是在较低温度(如 400~500℃)下实现高效率的稳定电解水制氢。

SOEC 技术的发展可以追溯到 20 世纪 60 年代,当时美国和德国率先开展了高温水蒸气电解的研究。早期的研究主要停留在实验室阶段,直到 2020 年以前,SOEC 技术的工业化应用仍然有限。近年来,SOEC 技术取得了快速进展,逐步实现了从实验室到初步商业化的转变,尽管其规模仍然落后于碱性电解水和 PEM 电解水制氢产业。在中高温环境下运行的 SOEC,其材料需要具备高导电性和稳定性,包括结构稳定性和化学稳定性,同时不同部件的材料还需具备良好的相容性和热膨胀系数匹配性。当前的研究热点主要集中在阳极、阴极和电解质这 3 个关键部件的材料上。面对高温、高湿和强还原/氧化环境,SOEC 的电极材料在长时间工作后容易失活,因此提高电解槽的耐久性和电解效率是实现其大规模商业化的关键。

1. SOEC 原理及分类

固体氧化物电解池(SOEC)与固体氧化物燃料电池(SOFC)在结构和工作原理上有着密切的关系。SOEC 是 SOFC 的逆过程:SOFC 将化学能转化为电能,SOEC 则将电能转化为化学能,用于电解水生成氢气和氧气。SOEC 和 SOFC 的工作原理如图 2-22 所示。SOEC 单个电解池的核心结构包括阴极(氢气电极)、阳极(空气电极)和电解质。阴极和阳极要求同时具有氧离子-电子混合导电特性,并呈现多孔结构,以便分别作为水蒸气的还原和氧气的生成场所。电解质需要能够有效避免水蒸气和生成的氢气、氧气的相互扩散,还能在内部传输离子,一般为致密氧化物陶瓷材料。

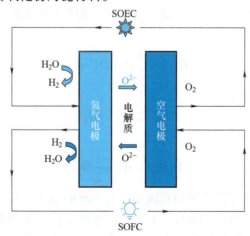

图 2-22　SOEC 和 SOFC 的工作原理

在 SOEC 中，水蒸气在高温下进入电解池并在阴极被还原生成氢气和氧离子。氧离子通过固体氧化物电解质迁移到阳极，在阳极被氧化生成氧气。这个过程需要外加电压来驱动电解反应。根据电解质传导载流子的不同，SOEC 可分为氧离子传导型（O-SOEC）和质子传导型（H-SOEC）两种类型，如图 2-23 所示。

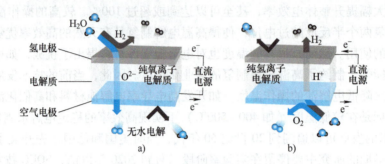

图 2-23 不同类型的 SOEC
a）氧离子传导型 O-SOEC b）质子传导型 H-SOEC

在氧离子传导型 SOEC 中，水蒸气在阴极被还原生成氢气和氧离子。氧离子在氧浓度差的驱动下，通过电解质传输到阳极，在阳极被氧化生成氧气。这个过程中，阴极与阳极发生的电化学反应分别为

阴极反应：

$$H_2O + 2e^- \longrightarrow H_2 + O^{2-} \tag{2-47}$$

阳极反应：

$$O^{2-} \longrightarrow \frac{1}{2}O_2 + 2e^- \tag{2-48}$$

总反应：

$$H_2O \longrightarrow H_2 + \frac{1}{2}O_2 \tag{2-49}$$

在质子传导型 SOEC 中，水蒸气在阳极被氧化生成氧气、质子和电子。质子通过电解质迁移到阴极，在阴极被还原生成氢气。这个过程中，阳极与阴极发生的电化学反应分别为

阳极反应（质子传导型）：

$$H_2O \longrightarrow \frac{1}{2}O_2 + 2H^+ + 2e^- \tag{2-50}$$

阴极反应（质子传导型）：

$$2H^+ + 2e^- \longrightarrow H_2 \tag{2-51}$$

总反应（质子传导型）：

$$H_2O \longrightarrow H_2 + \frac{1}{2}O_2 \tag{2-52}$$

质子传导型 SOEC 以质子为电解质载流子，与传统的氧离子传导型 SOEC 相比，质子传导型 SOEC 更适合在中温（500~700℃）下运行。在质子传导型 SOEC 运行过程中，水蒸气通入阳极（氧电极），水分解为氧气和质子。质子通过电解质到达阴极，被还原成氢气。由于电解质将阴极和阳极的气体分开，因此可以在阴极得到纯净的氢气，省去了后续将混合气

体分离的步骤。与氧离子传导型 SOEC 相比，质子传导型 SOEC 的运行温度更低。

此外，根据电池结构特点，SOEC 可分为 <u>阳极支撑型</u>、<u>阴极支撑型</u>、<u>电解质支撑型</u> 和 <u>金属支撑型</u>。不同的支撑方式各有独特的优点。阳极支撑型的优点是结构简单，制造成本低；缺点是阳极较厚，可能导致氧气扩散阻力增加，阳极材料容易烧结，难以和电解质需要的致密烧结温度兼容。阴极支撑型的优点是可以有效减少电解质的欧姆损耗，是目前的主流构型。电解质支撑型的优点是烧结性能好、机械强度高，适用于高温运行场景；其缺点是电解质较厚，欧姆阻抗大。金属支撑型的优点是响应速度快、启停次数多，适用于快速启动和关闭的应用场景；缺点是金属材料可能在高温下氧化，影响电池的寿命和稳定性。

2. SOEC 关键材料

SOEC 的高效运行依赖于其关键材料的性能，包括阴极、阳极和电解质材料。

(1) <u>阴极（氢气电极）</u> 阴极在 SOEC 中负责电化学还原反应，是影响电池性能和寿命的关键因素。主要的阴极材料包括 <u>金属陶瓷</u> 和 <u>钙钛矿型陶瓷</u>。金属陶瓷材料具有良好的导电性和机械强度，但在高温、高湿环境下易失活，存在金属氧化、损失和团聚等问题。通过制备复合电极、增加阻挡层和制备精细多孔结构，可以提高其稳定性。钙钛矿型陶瓷材料则因其结构稳定，适用于高温环境，但催化活性较低。掺杂过渡金属、金属原位溶出和负载活性金属纳米粒子等方法可以显著提高其催化性能。

在 SOEC 中，阴极进行水蒸气电解，<u>促进 H—H 或 H—O 键的断裂</u>。镍催化剂是 SOEC 中最常用的阴极材料，因为它具有优异的催化活性和电子导电性。由于 Ni 金属不传导氧离子，通常将其与离子导体，如氧化钇稳定氧化锆（Yttria-Stabilized Zirconia，YSZ）、掺钆铈氧化物（Gadolinium-Doped Ceria，GDC）或钇掺杂钡锆氧化物（Barium Zirconate-Cerate Yttrium，BZCY）混合形成金属陶瓷（Cermet），以扩展三相界面（Triple Phase Boundary，TPB）的长度。研究表明，在基于 Ni 的金属陶瓷阴极中，水蒸气还原反应（Water Reduction Reaction，R）的动力学控制受反应物供应（如吸附的 H_2O 种类）限制的电荷转移过程控制。在 SOEC 电解模式下，Ni 元素扩散较快，Ni 的迁移团聚是导致电解池初期性能下降的原因之一。同时，电解模式下阴极侧高浓度水蒸气还会导致单质 Ni 氧化生成 $Ni(OH)_x$，进而蒸发，造成 Ni 损失，这将导致电解反应的三相界面减少，从而降低电极的催化性能。提高 Ni 基金属陶瓷阴极的稳定性，防止 Ni 金属在长期运行中的氧化、损失、团聚是 Ni 基金属陶瓷电极研究的重点。更换不同的陶瓷基材料和降低反应温度对提高电极稳定性有一定的提升。例如，采用钐掺杂氧化铈作为 Ni 基金属陶瓷中的陶瓷相比 Ni-YSZ 电极具有更高的稳定性，GDC 作为 Ni 基陶瓷相的电极也同样表现出比传统 Ni-YSZ 较高的稳定性。这种较高的稳定性可归因于氧化铈基材料的混合离子和电子导电特性，在反应过程中，掺杂氧化铈中的 Ce^{4+} 发生价态变化生成 Ce^{3+}，并形成动态氧空位，有助于氧离子传递转移，扩大水解反应发生的范围，从而减少氧离子在 Ni 表面聚集。同时，金属与掺杂氧化铈之间特定的相互作用也增加了氧化铈基金属陶瓷复合材料的稳定性。此外，钙钛矿结构材料作为 SOEC 阴极，如钛酸锶、锶铁钼基（双钙钛矿结构）等具有稳定性好、部分材料具有混合离子-电子导电性和抗积炭等优点。然而，其导电性和催化活性较金属陶瓷材料仍有不足。通过在 A 位掺杂稀土或金属元素以增加氧空位、在钙钛矿骨架上直接负载金属或催化剂、在 B 位掺杂过渡金属以实现金属粒子的原位溶出，以及采用浸渍和掺杂等手段对材料进行设计和优化，可以显著提高其导电性和催化活性。然而，由于钙钛矿结构材料较低的烧结温度，难以与电解质材料的致密化温度兼容，因此较难通过传统方法制备电极支撑型电池，限制了其应用。此外，这些材料与氧化钇稳定氧化锆会发生化学反应，需要添加隔离层，这不仅增加了工艺成本，还降低了电池的稳定性。

(2) 阳极（空气电极） 阳极在 SOEC 中进行电化学氧化反应，其性能直接影响电池的效率和稳定性。主要的阳极材料是钙钛矿类材料，这些材料具有良好的电导率和催化活性。然而，长期运行过程中，阳极材料容易出现分层、裂纹等问题，导致稳定性下降。为提高阳极的稳定性，可以通过增加阻挡层和开发具有高电导率和催化活性的钙钛矿材料等方法来改进。

阳极在 SOEC 模式下催化氧析出反应（OER），并提供离子迁移和物质传输的通道。因此，阳极材料需要具备良好的 OER 电催化活性、优异的电子/离子导电性及与电解质的界面相容性。镧锶锰氧化物（LSM）是 SOC 中最常见和典型的阳极材料。LSM 具有良好的 OER 催化活性，并且与主流电解质材料具有优良的化学和机械匹配性。其主要缺点是 LSM 主要是电子导体，离子导电性可以忽略不计，这限制了在电极/电解质/氧气三相边界处的 OER 反应。单一 LSM 组件的电极性能不足以满足实际应用。因此，LSM 通常与离子导体（如氧化钇稳定氧化锆，YSZ）一起使用。复合电极（如 LSM-YSZ）通过将反应区从电极/电解质界面扩展到电极内部，从而增强了 OER 的电化学性能。尽管在过去几十年中阳极电极材料的发展取得了显著进展，但 LSM-YSZ 仍然经常作为 SOC 堆中的阳极。继 LSM-YSZ 之后，设计具有固有混合离子和电子导电性（MIEC）的材料对于开发下一代 SOC 具有重要意义。镧锶钴铁氧化物（LSCF）是中温 SOC 中最具代表性和研究最多的 MIEC 电极。LSCF 具有高离子导电性和电子导电性（在 800℃时分别为 1×10^{-2} 和 10^2 S/cm）。事实上，LSCF 还具有出色的氧扩散性能，使其成为 SOC 中最重要和最广泛使用的 MIEC 电极。然而，LSCF 与 YSZ 电解质不能化学相容，阻性 $SrZrO_3$（≥800℃）的反应产物将显著降低整体电池的性能。由于 LSCF 与钆掺杂氧化铈（GDC）相容，通常在 LSCF 和 YSZ 之间使用 GDC 作为中间层以解决稳定性问题。此外，用钡（Ba）替代 LSCF 中的镧（La）显著提高了其氧离子导电性。典型的例子是 $Ba_{0.5}Sr_{0.5}Co_{0.8}Fe_{0.2}O_3$（BSCF），它表现出非常高的氧交换动力学性质，具有高氧交换系数和表面交换系数。当应用于掺杂氧化铈电解质时，BSCF 电池在 500℃使用氢燃料可实现 $402mW/cm^2$ 的大功率密度。然而，BSCF 基材料在 450~750℃ 的中温范围内易受 CO_2 攻击，形成 Sr 和 Ba 的碳酸盐，这限制了其工业应用。双钙钛矿氧化物（如 $PrBa_{0.8}Ca_{0.2}Co_2O_{5+\delta}$）和 Ruddlesden-Popper（RP）氧化物（如 $La_2NiO_{4+\delta}$）也在积极探索中。

(3) 电解质 电解质在 SOEC 中起到离子导电的作用，主要由萤石型或钙钛矿类材料组成。高温下，电解质材料需要具有高导电性和稳定性，同时与其他部件的热膨胀系数匹配。为了降低电解质的欧姆阻抗，可以采用制备高电导率材料和薄膜化工艺两种方案，这样不仅可以提高电池的性能，还能减少能量损失。

SOEC 电解质材料需要在工作条件下具有良好的离子导电性（$>10^{-2}$ S/cm），同时具有可忽略的电子导电性。电解质是电池欧姆电阻的主要来源，显著影响电池的整体性能，特别是在低温（例如<600℃）下。因此，开发在广泛温度范围内具有高离子导电性的电解质材料对于提升 SOEC 设备至关重要。目前，氧化钇稳定氧化锆（YSZ）是 SOEC 中最常用的电解质材料，因为它在 800℃时具有优越的氧离子导电性（约为 0.05S/cm）和结构稳定性。YSZ

通常用于 700~1000℃ 的高温范围内，这对 SOEC 设备的其他组件提出了挑战。为了最小化电解质的欧姆贡献，YSZ 基 SOEC 通常采用阴极支撑结构，其中 YSZ 的厚度可以减少到 20μm 以下。YSZ 在低于 700℃ 时的氧离子导电性较差，这限制了其在中低温范围内的应用。为了提高 YSZ 的离子导电性，不同的掺杂策略得到了广泛的探索。其中，氧化钪稳定氧化锆（ScSZ）具有较高氧离子导电性（800℃ 时约为 0.128S/cm）。然而，ScSZ 的商业应用受到钪稀缺性的限制，这导致原材料成本激增。此外，ScSZ 在低温下的性能提升有限，因此在实际应用中仍面临挑战。掺杂氧化铈（如钆掺杂氧化铈）是 SOEC 中另一种广泛使用的氧化物导电电解质材料。它在中温下具有优异的氧离子导电性（800℃ 时为 0.079S/cm，600℃ 时为 0.012S/cm）。然而，由于氧化铈容易还原（Ce^{4+}/Ce^{3+}），导致电子泄漏和机械应力的问题。使用 YSZ 和 GDC 双层电解质在 SOEC 中具有显著优点。双层结构不仅能够降低界面电阻，优化电解质与含 Sr 电极的界面匹配，还能减少电子导电性，提高电池效率。镧锶镓镁氧化物（LSGM）是一种在中温范围内表现优异的电解质材料。LSGM 具有高氧离子导电性和良好的化学稳定性，使其在中温 SOEC 中具有潜力。然而，LSGM 与某些电极材料存在相容性问题，这限制了其广泛应用。钡锆铈钇氧化物（BZCY）是一种在低温下表现优异的质子导电电解质材料。BZCY 在中低温（<600℃）下具有优异的质子导电性，使其在低温 P-SOEC 中具有潜力。然而，BZCY 在高温下的化学稳定性和机械强度需要进一步研究和改进。为了提高 BZCY 的高温性能，研究人员正在探索不同的掺杂和复合策略，以增强其结构稳定性和导电性。总之，开发在广泛温度范围内具有高离子导电性和稳定性的电解质材料，对于提升 SOEC 的整体性能和可靠性至关重要。这需要综合考虑材料的导电性、机械强度、化学稳定性和与其他组件的相容性。

2.4.4　阴离子交换膜电解水制氢

阴离子交换膜（AEM）电解水制氢相较传统的碱性电解水与 PEM 电解水具有多方面的优势。首先，AEM 电解水制氢不像 PEM 电解水一样依赖价格高昂的贵金属催化剂，由于其碱性的工作环境，也不需要昂贵的纯钛极板和多孔传输层，让 AEM 电解水能够在拥有良好的性能的同时大幅度地降低成本并减少了对稀有金属的依赖。其次，与传统碱性电解水相比，AEM 电解水不需高浓度的电解液，使 AEM 电解水的安全性和环保性大幅度提高，同时 AEM 电解水有着高电解效率，能够显著提高氢气的产率并降低能耗。总而言之，AEM 电解水制氢结合了碱性电解水与 PEM 电解水的优势，是高效率高安全性而低成本的电解水制氢方式，为氢能生产提供了新的可能性。AEM 电解水的原理与其他电解水制氢方法类似，主要涉及析氢、析氧两个半反应，是一种高效的氢气生产方法。AEM 电解槽的核心部件包括阴离子交换膜、催化剂层、气体扩散层、双极板以及电解质。在电解过程中，阴离子交换膜起到关键作用，只允许阴离子通过，从而实现水电解时的离子分离。

根据是否需要碱性电解质，目前国际上 AEM 电解水的研发方向分为碱性电解质系统和纯水系统（即无碱液，便于系统维护）。一般情况下，电解液的浓度越高，电解水的性能越好，这主要是因为随着电解液浓度的增加，两个电极的极化电阻和电解池电阻会同时降低，从而提升了离子传导速率，加快反应动力学，但与常规碱性电解水相比，AEM 一般不需要使用太高的碱液浓度，这也是 AEM 电解水的显著优势之一。

AEM 电解水制氢技术仍面临一些挑战。首先，膜稳定性不佳，容易受到极化、水解和化学腐蚀的影响，导致寿命较短。如果能够开发出像质子交换膜电解水普遍采用的 Nafion 膜一样稳定高效的膜，势必会让阴离子交换膜电解水技术迈上一个新的台阶。同时，阴离子交换膜电解水技术仍然缺乏公认的高效、稳定的非贵金属催化剂，非贵金属催化剂是保证 AEM 电解水技术能够高效率、低成本制氢的关键。目前，主流的阴离子交换膜电解水技术仍然通过碱液保证效率，开发高效的纯水中阴离子交换膜电解水技术是未来最理想的技术。此外，AEM 电解水制氢技术作为近年来崭露头角的新兴技术，目前的研究重心仍集中在小面积的单池上。尽管已经取得了诸多进展，但要想实现其商业化应用和工业化发展，我们还需要进一步优化电解槽的结构，加快电堆的开发。

2.5　其他制氢技术

2.5.1　生物质转化制氢

生物质资源在能源转化领域应用广泛，涵盖了多种生物质原料。这些生物质原料可总结为 4 类：①能源作物，包括草本类能源植物、木本类能源植物、工业用途的植物以及源自农业与水利的植物。②农业残留物与废物，包括植物和动物废物，如收割后留下的作物残株，以及动物养殖过程中产生的排泄物和废弃物。③森林开发废弃物与残留物，包括木材采伐与加工过程中的剩余物，如树皮、枝丫、锯末、树桩及矮灌木丛清除后产生的生物质。④工业与城市废弃物，包括城市生活垃圾、污水处理产生的污泥，以及各类工业活动产生的有机废料。

生物质中氢的含量通常在 6%~6.5% 之间（以质量计），相较于天然气中约 25% 的氢含量，虽然较低，但在推动可持续能源系统和减少碳排放的背景下，生物质转化制氢的潜力不容忽视。

1. 生物质热化学制氢

生物质热化学制氢是通过一系列复杂的高温化学反应，将生物质转化为合成气，然后通过后续的净化和提纯步骤，提取出氢气的过程。该过程与化石燃料制氢相似。首先对生物质进行气化（通常主要由氢气、一氧化碳和甲烷组成）。甲烷通过用蒸汽重整而转化为氢气和一氧化碳，并且通过一氧化碳水蒸气重整反应将一氧化碳转化为氢气，从而提高了氢气的效率。生物质热化学制氢过程的副产品是二氧化碳，但与温室气体相比，生物质释放的二氧化碳是碳循环的自然组成部分，也就是说，副产品二氧化碳不会增加大气中的二氧化碳浓度。生物质热化学制氢过程可以通过以下净反应简单地描述：

$$C_xH_y \longrightarrow xC(g) + \frac{y}{2}H_2 \tag{2-53}$$

2. 生物质热解制氢

生物质热解制氢是一种利用生物质资源通过热化学途径生产氢气的技术，其制氢系统原理图如图 2-24 所示。

将农林废弃物、能源作物、藻类、城市废弃物等，经过收集、干燥、粉碎等预处理，使之适合于热解反应。在无氧或低氧环境中，将预处理后的生物质加热至一定温度（通常在 300~700℃ 之间），促使生物质发生热解反应。

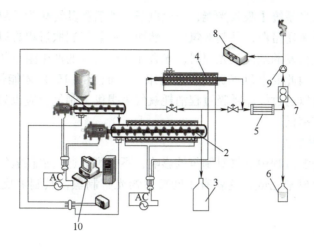

图2-24 生物质热解制氢系统原理图

1—定量加料器　2—移动床热解炉　3—残碳收集器　4—二次热裂解器　5—冷却器
6—液体收集器　7—气体流量计　8—红外气体分析仪　9—真空抽气泵　10—数据采集与控制系统

在生物质热解过程中，会得到一种类似于石油的液体，称为生物油。与石油相比，生物油中存在59种产氢碳水化合物和木质素，含有活泼的含氧化合物。这些化合物可以转化为包括氢在内的各种产物。该工艺的杂质为 H_2S、CO_2、HCN、Ni/Fe 羰基化合物、碳和灰烬。上述反应涉及富碳冷凝相和富氢气体相。碳结构固体产品可用于材料工业。碳氢化合物（天然气、石油等）的蒸汽重整和固体碳（硬煤、褐煤等）的气化可以通过以下反应进行：

$$C_xH_y+2xH_2O \longrightarrow \left(\frac{y}{2}+2x\right)H_2+xCO_2 \tag{2-54}$$

生物质热解制氢过程中会产生氢气和一氧化碳的合成气。可将合成气中的一氧化碳通过下面给出的催化水煤气交换反应来生产氢气：

$$CO+H_2O \longrightarrow H_2+CO_2 \tag{2-55}$$

根据所使用的催化剂，将上述反应用作低温水煤气交换反应和高温水煤气交换反应。反应中所产生的二氧化碳气体可以使用变压吸附技术从氢气中分离出来。这里列举了可能反应中的一小部分，实际过程复杂得多，目前尚不能精确地描述整个反应过程。但观察这些反应可以发现，总趋势是朝向简单物质的方向，随着过程进展，大部分物质可以通过一连串的反应，逐步转化为 H_2、CO、CO_2、CH_4 等4种气体。这4种气体中，CO 和 CH_4 又可以容易地转化为氢气，因此 H_2 和 CH_4 是生物质制氢的有效成分。通过控制热解反应，释放尽可能多的有效成分是生物质热解制氢研究的目标。

3. 直接光解法制氢

前两种生物质制氢方式，均是通过高温处理生物质制取氢气。在一些特定的条件下，还可以利用微生物制取氢气。直接光解法制氢是利用微生物制氢过程，主要利用微藻（蓝藻和真核微藻）在厌氧条件下从阳光和水中生产氢气，该制氢过程可用如下反应表示：

$$2H_2O \xrightarrow{\text{太阳能}} 2H_2+O_2 \tag{2-56}$$

绿藻和蓝藻中存在氢化酶，它们能够利用氢化酶生产氢气。当光照射到绿藻和蓝藻生物体中，生物体内部的光系统Ⅰ吸收光能，产生电子，然后将其转化为铁氧还蛋白，在氢化酶的存在下直接还原铁氧还蛋白，并制取氢气。然而这一氢气制取过程难以控制，当适应黑暗的细胞，即氢化酶被激发的细胞被光照时，光合作用中氧气的产生阻止了氢气的产生。由于氢化酶对氧气敏感，因此要求氧气保持在较低水平（低于0.1%）才能保证氢气正常生产。即使这种低氧水平可以通过绿藻呼吸过程消耗氧气来提供，制氢反应也只能持续非常的短时间，并且氢气生产速率低。

4. 间接生物光解制氢

降低生物光解制氢过程中氧气对制氢的影响，不仅可以通过消耗氧气完成，还可以通过氢气和氧气的分离生成来完成，这就有了间接生物光解制氢，其制氢反应流程图如图2-25所示。

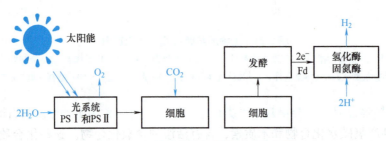

图 2-25　间接生物光解制氢反应流程图

在间接生物光解制氢中，通过将氧气和氢气彼此分离生成，去除氢气生成过程氧气的影响。在整个间接生物光解制氢过程中，二氧化碳会间歇性地被分解、释放，并在氧气生成反应和氢气生成反应之间起到电子载体的作用。藻类在碳水化合物储存中固定二氧化碳，然后通过其黑暗发酵过程转化为氢气。在典型的间接生物光解中，氢气的产生可用如下反应式表示：

$$12H_2O+6CO_2 \longrightarrow C_6H_{12}O_6+12O_2 \tag{2-57}$$

$$C_6H_{12}O_6+6H_2O \longrightarrow 12H_2+6CO_2 \tag{2-58}$$

除了通过光合作用固定二氧化碳外，许多藻类和蓝藻物种还可以产生固氮酶，通过结合大气中的氮来催化第二个氢气产生步骤。其中，固氮酶的作用是为氢气生产反应提供了无氧环境。

2.5.2　光催化制氢

光催化制氢装置（图2-26）集成了太阳能转换过程中的3个基本模块：能量捕获、转换和存储。

光催化制氢装置制取氢气原理如下：首先是光电效应部分，半导体的利用半导体的光电效应，装置中的光阳极（通常是半导体材料，如 TiO_2、Fe_2O_3、$CuBi_2O_4$ 等）在光照下吸收太阳光能，光子能量大于半导体带隙时，将价带电子激发到导带，形成电子-空穴对。激发的电子具有足够的能量离开半导体表面，进入外电路。装置中的半导体必须够吸收阳光以产生适当的光电压，并且必须具有较强的将电荷载流子向界面转移的能力，从而减少动力学过电势损失，最后半导体材料必须是稳定、耐用、低成本的。在电化学反应部分，光阳极表面的电子-空穴对迅速分离。电子通过外电路传输到阴极（通常为金属或导电化合物），同时空穴留在光阳极表面。在光阳极一侧，空穴与水分子发生氧化反应，生成氧气和质子（H^+）；在阴极一侧，电子与质子结合，通过还原反应生成氢气（H_2）。此外，能带电位应跨越对应于析氧反应和析氢反应的氧化还原电位。光电极在与电解质接触时，在电化学反应条件下必须稳定数年。该系统的总效率取决于光电极的吸收功率和界面反应的动力学性质。

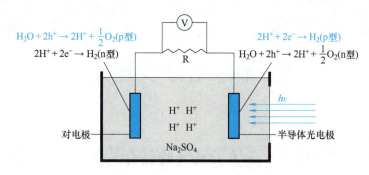

图 2-26　光催化制氢装置示意图

串联式光催化制氢装置理论上可实现的最大效率为 32%。然而，它已知的最高效率仅为 10%。为了使光催化制氢技术真正实用化，系统须至少达到 15% 的稳定效率，并确保光电极具备数年的使用寿命。

光电极的设计取决于各种因素，每个因素在整个过程中都有特定的作用。这些因素包括光照射的性质、光穿透半导体、光子的吸收、电荷载流子的产生、分离和传输到界面、界面反应的热力学和动力学因素、竞争反应以及光电极的整体稳定性。材料的特性，如颗粒大小、表面积、孔径、表面活性位点和形态，将对水分解过程产生显著影响。由于这些因素在某种程度上是相互关联的，这使得相关性更加复杂。仅关注材料的固有特性并不能在可行的规模上引导该过程，因此，需要以有效的方式优化所有物理、化学和电化学参数，以选择和设计用于水分解的新材料。

光电极必须具有足够的带隙，以在界面上产生足够的光电压，即水分解的真正驱动力。为了有效地进行水分解，所产生的光电压应解决与水分解过程相关的过电压问题。分解水所需的热力学电压为 1.23V，并且根据所使用的光电极，额外的过电势将该值提高到 1.8V。因此，产生 1.8~2V 的光电压需要一个带隙大于 2.2~2.4eV 的光电极，因为由于非辐射复合、不完全光捕获和自发发射，准费米能级位于各自带的上方和下方。能带结构的非理想排列可以进一步降低光电压。在光照条件下发生的光物理过程也影响稳定的光电压。除了光电压和带隙之外，与水的氧化还原电势相比，光电极必须具有足够的带电势，或者在任何 pH 值下，水的氧化电势都应该在材料的带隙中。选择具有显著带隙和带边缘位置的材料不能保证充分的水分解。为了有效地分解水，在照明下产生的光电压必须在整个反应过程中是均匀的。在整个反应过程中维持光电压是一个瓶颈，稳定的光电压产生取决于许多因素，例如带隙和光电极表面形态之间存在的一些附加状态。

第 3 章

氢气的储存及输运

3.1 氢气的储存

氢作为一种可再生的、清洁高效的新型能源，具有资源丰富、来源广泛、燃烧热值高、利用形式多样、可作为储能介质等诸多优点，是实现能源转型与碳中和的重要途径。根据储氢物态的不同，可以分为气态储氢、液态储氢、超临界态储氢、固态储氢以及液态介质储氢等五种主要形式。

3.1.1 气态储氢

1. 气态储氢的基本规律

由于氢气的密度非常小，若以常压进行储氢，则需要很大的体积，因此通常采用气体压缩的方式进行气态储氢。氢气的储存密度（n/V）与氢气压力有直接的关系，可通过理想气体状态方程 $pV=nRT$ 获得：

$$n/V=p/TR \tag{3-1}$$

式中，n 为氢气的物质的量；V 为氢气体积；p 为氢气压力；R 为气体常数，$R=8.314$ J/(K·mol)；T 为热力学温度。

在实际情况下，考虑到氢分子自身的体积，以及氢分子间的相互作用力，当温度降低或压力升高时，氢气的储存密度将逐渐偏离理想气体状态，因此需要利用修正的理想气体状态方程来获得氢气真实的体积密度。

修正的理想气体状态方程为

$$p=\frac{nRT}{V-nb}-\frac{an^2}{V^2} \tag{3-2}$$

式中，a 为偶极相互作用力或斥力常数（$a=2.476\times10^{-2}$ m^{6}Pa/mol^2）；b 为氢气分子所占体积（$b=2.661\times10^{-5}$ m^3/mol）。所以，实际的氢气的体积密度（n/V）与压力的关系为

$$p=\frac{\frac{n}{V}RT}{1-b\frac{n}{V}}-a\left(\frac{n}{V}\right)^2 \tag{3-3}$$

利用该方程，可以得到 25℃下压力变化对理想的氢气密度与实际的氢气密度的影响规

律，如图 3-1 所示，以及 0.1MPa 下温度变化对理想的氢气密度与实际的氢气密度的影响规律，如图 3-2 所示。

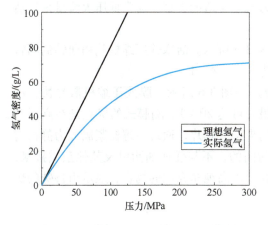

图 3-1　25℃下压力变化对理想的氢气密度与实际的氢气密度的影响规律

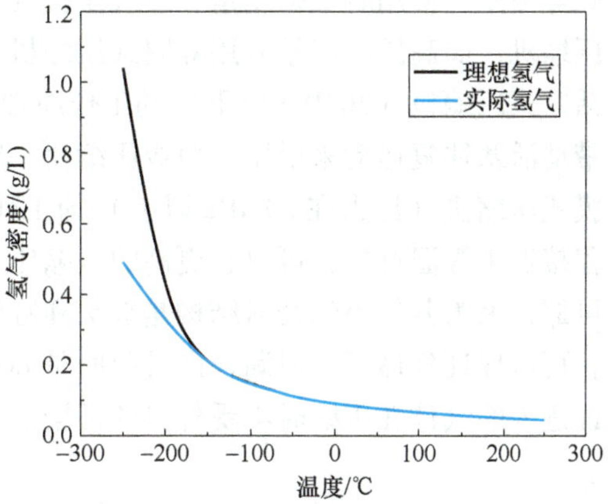

图 3-2　0.1MPa 下温度变化对理想的氢气密度与实际的氢气密度的影响规律

根据美国 ASTM 学会发布的氢气热物理性质表（D7265-23），绘制不同压力及不同温度下的实际氢气密度变化图，如图 3-3 和图 3-4 所示。可以看出，在相同压力下，随着温度的逐渐降低，实际储氢密度增加。在相同温度下，随着压力的逐渐增高，实际储氢密度增加。

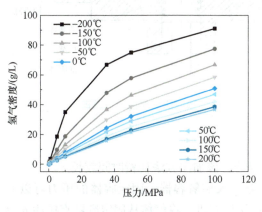
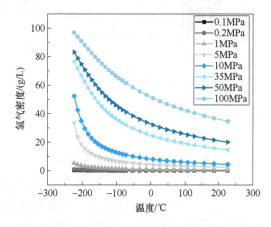

图 3-3　不同压力下实际氢气密度变化图

图 3-4　不同温度下实际氢气密度变化图

2. 高压储氢方法

从上面气态储氢的基本性质可知，为了提高储氢量，常采用高压储氢方式，即通过增压将氢气压缩在储氢容器中，以此提高其储氢量。高压储氢通常是指在 10～70MPa 压力下储存氢气，通过高压气瓶进行储氢和运输。储存时氢气通过氢压机加压进行储存，释放时通过减压阀的调节直接释放。该储存技术设备结构相对简单，技术要求较低，能耗较小，充放氢的速度快，可以在常温使用，是目前最普通和最直接的储氢方式，也是发展最成熟的储氢技术。目前 35MPa 和 70MPa 的高压储氢已经投入商业化使用。但相比于其他储氢方法，该方法的缺点是体积储氢密度和质量储氢密度小，设备成本高，且存有泄漏、爆炸等安全隐患。

高压氢气一般通过压缩机获得。压缩机可以视为一种真空泵，它将系统低压侧的压力降低，并将系统高压侧的压力提高，从而使氢气从低压侧向高压侧流动。氢气压缩机有膜式、活塞式等类型，应用时根据流量、吸气及排气压力选取合适的类型。通常低压大流量采用活塞式压缩机，而高压小流量采用隔膜式压缩机。

活塞式压缩机（30MPa以下）的工作原理如图3-5所示。活塞式压缩机利用曲轴的回转运动带动活塞往复运动来增压，单级压缩比一般为3∶1~4∶1。

膜式压缩机（压力在30MPa以上）的工作原理如图3-6所示。膜式压缩机散热快，压缩过程接近于等温过程，可以有更高的压缩比，最高可达20∶1。隔膜式的优点是在高压时密封可靠，因为其气腔的密封结构是缸头和缸体间夹持的膜片，通过主螺栓紧固成为静密封形式，可以保证气体不会泄漏，而且膜腔是固态封闭的，不与任何油滴以及其他杂质接触，能保证进入的气体在压缩时不受外界的污染。这在要求高纯净介质的场合，显示出特殊的优越性。

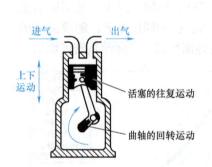

图3-5　活塞式压缩机的工作原理

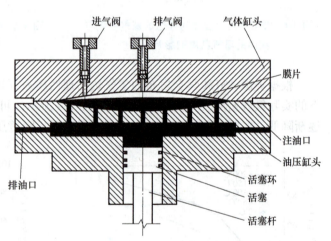

图3-6　膜式压缩机的工作原理

加注氢气可以通过以下几种方式：

（1）直接加注　氢气经压缩机直接输入储氢容器，该加注方法耗费时间较长。

（2）单级储气，增压加注　气体通过固定容器注入储氢容器，固定容器的压力可以低于储氢容器的充装压力，在储气系统上并联一个增压压缩机，将气体从固定容器直接注入储氢容器。

（3）单级储气，单级加注　气体通过固定容器注入储氢容器，固定容器的压力适当高于储氢容器充装压力，并将容器串联起来。该加注方法要求充装时所有固定容器的压力变化保持一致。

（4）多级储气，多级加注　通过固定容器向车载容器充气，将固定容器分成并联的数组（如分成高、低二组或高、中、低三组），并在压缩系统和储氢系统、储氢系统和加注系统之间配置优先顺序盘，按需要的顺序向固定容器充气。如果分为高、低两组，当低组向储氢容器加气，达到压力平衡而停止充气时，就用高组充气。只要高组的压力适当高于储氢容器的充装压力，就可将储氢容器加满。同样地，如果分成高、中、低三组，充装过程就可能需经历两次压力平衡。各组容器分别设定了最低压力，当高组容器中的压力降到设定的最低压力，而仍有储氢容器需要加气时，压缩系统排出的氢气可不经过分级储存系统，直接对储氢容器加气。

3. 高压储氢容器

高压储氢容器的使用最早可以追溯到 19 世纪，当时高压储氢容器由铜或铁基材料制成，压力可达 12MPa，主要用于军事目的。20 世纪中叶，出现了由钢制成的、能承受 15~20MPa 压力的储氢容器，主要用于太空开发和军事目标。到 20 世纪 80 年代，为了使其质量更小和可移动性更好，碳纤维增强塑料（CFRP）和其他高性能纤维与树脂复合而成的全包裹复合罐被设计开发出来。随后，配备纤维树脂的金属和聚合物衬里的高压储氢罐引起了人们的更多兴趣，成为高压储氢罐的主要研发形式。

目前，高压气态储氢容器主要分为纯钢制金属瓶（Ⅰ型）、钢制内胆纤维缠绕瓶（Ⅱ型）、铝内胆纤维缠绕瓶（Ⅲ型）及塑料内胆纤维缠绕瓶（Ⅳ型）四种类型。不同类型的高压储氢气瓶对比见表 3-1。

表 3-1 不同类型的高压储氢气瓶对比

类型	Ⅰ型	Ⅱ型	Ⅲ型	Ⅳ型
材质	纯钢制金属瓶	钢制内胆纤维缠绕瓶	铝内胆纤维缠绕瓶	塑料内胆纤维缠绕瓶
工作压力/MPa	17.5~20	26.3~30	30~70	>70
介质相容性	有氢脆危险、有腐蚀性	有氢脆危险、有腐蚀性	有氢脆危险、有腐蚀性	有氢脆危险、有腐蚀性
质量储氢密度（质量分数,%)	≈1	≈1.5	2.4~4.1	2.5~5.7
体积储氢密度/(g/L)	14.28~17.23	14.28~17.23	35~40	38~40
使用寿命/a	15	15	15~20	15~20
成本	低	中等	最高	高
是否可以车载使用	否	否	是	是

（1）Ⅰ型　金属储氢容器由对氢气有一定耐蚀性的金属构成，主要由一个金属外壳和内胆组成，它的优点是制造较为容易，价格较为便宜，但由于金属强度有限以及金属密度较大，传统金属容器的质量储氢密度较低。

（2）Ⅱ型和Ⅲ型　金属内衬纤维缠绕结构储氢容器是金属与非金属材料复合的高压容器，其结构为在金属内衬外缠绕多种纤维固化后形成增强结构。金属内衬纤维缠绕结构储氢容器可有效提高容器的承载能力及质量储氢密度。该类容器中金属内衬并不承担压力载荷作用，仅起密封氢气的作用，内衬材料通常是铝、钛等轻金属。压力载荷由外层缠绕的纤维承担。纤维缠绕的工艺经历了单一环向缠绕、环向+纵向缠绕以及多角度复合缠绕的发展历程。随着纤维质量的提高和缠绕工艺的不断改进，金属内衬纤维缠绕结构容器的承载能力进一步提高，质量储氢密度也随之提高。

（3）Ⅳ型　气瓶采用工程热塑料材料替换金属材料作为内衬材料，同时采用金属涂覆层提高氢气阻隔效果，缠绕层由碳纤维强化树脂层及玻璃纤维强化树脂层组成，可进一步提高强度及降低储氢容器的质量。这种复合塑料高压容器的制造难度较大，可靠性相对较低。国外的Ⅳ型瓶在汽车领域已经有成功案例，如日本丰田 Mirai 氢燃料电池电动汽车采用Ⅳ型储氢瓶，它的额定工作压力为70MPa，储氢密度高达5.7%，容积为122.4L，储氢总量为5kg。

高压气态储氢容器Ⅰ型、Ⅱ型瓶储氢密度低、安全性能差，难以满足车载储氢密度要求；Ⅲ型、Ⅳ型瓶单位质量储氢密度较高、安全性好。因此，车载储氢瓶大多使用Ⅲ型、Ⅳ型两种容器。但从技术角度来看，Ⅲ型、Ⅳ型瓶作为高压储氢容器各有优缺点。Ⅳ型瓶基体采用塑料材料，具有重量轻、成本低、质量储氢密度大等优点，比较适合乘用车使用，但Ⅳ型瓶对温度特别敏感，如果控制不好温度、使用过程中的氢气充放速度，以及泄漏问题等，对整车安全性影响较大。此外，使用塑料衬底，也面临例如衬垫塌陷、衬垫低温脆性、塑料衬垫的氢相容性，以及金属凸台和塑料的接头失效等挑战。Ⅲ型瓶虽然偏重些、成本高些，但是其材质温度及环境适应能力强，密封性好，一般没有泄漏问题，比较适合大巴车和重卡使用。

近年来发展的将储氢粉体材料加入储氢罐中而得到高压复合储氢受到了人们的欢迎。在高压复合储氢罐内，储氢材料首先通过自身存储氢气实现固态储氢，然后高压储氢罐内粉体材料之间的空隙也参与储氢，从而实现气-固混合储氢。高压复合储氢罐结合了高压储氢技术和固态储氢材料的优势，旨在实现安全、高效率的氢气存储。已有研究发现，将40MPa高压储氢罐与$(Zr_{0.85}Ti_{0.3})_{1.04}Fe_{1.8}V_{0.2}$储氢合金复合，测试结果表明，当合金的体积填充率为30%时，其相对于原储氢罐体积储氢密度提高了74%。如图3-7所示为高压复合储氢罐的结构示意图。

4. 高压储氢的应用实例

目前，高压气瓶储氢技术主要用于车载高压储氢系统、高压氢气长管拖车和固定式高压储氢系统三个方面。车载高压储氢系统主要用于氢燃料电池电动汽车，高压氢气长管拖车主要用于氢气的规模运氢，而固定式高压储氢系统主要用于加氢站、固定式/分布式储能等领域的氢气规模储存。

(1) **燃料电池电动汽车用高压储氢**　高压储氢的主要应用方向为燃料电池电动汽车，目前已投入使用的燃料电池电动汽车用高压储氢容器多为Ⅰ和Ⅲ型高压储氢罐。根据燃料电池电动汽车的使用需要，储氢容器需要向轻质、高压的方向发展。世界各大知名汽车企业，包括奔驰、宝马、丰田、本田、现代等，均展开了燃料电池电动汽车储氢容器的深度研发，其中一些车型已经进入量产阶段，如本田的 Clarity（见图3-8），该车型车内搭载两个70MPa 的高压储氢罐，最大储氢量为141L。

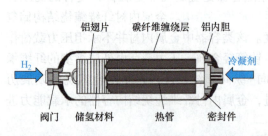

图 3-7　高压复合储氢罐的结构示意图

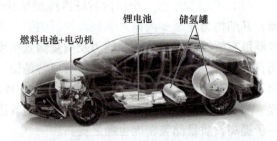

图 3-8　本田 Clarity 燃料电池驱动系统示意图

(2) **高压氢气长管拖车**　高压氢气长管拖车主要用于氢气的运输，将氢气压缩储存到几只到十几只钢制无缝气瓶中，用配管和阀门将气瓶连接在一起，固定在拖车中进行氢气运输，它是目前最成熟的氢气运输方式。长管拖车按其结构形式可以分为捆绑式长管拖车和框架式长管拖车两种，其中，框架式长管拖车采用框架固定钢瓶，在国内数量最多、技术最成熟、应用最广泛；捆绑式长管拖车则直接将气瓶固定在拖车底盘上，减小了框架质量，相对框架式长管拖车的运输效率更高。

（3）加氢站用大型高压储氢容器　加氢站用高压储氢容器是氢存储系统的主要组成部分。由于车载储氢容器压力一般为35~70MPa，因此加氢站用高压储氢容器最高气压多为40~85MPa。加氢站用高压氢气容器一般具有如下四个安全风险：一是高压常温且氢气纯度高，具有高压氢环境氢脆的危险；二是压力波动频繁且范围大，具有低周疲劳破坏危险；三是容积大，压缩能量多，氢气易燃易爆，若高压储氢容器失效，则危害严重；四是面向公众，涉及公共安全。因此，在使用高压储氢容器时应注意其危险控制，目前主要使用大直径储氢长管和钢带错绕式储氢罐来储氢。

（4）小型高压储氢罐的应用　从燃料来说，氢取自于水，燃烧后又会变成水，可以实现零碳排放，因此氢气除了应用在车载场景，在其他场景也有大量应用。例如，北京2022年冬奥会的火炬应用了高压储氢技术（见图3-9）。其燃烧的气体主要是氢气，氢气以高压储氢的方式存储于火炬内。火炬外壳由碳纤维及复合材料制造而成，呈现出了"轻、固、美"的特点。火炬安全、可靠性高，可抗风10级，可在极寒天气中使用，减压比高达几百倍。与此同时，火炬外壳在高于800℃的氢气燃烧环境中可正常使用。

图3-9　北京2022年冬奥会火炬图

此外，因为氢燃料电池比传统的锂电池具有更高的能量密度，氢燃料电池系统用在无人机上续航时间更长，更能满足无人机的长巡航要求。目前，国内外已有众多企业在开发氢燃料电池无人机，其中的供氢装置为小型高压储氢罐。

5. 高压储氢的风险控制

高压氢气储运设备一般都在超过几十个大气压的压力下使用，储存着大量的氢气。因超温、充装过量等原因，设备有可能强度不足而发生超压爆炸。车用储氢容器和高压氢气运输设备，需要频繁重复充装，不但原有的裂纹类缺陷有可能扩展，而且可能在使用过程中萌发出新的裂纹，导致疲劳破坏，因此，高压储氢存在着巨大的压力风险。

同时，高压氢气储运设备在充装气体时也存在巨大的风险。气体介质会放出大量的热量，通过热的传递过程使得设备的各连接部分温度升高。北京航天试验技术研究所通过仿真分析得出，储氢气瓶从1MPa充气到70MPa，若在120s内充装完毕，则储氢气瓶里的氢气温度会上升120℃，温度过高可能会使充装气体的人员受到伤害，同时也改变了设备承压材料的本构关系而影响到承压能力，此外，高压氢气储运设备的管理、人员培训及设备使用的环境都给设备带来风险。

为了应对上述高压储氢的使用风险，需要对加注氢气过程中的风险以及高压储氢容器的风险进行安全控制：

（1）氢气加注过程中的风险控制　美国标准DOT3A对于氢气在无缝气瓶中的充装做了很多规定，如氢气的操作应由专业人士完成；高压储氢设备的连接部分要有较好的密封性；

在燃料电池汽车中使用的氢气纯度一般都达到 99.99% 以上，一方面要防止氢气与杂质反应，另一方面要防止毒化燃料电池，所以在高压氢气的管路中不能出现油污等杂质；氢气气瓶首次使用时应进行抽真空处理；储氢高压气瓶不能受到冲击作用；在使用氢气的场合不能有火星等。加氢装置中能引起氢气泄漏的原因很多，要在系统关键部位中安装气体探测器，实时监测系统中的气体，以及安装压力传感器来监测储罐和管道中的气体压力。

(2) 高压储氢容器的风险控制

1) 容器材料选用。材料作为构成压力容器的物质基础，对压力容器运行的安全性有显著的影响，合理选材是确保压力容器安全的基本任务。当氢分压≤20MPa 时，低合金钢 Q345R 即可满足使用要求。当氢分压>20MPa 时，应选用抗氢性能优异的钢材，如对氢脆敏感性较小的 S304、S316 和 S316L 等奥氏体不锈钢。考虑到高压氢气充放的过程中，容器承受交变载荷，存在疲劳失效风险，可以采用钢带错绕式的特殊形式，将疲劳破坏的失效形式改变为未爆先漏，会有效提高运行可靠性。

例如，对于一台设计压力为 42MPa 的钢带错绕式高压储氢容器，氢分压>20MPa，优先考虑选用氢脆敏感性较小的奥氏体不锈钢。根据压力容器的国家标准和行业规范要求，对 42MPa 高压储氢容器的封头和内筒用 24/50mm 的 Q345R 钢板提出基本要求：钢应当是氧气转炉或者电炉冶炼的镇静钢，并进行单独真空脱气与 AOD 或 VOD 精炼处理；钢板应按 NB/T 47013《承压设备无损检测》的规定进行 100%UT 检测，合格级别不低于Ⅱ级；杂质元素含量（质量分数）P≤0.025%，S≤0.010%；钢板应正火交货，并逐张热处理，进行拉伸和 0℃下的 V 形缺口冲击试验，断后伸长率≥20%，冲击吸收能量 KV_2≥31J。

此外，高压储氢容器长期在常温高氢分压作用下，需考虑氢脆的影响。钢材的氢脆是由于吸收氢导致塑性降低、性能恶化的材料损伤现象。为保障设备的长期安全运行，要求储氢容器用钢具有良好的抵抗氢脆性能。室温下的高压纯氢对金属的机械性能具有显著的有害影响，氢原子的侵入促进了局部塑性过程并加速了金属的裂纹扩展速率。这种退化增加了高压氢部件突然失效的风险，可通过以下方式降低容器对氢脆的敏感性：

① 将所用材料的硬度和强度水平限制在安全值。

② 避免或最小化来自制造（例如冷弯或成形）的冷塑性变形。

③ 使用通常对氢脆较不敏感的奥氏体不锈钢。

④ 采用 ISO 11114-4：2017《移动气瓶 气瓶和瓶阀材料与盛装气体的相容性 第 4 部分：选择抗氢脆钢的试验方法》规定的试验方法选择材料。

2) 安全检测。高压储氢系统在常温高压氢气条件下，要确保其长期稳定高效地运行，必须考虑金属材料常温高压氢脆、疲劳产生裂纹扩展及应力集中造成容器失效等问题。为防止氢脆，要对材料进行环境氢试验，将材料在氢环境中进行拉伸等各项试验和内外部氢同时作用试验。此外，高压储氢罐的测试项目还包括容器外观检查、纤维的性能试验、水压试验、爆破试验、循环试验、渗漏性检测试验、冲击试验、枪击试验、焚烧试验等。通过检测，可以判断容器的结构健康状况，及时发现并处理任何异常情况，以避免潜在的危险。

3) 超压保护。为防止高压储氢容器由于内部压力过高而发生爆炸或泄漏，必须配备有效的压力保护装置，包括安全阀、压力开关等。安全阀是最常用的压力保护装置之一，可以在内部压力超过预设阈值时自动释放压力，以防止容器超压。在高压储氢设备中设置超压保护装置可以很好地解决充装和储运中高压氢气的压力风险。设备出现超压时，超压控制系统可以及时地调整和关闭系统中氢气的通道，截断超压源，同时泄放超压气体，使系统恢复正常。

4）**环境因素的风险防控**。高压储氢容器的环境危险因素主要是指容器周围可能存在多种点火源，特别是商业性加氢站有时建立在车辆来往频繁的交通干道之侧，周围环境较复杂，受外部点火源的威胁较大，泄漏的氢气如果遇到点火源，则极易发生燃烧爆炸。为了防止火灾、爆燃或爆炸，应确保氢气与助燃剂（如空气）隔绝。为达到这个目标，可以采用以下措施：①吹扫，储氢容器在储存氢气之前必须用惰性气体进行吹扫以去除空气；②无泄漏检测，在允许氢气进入之前，应对包括将容纳氢气的容器在内的系统进行泄漏测试，确保无泄漏，应定期进行泄漏测试，并应修复发现的任何泄漏；③排气，将氢气排放到大气中应通过适当设计和定位的排气系统进行；④通风，在可能积聚氢气的封闭空间，如房间或建筑物，应提供足够的通风，以防止形成可燃混合物；⑤保持正压，储氢容器应保持正压，以防止容器外部的空气进入。此外，由于人类感官的限制，需要其他手段来检测氢。使用氢探测器在氢容易泄漏的地方，例如氢可能积聚的位置以及储氢容器接口处。在不存在杂质的情况下，氢气/空气火焰在白天对人眼几乎不可见，因此建议在氢气可能存在的位置也要使用氢火焰探测器。

除了防控爆炸火灾外，高压储氢容器在运输时，如果发生碰撞、振动等情况也会造成危险。因此，在储存和转移操作应按照以下准则：

① 不要使容器过满。

② 不要使容器及其部件过压。

③ 避免压力释放系统的热循环。

④ 在进行任何其他连接之前，将移动的和固定设备电气接地。

⑤ 警惕泄漏，如果发生泄漏或火灾，则停止操作。

⑥ 检查容器的腐蚀或其他损坏。

⑦ 保持氢容器周围区域清洁。

⑧ 在电风暴中或当电风暴接近时取消或停止操作。

⑨ 保持储存容器区域远离非必要的人员和设备。

⑩ 从操作区域移除火源。

⑪ 使用路障、警告标志和绳索等物品对作业区域进行出入控制。

同时输运车用的储氢设备必须考虑动载荷对设备本身的影响，设备要做减振的措施以增强保护。由于振动等的影响，这类设备的阀门可能会受到一定的影响，配备在输运和车用上的储氢设备必须进行严格检查后才能使用。输运与车用时，高压储氢设备处于移动状态，如果发生事故其危害性更强。除了在储氢设备中要进行安全状态监控，还应在驾驶室、车体外部增加气体探测器等。

3.1.2 液态储氢

液态储氢是指将氢气压缩并冷却至21K，使之变为液态，然后存储在特制的绝热真空容器中的一种储氢形式。常温、常压下液氢的密度为 70.8kg/m³，约为气态氢的 800 倍。这样，同一体积的储氢容器，其储氢质量大幅度提高。本节主要介绍氢的液化技术和液态氢的储存。

1. 氢的液化

氢的液化指氢气压缩后，深冷到 21K 以下，使之变为液氢。氢气在低温（通常在液态氢的沸点以下）和中等压力下（通常在 1～5atm）被液化。此过程需要消耗大量的能量，因为氢气在常温下是气态，需要降温到极低的温度才能变为液态。

图 3-10 所示为氢液化过程的基础流程图。可以看出，如果氢气在低压下进料，需要先经过压缩过程，才能预冷到 80K 左右。然后需要通过闭环制冷循环将氢气进一步冷却到低于 30K 的温度，在此期间进行吸附过程（去除杂质）和催化转化过程（实现邻位到对位转化）。最后，液态氢可以通过典型的绝热膨胀过程［焦耳-汤普森（Joule-Thompson，J-T）膨胀或涡轮膨胀］获得，并储存在 20～30K（0.1～0.2MPa）下。

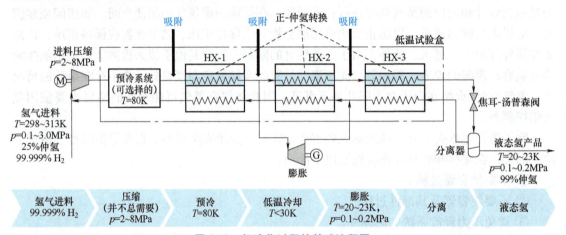

图 3-10　氢液化过程的基础流程图

氢的液化方法大致可分为利用焦耳-汤普森（Joule-Thompson）效应的简易林德（Linde）法和在此基础上再加上绝热膨胀的方法。后者又可分为利用氦气的绝热膨胀产生的低温来液化氢气的氦气布雷顿法，以及让氢气本身绝热膨胀的氢气克劳德法。氢气的循环液化方法如图 3-11 所示。氢气液化流程中主要包括加压器、热交换器、膨胀涡轮机和节流阀等设备及部件。

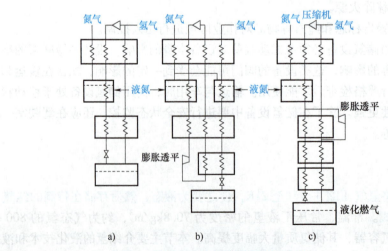

图 3-11　氢气的循环液化方法
a）简易林德法　b）氦气布雷顿法　c）氢气克劳德法

(1) 简易林德法　简易林德法是最简单的气体液化流程，也称为节流循环，它是利用高压低温氢气的膨胀来获得液态氢的方法，是工业上最早采用的气体液化循环。在该流程中，氢气首先在常压下被压缩，而后在热交换器中用液氮预冷，进入节流阀进行等焓的 Joule-Thompson 膨胀过程以制备液氢；未被制成液氢的制冷气体返回热交换器（见图 3-11a）。对于大多数气体（如 N_2）来说，室温下发生 Joule-Thompson 膨胀过程时会导致气体变冷。而氢气恰恰相反，必须将其温度降至 80K 以下，才能保证在膨胀过程中气体变冷，如图 3-12 所示。这也是 Linde 制冷流程中高压氢气采用液氮预冷的原因。实际上，只有压力高达 10~15MPa，温度降至 50~70K 时进行节流，才能以较理想的液化率（24%~25%）获得液氢。这种循环制液氢的装置简单，运转可靠，但由于效率低，除了小规模的实验室制氢外几乎不被采用。

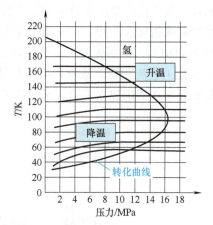

图 3-12　Joule-Thompson 膨胀过程的转化温度曲线

(2) 氦气布雷顿法　中等规模液态氢制造一般采用氦气布雷顿法，其工艺流程如图 3-11b 所示。压缩机与膨胀涡轮机内的流体是惰性气体氦，因此有利于防爆。此外，氦气也用作制冷剂来驱动制冷循环。在这样的循环中，制冷剂首先被压缩到高压，然后在等熵膨胀器中膨胀以获得所需的低温条件（即低于液态氢的温度）。然后，制冷剂冷凝已经被液氮预冷的氢气。布雷顿氢液化循环通常采用管中管式换热器，具有结构简单、体积小、重量轻、安全性高等优点。此外，由于能够全量液化氢气，并且可以获得过冷的液态氢，所以向储存罐移送时能够降低闪蒸损失。

(3) 氢气克劳德法　此方法使氢气通过膨胀机来实现焦耳-汤普森膨胀过程，它是将氢的等熵膨胀与焦耳-汤普森效应相结合的方法，其工艺流程如图 3-11c 所示。克劳德循环和简易林德法 Linde-Hampson 循环的区别在于，克劳德循环使用了一个额外的等熵膨胀器。与 J-T 阀中等熵过程相比，膨胀机中的等熵过程可以导致更高的气体温降和更低的能耗损失。然后，将膨胀气体与再生的返回气混合，以在恒压热交换器中提供冷却负荷。由于等熵膨胀过程提供的额外冷却效应，克劳德循环可以用于氢气液化，而不需要增加任何预冷措施。理论证明：在绝热条件下，压缩气体经涡轮机膨胀对外做功，可获得更大的温降冷量。这一操作的优点是无须考虑氢气的转化温度（即无须预冷），可一直保持制冷过程。缺点是在实际使用中只能对气流实现制冷，但不能进行冷凝过程，否则形成的液体会损坏叶片。尽管如此，工艺流程中加入涡轮式膨胀机后，效率仍高于仅使用节流阀来制液氢的 Joule-Thompson 过程，液氢产量可增加 1 倍以上。由于采用氢气克劳德法液化氢气所需的动力是三种方法中最小的，经济性突出，因此被用于大规模的液态氢生产中。采用这种方法制液氢，由于氢本身作为制冷剂，所以在循环中氢的保有量大，而且需要提供氢的压力，因此应充分考虑安全问题。

位于德国因戈尔施塔特市（Ingolstadt）的 Linde 氢液化生产装置曾经是德国规模最大的氢液化装置。该液化装置的原料氢气来自炼油厂（含氢量为 86%），因而在液化前需要经过纯化。先将原料氢气压缩到 2.1MPa，再通过过变压吸附（PSA）纯化器纯化，使其中杂质含量低于 4mg/kg，再在位于液氮温区的低温吸附器中进一步纯化至 1mg/kg 以下，然后送入液化系统进行液化。在液化的过程中同时进行正-仲氢转换（O-P 转换），最后生产出含有 95%以上仲氢的液氢送往容量为 270m³ 的储罐储存。该液化流程为改进的液氮预冷型克劳德循环，氢液化需要的冷量来自三个温区，80K 温区由液氮提供，80~30K 温区由氢制冷系统经过膨胀机膨胀获得，30~20K 温区通过 J-T 阀节流膨胀获得。O-P 转换的催化剂选用经济的 $Fe(OH)_3$，分别放置在液氮温区、80~30K 温区以及液氢温区。图 3-13 所示为 Ingolstadt 氢液化工艺流程图。该液化器液化能力为 4.4t/d，比能耗为 13.58kW·h/kg H_2。2021 年，林德公司在美国建立了第 5 家液氢工厂，新工厂每天供应 30t 以上的高纯度液态氢。

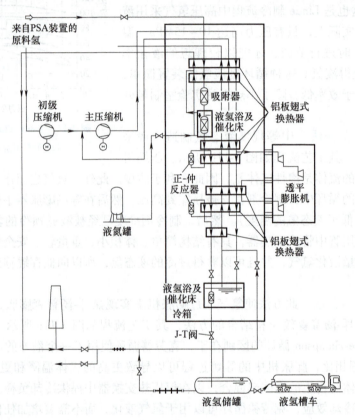

图 3-13　Ingolstadt 氢液化工艺流程示意图

2. 液态氢的储存

液氢的存储一般需要用低温液体存储容器，具有较好的绝热性能，也就是常用的"液氢储罐"。液氢储罐种类比较多，常用的有固定式、移动式等。

（1）固定式液氢储罐　固定式液氢储罐具有容积大、形状多变的特点，常见的储罐形式有球形储罐和圆柱形液氢储罐，热蒸发损失与储罐的容积比表面积存在密切联系，球形储罐容积比表面积最小，具有较高的机械强度，受力分布均匀。由此可见，应用效果最佳的固定式液氢储罐为球形储罐，但在加工设计阶段需要投入较高的造价成本，加工难度较大。常用的圆柱形液氢储罐结构设计主要分为罐体、进液口、取样口、压力液位测试装置等。美国林德公司研发的固定式液氢储罐主要以圆柱形为主，如图 3-14 所示。

图 3-14　美国林德公司研发的固定式圆柱形液氢储罐示意图

（2）移动式液氢储罐　移动式液氢储罐主要指公路、铁路、海运中的液态储氢罐。储罐的容积越大，蒸发率越低。铁路运输、公路运输日蒸发率较高。海路运输要求移动式储罐的整体容积较高，蒸发率较低。移动式液氢储罐的设计与固定式液氢储罐之间差异较小，但移动式液氢储罐需要具有较高的抗冲击强度，能够抗击运输碰撞的意外事故。

用于液氢储存的材料必须满足一系列特殊要求，包括耐氢脆性、耐渗氢性、高机械强度，以及耐火性和耐热性。液氢的沸点为 21K，汽化潜热小，极少量的热泄漏也会引起介质蒸发，因此要求容器的绝热性能很好。目前低温绝热的主要形式有常规外绝热、高真空绝热、真空粉末绝热、高真空多层绝热和低温冷屏绝热。液氢设备的绝热材料分为两类：一类是可承重材料，如 Al/聚酯薄膜/泡沫复合层、酚醛泡沫、玻璃板等，此类材料的热泄漏比多层绝热材料严重，优点是易于安装；另一类是不可承重、多层（30~100 层）材料，如 Cu/石英、Mo/ZrO 等，常使用薄铝板或在薄塑料板上通过气相沉积覆盖一层金属层（Al、Au 等）以实现对热辐射的屏蔽，缺点是储罐中必须安装支撑棒或支撑带。

3. 液态储氢的应用

液态储氢技术的研究和发展对于氢能的广泛应用至关重要。由于液态氢具有高能量密度、高转换效率和清洁环保等优点，因此可以用作液态燃料，在航天领域具有广阔的应用前景。此外，液态储氢具有大的体积和质量储氢密度，且方便储存，便于长距离运输，尤其适合大规模能源输送，在液氢运输等领域也得到广泛应用。

（1）航天领域　液态储氢在航天领域的应用主要体现在运载火箭和太空探索中，其可作为高能效的推进剂。液态氢具有高能量密度和良好的燃烧性能，能够提供强大的推力，特别适合用于重型火箭发动机。此外，液态氢还可以用作航天器的电力系统，通过燃料电池转换为电能，为航天器的电子设备和生命保障系统提供动力。

2023 年 3 月，中国航天科技集团有限公司六院 101 所承担的集团公司自主研发项目"液态储氢加氢示范系统及其关键设备研制"课题通过了航天科技集团验收，标志着液态储氢加氢示范系统及其关键设备研制技术取得重大突破。2024 年，我国 500t 级垂直双工位液体火箭发动机试验台考台点火试验取得圆满成功，标志着我国液氢液氧火箭发动机试验能力得到跃升，将有力保障我国可重复使用运载器和重型运载火箭的研制，支撑我国航天重大工程任务顺利实施。此外，中国航天科技集团六院航天氢能科技有限公司自主研制的国产

"5t/d 氢液化系统冷箱"成功上线，这标志着我国在液氢高效储运领域实现了重大技术突破，能够大幅降低氢储运成本，保障新能源体系建设，为推动国家能源结构转型升级提供重要技术和装备基础。

（2）长距离大规模运输领域　液态储氢在运输领域的应用主要集中在氢能汽车和氢能船舶等方面。

1）液氢罐车。液氢罐车是液氢运输的主要方式之一，它们通常具有较大的容积，可以装载大量的液态氢气。例如，中集圣达因成功研制并推出了我国首款民用液氢罐车，容积可达 $40m^3$，这标志着中国在氢能应用领域迈出了重要步伐。

2）液氢运氢船。液氢运氢船是用于海上运输液态氢气的船只，其上有专门的液氢储罐，以确保液态氢气在长途海运中的安全。例如，2024 年，中国船舶集团有限公司旗下第七〇八研究所已开发出 $180000m^3$ 级液氢运输船和 $20000m^3$ 级液化氢运输船，可以满足氢能大规模跨境运输的需求。

（3）其他领域

1）液氢加氢站。液氢加氢站是用于给氢能车辆加注液态氢气的地方，它们通常配备有液氢泵和加注枪，以便快速、安全地为氢能车辆补充液态氢气。中集安瑞科与大连化物所合作的张家口第一个"液态阳光"加氢站已经进入实际运行状态，为氢能源大巴车提供加氢服务。

2）液氢燃料电池车辆。液氢燃料电池车辆是使用液态氢气作为燃料的车辆，它们通常配备有液氢储罐和燃料电池系统，以将液态氢气转换为电能，驱动车辆前进。液态燃料电池车辆目前正处于商业化应用的初期阶段。一些国家和地区正在积极建设加氢站，以促进液态燃料电池车辆的普及。未来，随着技术的进步和成本的降低，预计液态燃料电池车辆将在公共交通、货运物流等领域得到更广泛的应用。

这些应用不仅提高了能源利用效率，还为氢能产业的高起点规模化发展奠定了重要基础。然而，液态储氢也存在局限性，目前最大的应用障碍有两点：一是液态耗能过高。氢气的沸点为-253℃，将氢气的液化需要氢气高热值的 40%，低热值的 50%，因此液化氢气需要大量的能量，且对储存容器的保温性能要求很高，而且成本相对较高；二是汽化率过高。在-30℃的温度下，碳钢会变脆，容易断裂。因此，在氢气的沸腾温度下，与氢气管线接触的空气可能会液化，从而产生火灾危险。此外，氢不能无限期地保持液态，目前的汽车储氢罐每天的排气（或"蒸发"）率达 1%～2%。而且，储氢容器的体积越小，氢气的泄漏率越大，所引发的安全性问题越严重。

3.1.3　超临界态储氢

超临界态储氢是指利用氢气在接近超临界状态时，其密度随温度和压力显著变化这一性质而提出的一种新型储氢形式。图 3-15 所示是氢的相位图，它展示了氢的气态、液态及固态随温度和压力变化。从图中可以看出，在一个大气压下，当温度降低到 20K 时，气态氢将会转变为液态氢，降低到 11K 时，液态氢将会转变为固态氢。若提高储氢压力，则气态氢转变为液态氢的温度将会上升，直到临界温度 33K 为止，此后再提高压力也不能将气态氢液化，只能发生气态氢向固态氢转变。在临界温度以上时，若氢气压力进一步提高，可使氢气进入超临界状态，其密度随温度和压力将发生显著变化。因此，可以将氢气加压冷却至超临界状态，即低温压缩氢（Cryo-compressed Hydrogen，CcH_2）来实现氢气的储存。

第3章 氢气的储存及输运

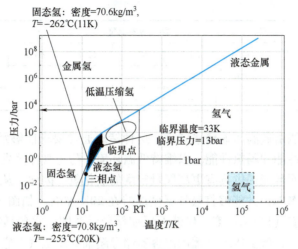

图 3-15 氢的相位图

注：1bar=10^5Pa。

如图 3-16 所示，氢气在进入超临界状态（30MPa，38K）时密度高达 80g/L，此时若提高压力，密度仍会持续提高，若提高温度，密度则会显著下降，如图中曲线所示，在 288K、70MPa 时密度仅为 40g/L，密度发生显著变化，利用这一性质，我们可以选择在低温高压条件下进行高密度储氢，以储存更多的氢气。而且在图 3-15 中还可以看出在接近临界状态 33K 时，低温压缩储氢密度显著高于液态储氢密度。在表 3-2 中可以看出，在压力 35MPa 时，超临界态储氢在 80K 温度下，储氢密度可达 63.5g/L，而在此条件下，气态高压储氢温度则需 288K，但储氢密度仅有 24g/L，超临界态储氢密度显著高于气态高压储氢密度。

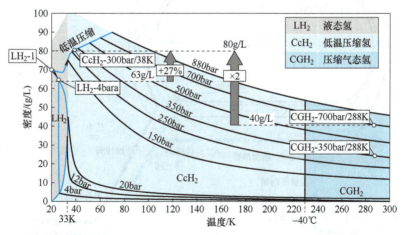

图 3-16 不同温度下不同储氢技术的储氢密度对比

注：1bar=10^5Pa。

表 3-2 超临界态储氢和气态高压储氢性能对比

	超临界态储氢							气态高压储氢
存储压力/MPa	50	50	50	45	40	35	30	35
存储温度/K	72	99.6	100	100	90	80	70	288

(续)

	超临界态储氢						气态高压储氢
存储密度/(g/L)	74.7	64.6	65.3	62.3	62.8	63.5	64.5	24
重量储氢密度（%）	8.4	7.6	—	—	—	—	—	4.4
体积储氢密度/(g/L)	50.8	44.4	—	—	—	—	—	18.5

超临界态氢气一般由低温压缩储罐储存，这种储罐通常要求能够承受低温和高压氢气，同时具有良好的密封性能和隔热性能，以维持低温环境，防止气体蒸发。低温压缩氢气不仅能够提供气态氢气，而且能提供具有更高能量密度的液化氢。因此，从技术角度来看，低温压缩罐应至少承受20MPa，并能够将氢气温度保持在20K左右。如图3-17所示为美国劳伦斯利弗莫尔国家实验室（LLNL）第二代低温压缩储罐示意图，它包括罐内容器、外壳、舱外组件等。一般情况下，低温压缩储罐用内容器储存超临界态氢气，它通常由高强度合金或不锈钢制成，能够承受低温和高压的氢气。内容器的表面通常会进行特殊处理以提高抗腐蚀性能。内容器外部与外壳之间通常会留有一定的真空层，以减少热传导和液态氢气的蒸发。真空层还可以减少外部温度对储罐内部的影响。外部通常会配备支撑结构和附件，如支架、吊环、阀门、传感器等，用于储罐的支撑、安装和连接，以及监控和控制储罐的运行状态。在设计和制造低温压缩储罐时，需要考虑储罐的使用环境、工作压力、温度等因素，以确保储罐的安全性和可靠性。

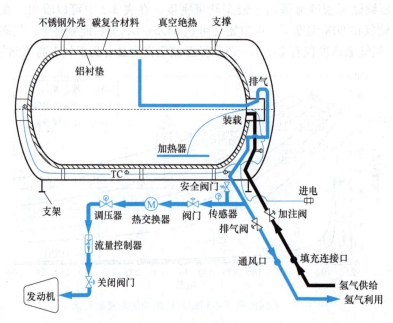

图3-17 第二代低温压缩储罐示意图

超临界态储氢可以实现比气态高压储氢更高的氢气储存密度，且加注时不受温升的影响，在超临界状态下，氢气具有更高的密度和更高的可压缩性，从而可以在相对较小的体积内存储更多的氢气，有利于提高氢能储存效率。与传统的气态高压储氢相比，超临界态储氢系统可以在相对较低的压力下工作，从而降低了安全风险。相较于液态储氢，超临界态储氢的储氢密度进一步提高，而且超临界储氢不需要21K低温，因此可以节约能源。

低温压缩容器可以兼容气体和液体，具有更大的灵活性和经济性。尽管压力相对较低，但超临界态储氢系统仍然需要严格的安全措施来防止意外事故和氢气泄漏。处理液态氢气的安全性和安全性管理仍然是一个重要问题。将氢气压缩至超临界状态通常需要消耗大量能量，特别是在压缩到较高压力时，故降低了系统的能源效率，增加能源成本。随着技术的不断发展和创新，以及对氢能源的日益增长的需求，超临界态储氢技术将会在未来取得显著的进展。

3.1.4 固态储氢

固态储氢一般是指利用固态储氢材料作为中间载体来储存氢气的一种储氢形式。根据作用性质不同固态储氢分为物理储氢和化学储氢。物理储氢是通过材料表面原子与氢分子之间的范德瓦耳斯力来吸附和储存氢气，常用材料有碳材料、多孔材料及其他类型的高比面积材料等；化学储氢则是通过基体原子与氢原子发生化学反应形成氢化物来储存氢气，常用材料有形成金属氢化物的储氢材料，如稀土系（AB_5型）、锆系（AB_2型）、钛系（AB型）、镁系（MgH_2型）、钒系（BCC固溶体）等，以及形成配位氢化物的储氢材料，如铝氢化物（$[AlH_4]^-$）、硼氢化物（$[BH_4]^-$）、氮氢化物（$[NH_2]^-$）及氨硼烷等。由于固态储氢是以氢原子或氢离子形态来储存氢气，因此具有体积储氢密度高、安全性好、设备简单及储氢经济性好等优点，具有较大的发展前景。

1. 固态储氢的基本原理

固态储氢的储氢量高，不需要高压或者隔热容器，而且没有爆炸危险，是非常理想的储氢技术。从实现方式看，固态储氢主要分为物理吸附储氢和化学氢化物储氢两种方式。固体储氢基本原理如图3-18所示。

（1）物理吸附储氢　物理吸附储氢主要是通过范德瓦耳斯力将氢分子吸附在材料的表面，常见材料有活性炭、碳纳米纤维、碳纳米管、分子筛、玻璃微球、金属有机骨架（MOF）及共价有机化合物（COF）等。部分物理储氢材料储氢量见表3-3。其中，MOF因具有低密度、高比表面积和孔隙率，被广泛使用。MOF由金属离子或金属团簇组成，通过多齿有机配体连接，从而获得超过$5000m^2/g$的超大比表面积和可调特性。在MOF载体吸附氢过程中，依赖于范德瓦耳斯力相互作用，只有在低温下才可能显著吸氢。因此，在环境条件下的吸氢量相当低，通常<2%（质量分数，后同），一般而言，其储氢量与比表面积和微孔体积近似成正比。物理储氢方法目前面临的主要挑战是，只有在大约77K的低温温度才能获得合适的储氢容量，所使用的制冷技术是昂贵且高耗能的，此外，还需要热管理系统和绝缘储罐，这大大降低了储氢效率，使其难以实际应用，限制了该技术的大规模使用。

表3-3　部分物理储氢材料储氢量

	温度	压力	储氢量（质量分数,%）
活性炭	77K	1.0MPa	5.0
	室温	20MPa以上	0.5~2.0
碳纳米纤维	室温	12MPa	6.5~12
碳纳米管	室温	10MPa	4.2

（续）

	温度	压力	储氢量（质量分数,%）
分子筛	—	—	<3
玻璃微球	350℃	25MPa	15
金属有机骨架（MOF）	77K	—	4.5
	298K	2MPa	1.0
共价有机化合物（COF）	298K	10MPa	4.7

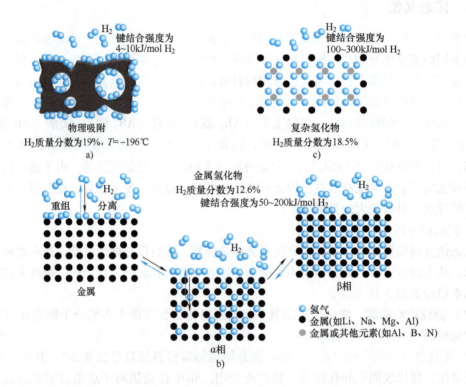

图 3-18 固体储氢基本原理
a）物理储氢 b）金属氢化物储氢 c）配位氢化物储氢

（2）化学氢化物储氢 化学氢化物储氢主要是通过氢气与储氢材料之间发生化学反应生成氢化物来储氢，其步骤为：①氢分子在材料表面的吸附和分解，将氢分子变成氢原子；②氢原子进入储氢材料并在储氢材料内部扩散；③当吸入的氢原子不断增加，超过了溶解度极限时，在表面、晶界形成氢化物；④氢原子通过氢化物继续向内部扩散，并使氢化物不断加厚，直到全部变成氢化物为止。

对于金属氢化物（如 $LaNi_5H_6$、MgH_2），氢气分子首先被吸附到金属表面。然后氢分子解离形成原子，原子扩散到金属结构中，占据金属晶格的间隙位置，形成低氢原子金属比（<0.1）的 α 相固溶体。随着能量的增加，氢-金属原子比增大（>0.1），氢化物相形核并扩展（β 相），如图 3-18b 所示。在两相共存时，氢化物可逆吸放氢压力-组成-等温线（P-C-T 曲线）呈现平坦的平台，其长度决定了可储存的氢量。配位氢化物[如 $Mg(BH_4)_2$、

LiAlH₄]具有四面体结构，其中氢位于角落，B 或 Al 位于中心。氢原子被吸附形成离子氢化物，其具有很高的储氢量，如图 3-18c 所示。然而，它们只有在高温和高压条件下才是可逆的。水解反应可用于制氢，但会产生副产物。

氢化物形成与分解的可逆性取决于键的强度。各种金属和合金能够在适度的条件下可逆地储存氢。这些氢化物中的金属氢键类型取决于金属。例如，过渡金属倾向于形成具有可变和非化学计量成分以及金属氢键的间隙金属氢化物。这种金属键的形成有助于提高 $LaNi_5H_6$ 氢化物的良好可逆性。然而，由于金属的质量百分比很大，这些氢化物的质量密度很低。例如，$LaNi_5$ 因其较低的工作温度和压力而被广泛研究，但其容量仅为 1.37%（见表 3-4），这将限制实际应用。

表 3-4 部分化学储氢材料储氢量

	储氢材料	储氢量（质量分数,%）
金属氢化物	稀土系（$LaNi_5H_6$）	1.37
	镁系（MgH_2）	7.6
	钛基 AB 系（$TiFeH_2$）	1.89
	钒基 BCC 系	3.8
	锆基 Laves 相系	2.5
	钙系（$CaMg_2$、$CaLi_2$）	6
配位氢化物	铝氢化物（$NaAlH_4$）	7.4
	氮氢化物 [$Mg(NH_2)_2$-LiH]	9.1
	硼氢化物（$LiBH_4$）	18.4
	氨硼烷化合物（NH_3BH_3）	19.6

固态储氢的密度相对较高，由图 3-19 可以看出，固态储氢体积储氢密度远高于其他方法储氢。以 MgH_2 储氢为例，其体积储氢密度可达 0.106kg/L，为标准状态下氢气密度（0.00089kg/L）的 119 倍，70MPa 高压储氢（0.039kg/L）的 2.7 倍，液氢（0.0708kg/L）的 1.5 倍。图 3-20 列举了现阶段部分储氢材料的质量储氢密度，可以看出，化学储氢的质量储氢密度普遍高于物理储氢，具体的材料介绍会在本章展开叙述。

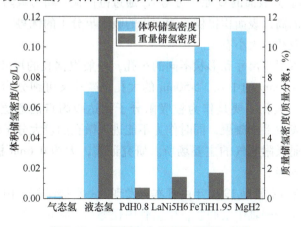

图 3-19 不同储氢方法的体积储氢密度

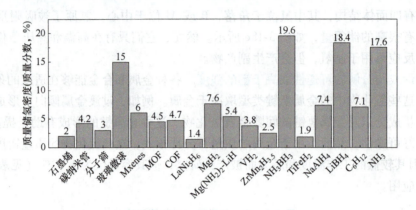

图 3-20 现阶段部分储氢材料的质量储氢密度

2. 物理储氢材料

(1) 碳材料储氢 碳材料储氢是指利用碳材料作为氢气的吸附剂或储氢介质,将氢气吸附到其表面或内部空隙中,以便将氢气安全、高效地储存起来。碳材料主要包括活性炭、碳纳米管、石墨烯等。碳材料具有比表面积大、成本低廉、质量储氢密度低、化学稳定性高及便于大规模生产等优势,是一种常用的储氢材料,在氢气的低温储存、氢气的分离与提纯等方面有较大的应用空间。

1) 活性炭。活性炭是一种经特殊处理的炭,是将有机原料在隔绝空气的条件下加热,以减少非碳成分,然后与气体反应(如水蒸气)活化,或与化学药品混捏炭化活化(如硫酸钾)而形成的一种内部微孔发达的无定形碳。活性炭具有发达的孔隙结构、巨大的比表面积($2500 \sim 3500 m^2/g$)和优良的吸附性能,通常包括微孔碳(孔径<2nm)、介孔碳(孔径=2~50nm)及碳凝胶等。活性炭材料的化学性质稳定,机械强度高,耐酸、耐碱、耐热,不溶于水与有机溶剂,可以再生使用等,可在多种场合下储氢。

活性炭作为储氢材料具有储氢量相对较高、吸/脱附速率快、循环使用寿命长等优点。并且,由于原料来源广泛、制备成本低等因素很容易实现规模化生产与应用。活性炭通常是在低温(77~273K)和中压(1~10MPa)下利用超高比表面积的物理吸附作用进行储氢,可达5%(质量分数)。其表面的 C 原子可与 H_2 通过范德瓦耳斯力吸附在一起,基于活性炭的多孔结构,其自身的高比表面积提供了能大量的吸附氢分子的优势。活性炭储氢与储氢温度、压力、比表面积及孔径大小有关。

在活性炭中分布着很多尺寸和形状不同的小孔,一般根据孔的尺寸可以将其分为 3 类:孔径<2nm 的微孔,2~50nm 的中孔,>50nm 的大孔。微孔又可细分为超微孔(0.7~2nm)和极微孔(<0.7nm)。大孔主要是作为被吸附分子到达吸附点的通道,控制着吸附速度;中孔在较高浓度下会发生毛细凝聚,同时作为不能进入微孔的较大分子的吸附点;微孔由纤细的毛细管壁构成,是吸附氢气的主要场所。研究证实,大约 0.6nm 极微孔是能够吸附两层氢的最合适的吸附孔径。

2) 碳纳米管。碳纳米管是 1991 年由日本人发现的一种碳结构,由呈六边形排列的碳原子构成的数层或数十层的同轴中空圆管,中空管内径为 0.7 到几十纳米,长度在微米到毫米级,如图 3-21 所示。可分为单壁碳纳米管(SWNT)和多壁碳纳米管。单壁碳纳米管长径比很高，直径在 1~2nm，长度在几十纳米以上。多壁碳纳米管（MWNT）通常由 10~100 根平行的单管套在一起形成管束，层间距约为 0.34nm（见图 3-22）。目前，碳纳米管一般可以通过石墨电极电弧放电法、化学气相沉积法或激光蒸发法制备。作为一维纳米材料，碳纳米管的比表面积很高，根据管径的不同，市场上的碳纳米管表面积在 60~1200m^2/g 范围内变化。此外，碳纳米管具有化学性质稳定、价格便宜、质量小等优点，这些特征使其成为理想的储氢材料。

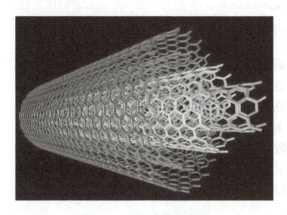

图 3-21　碳纳米管示意图

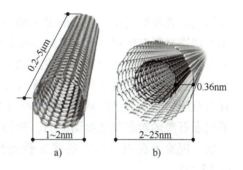

图 3-22　碳纳米管
a) 单壁碳纳米管　b) 多壁碳纳米管

碳纳米管储氢一般利用碳纳米管表面的碳原子与氢分子直接通过范德瓦耳斯力吸附在一起。储氢量大小与氢压、温度和比表面积三个参数有关。此外，储氢量还和表面状态有关，在使用金属原子修饰碳纳米管表面可以改善碳原子对氢气的吸附力，提升储氢量。这是因为金属原子的修饰额外产生一种被称为化学吸附的储氢形式，将氢气分解为氢原子，储存于碳纳米管壁。该化学吸附作用可以用氢溢流（Hydrogen Spillover）机制来解释：氢分子被特定金属元素颗粒解离成氢原子，氢原子再转移去某载体。

研究发现，通过金属及金属氧化物等材料的掺杂修饰，能够提升碳纳米管的储氢能力。掺杂 Li 的多壁碳纳米管在 653K 下最高储氢量为 20%（质量分数，后同），掺杂 K 的多壁碳纳米管在室温吸附量为 14%，均表现出优于修饰前的储氢容量。但也有部分学者在类似试验时，发现碳纳米管在常温下的储氢量均低于 2%，这可能是由于所制备的碳纳米管不同、采用的氢吸附条件不同导致，目前对于碳纳米管的储氢机理还有待进一步研究。

3) 石墨烯。石墨烯是一种二维的、单原子厚的 SP_2 杂化碳原子层，目前可以通过微机械剥离法、SiC 外延生长法、化学气相沉积法、氧化还原法制备。石墨烯中的碳原子一般呈蜂窝状排列，它具有很大的表面积（2630m^2/g）和很高的硬度。石墨烯具有稳定性，可以在多种场合储氢，以及充当储能材料负载。石墨烯中碳原子的配位数为 3，除了形成 σ 键，使碳原子链接成六角环的蜂窝式层状结构外，还有大 π 键（与苯环类似）贯穿了全层的多个碳原子（见图 3-23），使其具有许多优异的性能。

石墨烯凭借极高的比表面积可对氢气进行物理吸附，同时，为了强化石墨烯对氢气的物理吸附能力，可以在石墨烯内引入空位、掺杂 B/N 原子或对石墨烯进行氧化及氧化后再还原，引入其他官能团（如羧基、环氧化物、羟基、羰基）等方法增加石墨烯中对氢气的吸

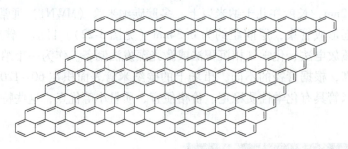

图 3-23 石墨烯结构

附位点,进而提升了石墨烯的储氢能力;也可以进行元素修饰获得化学吸附能力,一些金属元素修饰材料在室温下具有良好的储氢性能,这是由于与氢相互作用的结合强度和氢吸附能力更强,它们比纯碳材料具有更高的质量储氢密度。目前,用于修饰的元素主要集中在碱金属、碱土金属、过渡金属及类金属等元素上。表 3-5 介绍了部分石墨烯的储氢量,从中可以看出石墨烯储氢量已经从 0.4%~4%(质量分数,后同)提升到 2%~9%。此外,有学者为了增强石墨烯对氢气的吸附能力,先用硼替位式掺杂,然后用锂修饰掺杂后的石墨烯。最终发现,锂原子在石墨烯上的稳定性得到显著提高,同时锂双面修饰的石墨烯储氢能力达到 13.2%。

表 3-5 部分石墨烯储氢量

不同处理方式	材料类型	H_2(质量分数,%)	T/K	P/MPa
未处理石墨烯	单层石墨烯	0.4	77	0.1
		<0.2	290	6
		3.1	298	10
	石墨烯纳米片	1.2	77	1
	多层石墨烯	4.01	77	0.107
引入缺陷后的石墨烯	氧化石墨烯	1.4	298	5
	海绵状氧化石墨烯	0.85	77	0.1
	氯硫酸功能化石墨烯	1.6	77	0.2
	油酸功能化石墨烯	1.4	77	0.2
金属修饰石墨烯	Pt 修饰石墨烯	0.15	303	5.7
		0.81	298	4
金属修饰多孔/掺杂石墨烯	Ni 修饰多孔石墨烯	4.22	77	0.5
	Li 修饰多孔石墨烯	9.1	77	0.1
	Pb 修饰多孔石墨烯	4.3	298	4
	Pd 修饰多孔石墨烯	2.1	298	2
	Ni 修饰 B 掺杂石墨烯	4.4	77	10.6

4)其他碳基储氢材料。

① 富勒烯。富勒烯是一种完全由碳组成的中空分子,形状呈球形、椭球形、柱形或管状。结构与石墨相似,如图 3-24 所示。它不仅含有六元环,还有五元环,偶尔还有七元环。

富勒烯 C_{60} 是现在相对成熟的碳基储氢材料，表面积为 1000~1500m²/g，储氢前景很好。

富勒烯储氢有笼外储氢与笼内储氢两种方式：

a) **笼外储氢**。笼外储氢是通过加氢反应将石墨烯中两个 C 原子间的 C═C 双键变成 C—C 单键，并使两个 C 原子将由 SP_2 杂化状态改变到 SP_3 杂化，与氢原子间形成 C—H 键，形成富勒烯氢化物以达到储氢的目的。理论上每个 C_{60} 富勒烯分子最多可以加 60 个 H 形成 $C_{60}H_{60}$，其储氢量将达到 7.7%。

b) **笼内储氢**。笼内储氢是使氢分子被富勒烯包裹起来，形成内嵌富勒烯包合物。碳原子与氢原子之间的相互作用可忽略，其理论储氢量可达 8.4%。过渡族元素（Ni、Ti）镶嵌的 C_{60}，每一个过渡族元素可以吸 3 个氢分子，储氢量高达 6%~9%。碱元素（Ca）镶嵌的 C_{60} 的储氢量高达 6.2%。$Si_{60}H_{60}$ 结构的储氢量高达 9.48%。

② **碳气凝胶**。碳气凝胶是一种低密度轻质纳米多孔无定形碳材料，是通过将碳纳米管、石墨烯等纳米碳材料分散于溶剂中进行活化，然后除去溶剂而形成的一种具有无数个纳米孔隙的多孔纳米碳材料。碳气凝胶常用活化方法主要有 CO_2 活化、KOH

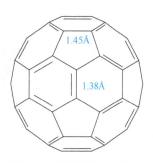

图 3-24 富勒烯 C_{60} 示意图

活化等。利用 CO_2 活化制备碳气凝胶，比表面积可达 3200m²/g 以上，在 3.5MPa、77K 下的储氢量为 5.3%，在 3.5MPa、92K 的储氢量为 3%。利用 KOH 活化制备的碳气凝胶，比表面积为 2139m²/g，在 77K、3.5MPa 条件下储氢量为 5.2%。

表 3-6 为一些典型碳材料的储氢性能。

表 3-6 一些典型碳材料的储氢性能

材料	储氢条件	储氢量
Sc 功能化石墨烯	391K	8.0%
碳纤维	295K，10.5MPa	0.7%
纳米石墨	300K，1MPa	7.4%
热还原氧化石墨烯	300K，5MPa	0.32%
CO_2 活化碳纳米管	20.1K，12.5MPa	1%
碳纳米管薄膜	室温，大气压	8%
微孔碳	77K，0.1MPa	2.01%
生物质碳材料	77K，20MPa	6%
	298K，20MPa	1.22%
介孔碳纤维	303K，10MPa	0.8%

（2）**多孔材料储氢** 多孔材料除了包含上述的活性炭多孔材料以外，还包括分子筛、金属有机框架材料及有机微孔聚合物材料等，其中分子筛中最常见物质是天然沸石，而金属有机框架材料及有机微孔聚合物材料最显著的特征是金属-有机配位体和有机-有机配位体，这些材料均展现出了一定的储氢能力。

1) **分子筛**。分子筛是一种具有立方晶格的硅酸盐或硅铝酸盐，其内部组织特征为具有大量的微孔。这些微孔能把比其直径小的分子吸附到孔腔内部，并对极性分子和不饱和分子具有优先吸附能力，因而能把极性不同、饱和度不同、尺寸不同的分子分离开来，即具有"筛分"分子的作用，故称为分子筛。分子筛一般呈颗粒或粉末状，其内部具有丰富的笼状和多孔结构，细小的孔径、高的比表面积（300~1000m²/g）和微孔容积（0.2~1.5cm³/g）。沸石分子筛可分为 A 型、X 型、Y 型、MOR 型、MCM-22 型和 RHO 型等。其中典型沸石分子筛结构示意图如图 3-25 所示。

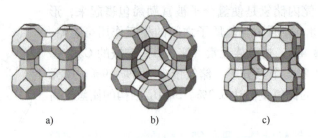

图 3-25　沸石分子筛结构示意图
a) A 型沸石　b) X 型和 Y 型沸石　c) RHO 型沸石

沸石分子筛的储氢原理是通过结构框架与氢气之间的范德瓦耳斯力将氢气吸附固定，因此，比表面积、微孔孔容和孔径是影响储氢性能的重要因素。此外，氢压和温度也对储氢量有着重要影响。沸石分子筛材料结构上的差异会影响到材料的比表面积和孔体积，进而影响到材料的储氢性能。

2）金属有机框架材料。金属有机框架材料是由无机金属中心（金属离子或金属簇）与桥连的有机配体通过自组装相互连接，形成的一类具有周期性网络结构的晶态多孔材料，具有孔隙率高、吸附量高、热稳定性好等特点。其在构筑形式上不同于传统的多孔材料（如沸石和活性炭），它通过配体的几何构型控制网格的结构，即可以利用有机桥连单元与金属离子组装得到可预测的几何结构。

不同的金属离子和不同有机配体连接可以组成不同的 MOF。金属离子包括过渡金属元素的二价离子（Zn^{2+}、Cu^{2+}、Ni^{2+}、Pd^{2+}、Pt^{2+}、Ru^{2+} 和 Co^{2+} 等），有机配体为含有 N、O 等能提供孤对电子的刚性配体（多羧酸、多磷酸、多磺酸、吡啶、嘧啶等）。有机配体通过离子键与金属离子结合。目前最典型的是 MOF-5，金属簇为 Zn_4O，有机配体为对苯二甲酸。MOF 材料一般都是在液相溶剂中进行自组装结晶制得的：先将金属盐、有机配体、合适的溶剂（四氢呋喃 THF）混合，然后结晶形成三维周期网络，最后除去多余的溶剂。也可通过溶剂法、液相扩散法、溶胶-凝胶法、搅拌合成法、固相合成法、微波、超声波等方法制备合成。

MOF 材料储氢主要依靠超高的比表面积（可以达到数千平方米每克）进行物理吸附储氢，同时，通过在制备过程中暴露不饱和金属位点，利用不饱和金属位点与氢之间的化学吸引力，以及通过位点的催化作用来促进氢分子的分解，从而提高 MOF 吸附储氢量。一般 MOF 的储氢性能与以下四方面的因素有关：①比表面积；②孔隙大小；③结合力；④温度和压强。经研究表明可以通过增加 MOF 比表面积、减少 MOF 孔隙直径、增加 MOF 与氢气之间吸附结合力、利用 MOF 桥连金属产生氢溢流等方式来提高的室温储氢性能。

3）有机微孔聚合物材料。有机微孔聚合物（Microporous Organic Polymers，MOP）是一

种新型的多孔材料，该材料种类繁多，包括自聚微孔聚合物、超交联聚合物、共价有机网络以及共轭微孔聚合物等。它具有合成方法多样、化学和物理性质稳定、孔尺寸可调控、表面可修饰等优点。这种材料可以通过范德瓦耳斯力将气态分子捕获至材料表面，使其能够克服分子间斥力紧密排布，获得较高的储气密度。因此，这些材料在物理吸附储存气体方面表现出巨大潜力，因此在储氢方面成为研究的热点之一。

（3）其他类型材料储氢　其他类型物理吸附储氢材料主要包括中空玻璃微球、二维过渡金属碳氮化合物和二维六方氮化硼等。

1）中空玻璃微球储氢。中空玻璃微球，顾名思义就是一种空心的微型玻璃球，由硼硅酸盐玻璃材料制成的微小球状颗粒，一般可以通过炉内成球法、模板法、喷雾干燥法或自组装法制得。其直径在 10~250μm，球壁厚在 0.5~2.0μm，密度在 0.12~0.60g/cm³ 之间。中空玻璃微球（HGM）主要成分为 SiO_2，在宏观上看是具有流动性的白色球状粉末，储氢原理不同于一般的物理吸附储氢材料，是通过控制温度改变微球球壁毛细孔大小来将氢气储存起来。中空玻璃微球在低温或者室温下呈现非渗透性，当温度升高到 300℃ 时，其渗透性逐渐增大，氢气可在一定的压力下（10~200MPa）进入微球。当温度降低时，其渗透性又逐渐降低，氢气即被留在空心玻璃微球内，实现了氢气的储存，再将温度升高即可实现氢气的释放。当微球内部氢气压力达到 50MPa 时，球体半径与壁厚比值为 50 时的微球理论储氢量能够达到 26%~32%（质量分数）。

影响中空玻璃微球储氢量的因素主要由球内氢压、中空玻璃微球半径和壁厚之比决定。球内氢压越高，半径和壁厚之比越大，储氢量越大，然而，由于中空玻璃微球强度有限，球内氢压难以提高，因此制备出高强度的中空玻璃微球是提高储氢量的关键。同时，由于中空玻璃微球自身导热率低，导致其压缩吸氢升温和减压放氢降温周期长。虽然可以将中空玻璃微球压碎后放氢，但会增加中空玻璃微球的制备成本。因此，降低壁厚以提高热效率是缩短中空玻璃微球吸/放氢周期的主要手段。

2）二维过渡金属碳氮化合物储氢。二维过渡金属碳氮化合物是一种层片状的二维晶体材料，是通过 HF 酸等刻蚀掉 MAX 相（一种层状三元化合物）中的 A（ⅢA 或ⅣA 族元素）原子层获得的。2011 年，它由美国科学家发现，他们用 HF 选择性刻蚀 Ti_3AlC_2 中 Al 层制备出了成分为 Ti_3C_2 的二维过渡金属碳氮化合物（MXenes）。MXenes 比表面积高、微观结构稳定可调控，以及表面丰富官能团的高化学活性，使其在储氢领域崭露头角。目前，Mxenes 的储氢量在 3%~9%（质量分数，后同），最高可达 9%，已经成为物理储氢的研究热点之一。

3）二维六方氮化硼储氢。二维六方氮化硼是一种由 B 和 N 原子以等量的比例构成的二维材料，具有六方晶系结构，与石墨烯相似，因此也被称为白色石墨烯。通常由含硼化合物（如硼酸、元素硼、卤化硼及其他硼酸盐）和含氮化合物（如氨、尿素、氯化铵、三聚氰胺等）一起加热反应，经理化处理后可以得到不同纯度的六方氮化硼。

二维六方氮化硼具有优异的比表面积（626m²/g）、良好的导热性、高化学稳定性和热稳定性，可以在高温、高压等苛刻环境下保持结构稳定，还可以进行金属离子修饰，使其可以作为催化剂广泛应用于吸附、光催化、膜分离、消毒、环境传感以及能量转换和储存等领域。目前，它已成为极具潜力的储氢材料之一，其储氢量（质量分数，后同）最高可达 13.7%（见表 3-7），未来也拥有很好的发展前景。

表 3-7 常见二维六方氮化硼储氢性质

材料	储氢量（质量分数,%）	氢压/MPa	温度/K
双层 h-BN	5.98	35	293
双层 h-BN	6.29	70	293
Ni-h-BN	8.55	7.3	293
PLLA-h-BN	5.38	6.1	293
NLi$_4$-h-BN	9.4	0.1	293
LiBH$_4$-3BN	13.7	10	673
Li-h-BN	6	—	200
Pt-h-BN	2.81		
Pd-h-BN	4.82		

3. 化学储氢材料

（1）金属氢化物储氢材料　金属氢化物储氢材料是化学储氢材料中研究最多，也是应用最为广泛的一种储氢材料，涉及镍氢电池、固态储氢、氢压缩机（高低平衡压）、氢热泵（高低温吸/放氢）、氢气纯化装置等各个领域。利用金属（合金）在一定的温度和压力下与氢进行可逆反应来储存和释放氢气。该类金属（合金）一般包括碱金属、除铍（Be）以外的碱土金属、某些 d 区或 f 区金属等。

储氢合金具有很强的"捕捉"氢的能力，在一定的温度和压力条件下，氢分子在储氢合金表面分解为氢原子并扩散到金属的原子间隙中，与金属反应形成金属氢化物（Metal Hydrides），同时放出大量的热量；而对这些储氢合金进行加热时，它们又会发生分解反应，氢原子又结合成氢分子释放出来，而且伴随明显的吸热效应。当外界有热量加给氢化物时，它就分解释放出氢气。目前工业上用来储氢的金属材料大多是由多种金属合成的合金。在金属氢化物中氢以原子形式储存在金属晶格的四面体或八面体间隙中，如图 3-26 所示。一般可分为稀土系（AB$_5$ 型）、锆系（AB$_2$ 型）、钛系（AB 型）、镁系（MgH$_2$ 型）、钒系（BCC 固溶体）等储氢类型。

1）AB$_5$ 型稀土系储氢。AB$_5$ 型稀土储氢材料是指 LaNi$_5$ 储氢材料及其衍生物。1969 年荷兰菲利浦公司和美国布鲁克海文国家实验室分别发现了 LaNi$_5$ 具有很好的储氢性能，储氢量为 1.4%，可以很好地用作 Ni-MH 电池的负极材料，实现了长时间的充/放电，可以商用。正是这一发现开启了储氢材料及 Ni-MH 电池研究的热潮。时至今日，LaNi$_5$ 及其升级产品 La-Mg-Ni、La-Y-Ni 等仍发挥着重要作用，在各类储氢材料的应用场合均占有一席之地，成为最成熟、最可靠的一类储氢材料。

目前 AB$_5$ 稀土储氢材料有 La-Ni（AB$_5$）系和 La-Mg-Ni（AB$_{3.5}$）系两大类，均已实现了商业化应用。这两类合金 A 侧元素为 La、Ce、Pr、Nd、Ti、V、Mg、Ca 等元素，均为氢稳定性元素，吸氢性能优良，但放氢性能不好，该元素控制着储氢材料的储氢量，决定了储氢材料吸氢量的大小；B 侧元素为 Ni、Co、Mn、Fe、Sn、Al、Si 等元素，均为氢不稳定性元素，放氢性能优良，但吸氢性能不好，该元素控制着储氢材料放氢性能，起调节储氢材料生成热和分解压力的作用。

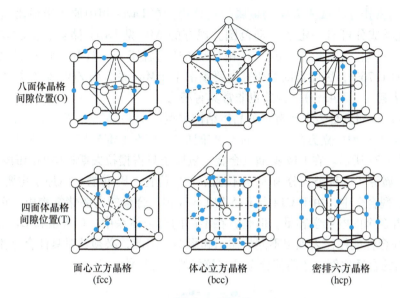

图 3-26　金属晶体结构中的八面体和四面体间隙位置

以 LaNi$_5$ 为例（见表 3-8），LaNi$_5$ 可以在非常温和的条件下吸/放氢（298K，2×10^5Pa），吸氢量可达 1.4%，易活化、吸/放氢速度快，在镍氢电池中大量应用。尽管一个单胞可以吸 6 个氢原子，但其质量储氢量太小（1.4%），难以与其他储氢合金媲美，以及在反复吸/放氢过程中易粉化（晶胞体积膨胀大约 25%），循环寿命及循环稳定性有待提高。

表 3-8　AB$_5$ 型稀土储氢合金性质

类型	AB$_5$				AB$_3$
合金	LaNi$_5$	MmNi$_5$	LaNi$_3$	CaNi$_3$	La$_{0.7}$Mg$_{0.3}$Ni$_{2.8}$Co$_{0.5}$
氢化物	LaNi$_5$H$_6$	MmNi$_5$H$_{6.3}$	LaNi$_3$H$_{4.5}$	CaNi$_3$H$_{4.4}$	La$_{0.7}$Mg$_{0.3}$Ni$_{2.8}$Co$_{0.5}$H$_{4.73}$
吸氢量（质量分数,%）	1.4	1.4	1.4	2.0	1.6
放氢压（温度）/MPa（℃）	0.4（50）	3.4（80）	无平台	0.04（20）	0.06（60）
氢化物生成热/(KJ/mol)	-30.1	-26.4		-35.0	

注：表中 Mm 代表的是混合稀土金属（Mixed Rare Earth Metal），它通常是指由多种稀土元素混合而成的合金，其中包括镧（La）、铈（Ce）、镨（Pr）、钕（Nd）等元素。

AB$_5$ 型储氢合金的显著优势是易活化、平台压力适中而平坦，很适合于室温下应用，目前已在氢气的储存、分离、提纯、压缩、热泵以及 Ni-MH 电池等技术上均有应用。目前主要有两个应用方向：镍氢电池和储氢装置。其中，镍氢电池广泛用于混合动力汽车、电动工具及工业和民用电池，在安全性和低温性能方面有较强的优势。而储氢装置因其可以无泄漏、低压、安全储氢，且体积储氢密度高的优势，已用于为测试仪器、燃料电池、集成电路和半导体生产、粉末冶金、热处理等供氢，还可用于氢气提纯及加氢站和移动加氢站的氢气增压等。

2）AB$_2$ 型 Laves 相储氢合金。AB$_2$ 型 Laves 储氢合金主要是指由两种金属原子组成且化

学式为 AB_2 的密排立方或六方结构金属间化合物。在 Laves 相中原子半径比 r_A/r_B 在 1.1～1.6 之间，化学成分可有一定的波动范围。现有的 AB_2 型 Laves 储氢合金主要有 ZrV_2 系、$ZrCr_2$ 系、$ZrMn_2$ 系、$TiMn_2$ 系。由于 Ti 相对原子质量轻于 Zr，$TiMn_2$ 理论储氢量为 2.01%，大于 $ZrMn_2$ 的 1.76%，因此目前的研究主要集中于 $TiMn_2$ 系。而 ZrV_2 系有着 AB_2 型储氢合金中最高的储氢量（2.43%），因此也非常具有潜力。

AB_2 型 Laves 储氢合金主要有三种晶体结构类型：C14（$MgZn_2$ 型，六方晶，Fd3m 空间群）、C15（$MgCu_2$ 型，立方晶，P63/mmc 空间群）、C36（$MgNi_2$ 型，六方晶，P63/mmc 空间群），如图 3-27 所示。在 C14 型储氢合金，氢原子只占据拉夫斯相中的四面体间隙。根据 4 个靠近的金属原子的种类，分为 A_2B_2 位置、AB_3 位置、B_4 位置，氢原子主要占据 A_2B_2 和 AB_3。在 AB_2 型合金中，由于 C14 与 C15 型 Laves 相是合金的主要储氢物相，它们的含量丰度直接影响着合金的电化学容量。但是，在不同的合金体系中，C14 型和 C15 型两种 Laves 相对电极的综合性能往往表现出不同的作用和影响。因此，必须针对具体合金体系研究确定两种 Laves 相的合适比例，才能使合金具有较好的综合性能。

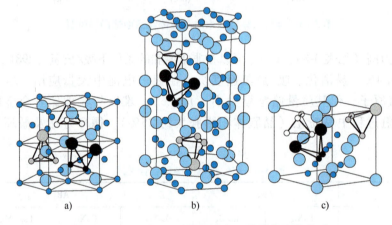

图 3-27　AB_2 型 Laves 储氢合金三种晶体结构类型
a）C14　b）C36　C）C15

AB_2 型储氢合金普遍有着储氢量大（见图 3-28）、成本低、吸/放氢压力低、平台压变化范围大、活化性能好、循环寿命长、热效应较 $LaNi_5$ 合金小等优点。但是其氢化物生成热较高，需要在较高的温度下吸/放氢，也会限制其应用。

3) AB 型 TiFe 储氢合金。AB 型 TiFe 系储氢合金的发现稍晚于 AB_5 的储氢合金，是 1974 年由美国布鲁克海文国家实验室发现的。TiFe 合金在室温下能可逆地大量吸氢，吸氢平台斜率小，吸氢量大（约为 1.86%），其氢化物室温下的分解压为 0.3MPa，比较温和，并且元素在自

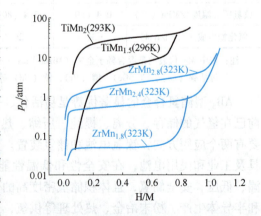

图 3-28　不同系合金的吸氢 P-C-T 曲线

然界中含量丰富，价格便宜，在工业中得到了一定应用。目前的 $Ti_{1.04}Fe_{0.6}Ni_{0.3}Zr_{0.1}Mn_{0.2}$-$Pr_{0.06}$ 合金 10min 就能吸氢 1.587%，展现了良好的效果。

Ti-Fe 相图如图 3-29 所示，当钛浓度大于 52.5%（质量分数，后同）时，会有 α-Ti 或者 β-Ti 析出物，当 Ti 的浓度小于 49.5% 时，会形成不能用于储氢的 $TiFe_2$。TiFe 系储氢合金氢化反应分两步，首先生成 $TiFeH_{1.4}$（相），再生成 $TiFeH_{1.95}$（相），完全吸氢后储氢量为 1.86%。

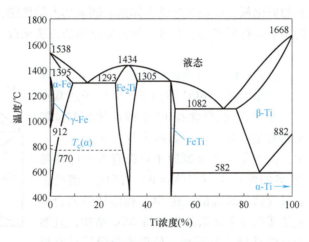

图 3-29 Ti-Fe 相图

AB 型 TiFe 储氢合金两侧的合金元素也可以进行替代，如利用 Mn、Ni、Cr、V 等元素替代 Fe，生成 $TiFe_{1-x}Mn_x$ 合金，以改善其活化、动力学性能以及平衡压等。但是，因 TiFe 金属间化合物的成分范围很窄（49.5%~52.5%），也给合金化替代带来困难。AB 型除了 TiFe 以外，还有 TiNi 也可以吸氢，生成 TiNiH，在 127℃、1MPa 下的储氢量为 1.2%。但由于其储氢条件和性能并不出色，并且其弹性很好，很难将其制成粉，因此几乎没有受到任何关注。

4）镁系金属储氢材料。金属镁可直接与氢反应，在 300~400℃ 和较高的氢压下，生成 MgH_2。MgH_2 理论质量和体积氢含量分别为 7.6% 和 110g/L。金属镁吸/放氢动力学缓慢，吸/放氢温度高、平衡压高（见图 3-30）。氢原子首先进入密排六方金属镁的四面体间隙，形成 α-Mg，其氢浓度约为 0.4%。随着氢含量增加，α-Mg 将转变为 β-MgH_2，体积膨胀约 30%。在高压下（7~8MPa），β-MgH_2 将会进一步转变为介稳的 γ-MgH_2。与其他离子键氢化物（LiH、NaH）和金属键氢化物（AB、AB_2）一样，MgH_2 既有离子键，也有金属键的特性，其电荷分布为 $Mg^{+1.91}H^{-0.26}$。

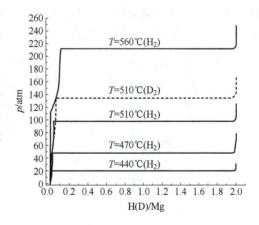

图 3-30 纯镁吸氢 P-C-T 曲线

MgH_2 具有高容量的优势，但它还存在着放氢温度高、动力学性能差等问题，近年来研究者们采用了纳米化、催化、合金化等方法对 MgH_2 的储氢性能进行了改善。纳米化是将金属 Mg 或者镁氢化物 MgH_2 的粒径急剧减小至纳米级别,利用大比表面积、高吉布斯自由能和尺寸效应降低 MgH_2 的稳定性,从而改善其放氢温度高、动力学性能差等问题。当镁颗粒直径降至 5nm 以下时,将可以实现 85℃ 以下的可逆吸/放氢,这一温度已经接近质子交换膜燃料电池的操作温度,为 MgH_2 储氢材料的实际应用提供了可能。由于小尺寸 Mg 颗粒规模制备与存储的困难,与此同时,保证纳米材料在吸/放氢过程中保持纳米形貌和性能,防止空气的氧化,寻找高效的催化剂,以及改进整个体系的储氢热力学性能,也是科技工作者今后继续研究的重点。近年来也有更多的研究采用加入催化剂的方法来改善 MgH_2 储氢材料的吸/放氢性能。

5)BCC 固溶体储氢合金。BCC 固溶体储氢合金是指具有单一体心立方结构的固溶体储氢合金。BCC 结构下,氢原子通常在四面体间隙位置存在,一个 BCC 晶胞含有 12 个四面体间隙位置(0.29r),6 个八面体间隙位置(0.15r),如图 3-31 所示。

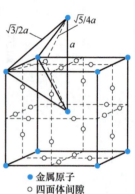

图 3-31 BCC 固溶体储氢合金晶体结构

在体心立方结构中,由于每 1 个金属原子可以有 6 个配位氢原子,达到一个原子最多的配位数(H/M = 6),因此,理论上 BCC 结构的合金其储氢量应该是最高的。在 BCC 固溶体储氢合金中,由于其可以溶入大量其他合金元素而仍保持 BCC 结构,且溶质和溶剂不必以准确的化学计量关系存在,使得成分设计具有很大的空间,利于固溶体合金的成分设计及性能改善。

BCC 固溶体储氢合金主要为 V 基合金,此外还有 Pd、Ti、Zr 等都可以作为固溶体储氢合金,但 V 基固溶体合金理论储氢量可达 3.8%,且室温下拥有良好的可逆储氢性能,因此为 BCC 固溶体合金中最合适作为储氢材料的合金。其中金属钒吸氢时,氢原子先进入 BCC-α 相的四面体间隙(0.29r/0.15r),然后生成 BCT-$β_1$ 相(V_2H 低温相或 $VH_{0.8}$)、Monoclinic-$β_2$ 相(V_2H 高温相或 VH 相)、FCC-γ 相(VH_2),如图 3-32 所示。V 基固溶体合金吸氢后可生成 VH 和 VH_2 两种氢化物,储氢量大,而且 V 基合金的可逆储氢量高于 AB_5 和 AB_2 型合金。但是由于 V 基固溶体本身在碱液中缺乏电极活性,不具备可充/放电的能力,因而一直未作为 MH-Ni 电池的负极材料得到应用。

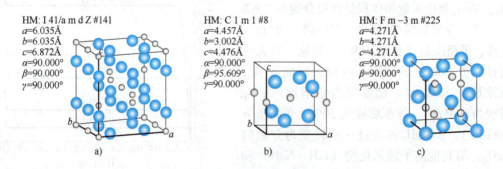

图 3-32 V 吸氢后生成的晶体结构示意图
a)BCT-$β_1$ 相晶体结构 b)Monoclinic-$β_2$ 相晶体结构 c)FCC-γ 相晶体结构

BCC 固溶体储氢合金吸氢量大(3.8%),在较低温度(<100℃)和低压力下

(0.3MPa）可吸氢，合金成分范围大。但是低压平台压非常低（0.1Pa），如图3-33所示。普通机械泵难以实现放氢，循环储氢量只有理论储氢量一半。因此，要想提高在室温下的循环储氢的能力，必须添加恰当的合金元素来从热力学和动力学方面降低α相和β相的稳定性，使其室温下也能发生分解，目前研究与应用最广泛的V基固溶体合金，主要包括V-Ti-Cr系、V-Ti-Fe系、V-Ti-Ni系和V-Ti-Mn系。

（2）配位氢化物储氢 配位氢化物主要指H原子与第ⅢA和ⅤA族元素的Al、B、N原子以共价键结合形成带负电荷的阴离子，再与金属阳离子或正电荷基团平衡结合所形成的一类配位氢化物。首次将复杂氢化物作为氢载体应用要追溯到第二次世界大战时期，即采用$NaBH_4$水解来制造氢气，为高空气象热气球提供所需燃料。然而，将其作为固态储氢材料予以研究是20世纪90年代才逐渐开展的。

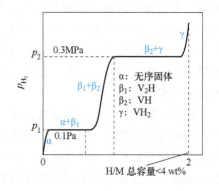

图3-33 BCC固溶体吸氢P-C-T曲线图

与金属氢化物相比，复杂氢化物虽然具有较高的理论储氢量，但其放氢产物却无法实现可逆储氢，使其失去了实际应用的价值。直到20世纪90年代，德国马普研究院Bogdanovic等人发现了掺杂少量Ti催化剂可使其在比较温和的条件下实现可逆吸/放氢，才使这一系列材料的研究重获新生，有望成为新一代储氢材料。

目前复杂氢化物按照阴离子配体的种类可分成四类：第一类是含有$[AlH_4]^-$阴离子的铝氢化物，如$LiAlH_4$、$NaAlH_4$、$Mg(AlH_4)_2$等；第二类是含有$[BH_4]^-$阴离子的金属硼氢化物，如$LiBH_4$、$NaBH_4$、KBH_4、$Mg(BH_4)_2$等；第三类是含有$[NH_2]^-$阴离子的金属氮氢化物，如$LiNH_2$、$NaNH_2$、$Mg(NH_2)_2$等；第四类是氨硼烷基氢化物，同样具有上述配位特性且有较高的含氢量，但其可逆储氢性能目前仍存在巨大技术挑战。

1）铝氢化物储氢。铝氢化物是四个H原子与一个Al原子以共价键构成$[AlH_4]^-$阴离子四面体，再与金属阳离子以离子键配位形成的。由于共价键和离子键的共同作用，铝氢化物普遍具有较高的热稳定性，需要加热到较高的温度才能缓慢放氢。常见金属铝氢化物及其晶体结构、热分解温度和理论储氢量见表3-9。

表3-9 常见金属铝氢化物及其晶体结构、热分解温度和理论储氢量

金属铝氢化物种类	晶体结构	热分解温度/℃	理论储氢量（质量分数）（%）
Li_3AlH_6	三方	228	11.1
$LiAlH_4$	单斜	187	10.5
$Mg(AlH_4)_2$	三方	130	9.3
$Ca(AlH_4)_2$	正交	80	7.8
$NaAlH_4$	四方	220	7.4
$CaAlH_5$	单斜	260	6.9
Na_3AlH_6	单斜	280	5.9
$KAlH_4$	正交	300	5.7

常见的铝氢化物有 LiAlH₄ 和 NaAlH₄，其中锂铝氢化物为白色粉末，易燃，对潮湿空气敏感，可以和水剧烈反应释放氢气，与强氧化剂、醇类、酸类不相容，溶于乙醚和四氢呋喃，也溶于二甲基纤维素溶液，但微溶于二丁基醚及二噁烷。在120℃以下和干燥空气能稳定存在，在真空环境下，锂铝氢化物会逐渐分解成单质元素。锂铝氢化物是最重要的工业还原剂之一。除了烯烃双键外，几乎所有的有机官能团都能被锂铝氢化物还原。它广泛用于药物合成和催化加氢。

钠铝氢化物是一种白色的像沙子一样的固态粉末，是一种强还原剂，常用来合成化学物质，同时高度易燃，属于高危化学物品。钠铝氢化物有毒，直接接触会对皮肤造成伤害，吸入蒸汽可能导致严重伤害或死亡。在室温及干燥空气中不会发生反应。对湿气非常敏感，与水或潮湿空气接触后可直接点燃或爆炸。与水反应产物为腐蚀性极强的氢氧化钠和易燃气体氢气。反应热可能足以点燃氢气。

2) **金属硼氢化物储氢**。金属硼氢化物，以其储氢量普遍高于已有储氢材料的储氢密度而备受人们的关注，20世纪50年代，人们发现 H 与 B 发生作用可形成多种构型的分子化合物，并被广泛用于火箭推进燃料。但是，金属硼氢化物作为储氢材料被研究是21世纪初期才开始的。B 与 H 先形成 [BH₄]⁻ 基团，再与金属阳离子配位形成金属硼氢化物，如 LiBH₄、Mg(BH₄)₂ 和 Ca(BH₄)₂ 等，普遍具有较高含氢量（>5%），远高于已被实际应用的材料的储氢密度。然而，这类金属硼氢化物具有较高的热稳定性，分解温度高，但是分解速度慢，需要多步分解才能脱氢，更重要的是，放氢后生成高惰性的单质硼，其逆向反应异常难（储氢），如式（3-4）。因此，如何实现金属硼氢化物的实用化是目前固态储氢材料研究的焦点和难点之一。表3-10为常见的金属硼氢化物及其理论储氢容量。

$$MBH_4 \longrightarrow MH + B + 3/2H_2 \tag{3-4}$$

表3-10 常见的金属硼氢化物及其理论储氢容量

硼氢化物	理论储氢量（%）	硼氢化物	理论储氢量（%）
LiBH₄	18.5	Al(BH₄)₃	16.9
NaBH₄	10.7	Be(BH₄)₂	20.8
Mg(BH₄)₂	14.9	Zr(BH₄)₄	10.8
Ca(BH₄)₂	11.6	Ti(BH₄)₃	13.1

就目前常见的金属硼氢化物来看，LiBH₄ 具有18.5%的高储氢量，使其成为当前高容量储氢材料研究的重点之一。但是，LiBH₄ 存在热力学稳定性高、氢吸收和释放动力学迟缓、可逆性有限等问题，严重限制了其在有机载体储氢领域的应用。已有研究表明，可以通过开发高效添加单组分或多组分掺杂剂，构建新型多相复合体系来调控 LiBH₄ 的储氢性能。

NaBH₄ 质量储氢量为10.7%，因其在硼氢化物中成本低、环境稳定性高而成为大容量固态储氢材料的热点之一。然而，NaBH₄ 存在吸收/释放氢循环性能差等一系列问题，极大地限制了其在储氢领域的实际应用。因此，寻找更合适的催化剂和添加剂、开发新的纳米材料技术、发现合适的轻质介孔体及深入研究其改性机理，仍将是未来 NaBH₄ 改性研究的重点。

目前，对于未来金属硼氢化物储氢性能的优化主要分为以下三个方向：①开发更高效的催化剂，并适当掺杂单个或多个组分，以构建新的多相复合体系；②开发制造纳米材料的新技术，寻找合适的轻质介孔，减少有机溶剂的损失，利用结构调制提高金属硼氢化物的储氢性能；③更好地了解金属硼氢化物的氢循环过程，以确定储氢系统的可行性。

3) **金属氮氢化物储氢**。金属氮氢化物是一种新型的复杂金属氢化物储氢材料。20世纪初，金属氮氢化物主要在有机反应中用作还原剂。2002年，有学者发现 Li_3N 具有高达10.3%的可逆储氢容量，并首次提出金属氮化物、亚氨基和氨基化合物可作为储氢材料的设想。后来人们发现氨基锂（$LiNH_2$）具有很好的储氢性能，并可通过反应式（3-5）来合成氨基锂。但是这个反应的能量很高，其逆反应是按照另外一种路径进行，生成了亚氨基锂和氢气，如式（3-6）。人们就把氨基锂与金属氢化物组成的混合物统称为金属氮氢化物，这一发现拓展了固态储氢材料的研究范围，掀起金属氮氢化物作为储氢材料的研究热潮。表3-11列出了目前已开发研究的金属氮氢储氢体系。

$$Li_3N + 2H_2 \rightleftharpoons LiNH_2 + 2LiH \quad (3\text{-}5)$$

$$LiNH_2 + LiH \rightleftharpoons H_2 + Li_2NH \quad (3\text{-}6)$$

表 3-11 部分金属氮氢储氢体系汇总

反应体系	反应方程式	理论储氢量（%）	实际储氢量（%）	储氢材料释放氢气时伴随的焓变 $\Delta H_{des}/(kJ/mol\ H_2)$
单金属体系	$2LiH + LiNH_2 \rightleftharpoons LiH + Li_2NH + H_2$	6.5	6.3	66.1
	$2LiH + LiNH_2 \rightleftharpoons Li_3N + 2H_2$	10.3	11.5	161
	$MgH_2 + Mg(NH_2)_2 \longrightarrow 2MgNH + 2H_2$	4.9	4.8	—
	$2MgH_2 + Mg(NH_2)_2 \longrightarrow Mg_3N_2 + 4H_2$	7.4	7.4	3.5
	$CaH_2 + CaNH \rightleftharpoons Ca_2NH + H_2$	2.1	1.9	88.7
双金属体系	$2LiH + Mg(NH_2)_2 \rightleftharpoons Li_2Mg(NH)_2 + 2H_2$	5.6	5.2	38.9
	$8LiH + 3Mg(NH_2)_2 \rightleftharpoons 4Li_2NH + Mg_3N_2 + 8H_2$	6.9	6.9	—
	$4LiH + Mg(NH_2)_2 \rightleftharpoons Li_3N + LiMgN + 4H_2$	9.1	9.1	—
	$KH + Mg(NH_2)_2 \longrightarrow KMg(NH_2)(NH) + H_2$	2.1	1.9	56.0
	$2LiH + LiNH_2 + AlN \rightleftharpoons Li_3AlN_2 + 2H_2$	5	5.1	50.5
	$4CaH_2 + 2Mg(NH_2)_2 \longrightarrow Mg_2CaN_2 + Ca_2NH + CaNH + 7H_2$	5	4.9	26.2
多金属体系	$Mg(NH_2)_2 + 4LiH + Ca(NH_2)_2 \longrightarrow Li_4MgCaN_4H_4 + 4H_2$	5	3.0	—
	$2LiNH_2 + NaMgH_3 \longrightarrow Li_2Mg(NH)_2 + NaH + 2H_2$	4.2	4.0	—
其他体系	$2LiBH_4 + MgH_2 \rightleftharpoons 2LiH + MgB_2 + 4H_2$	11.5	8.3	45.8
	$2LiNH_2 + LiBH_4 \longrightarrow Li_3BN_2H_8 \longrightarrow Li_3BN_2 + 4H_2$	11.8	10.2	—
	$2Li_4BN_3H_{10} + 2MgH_2 \longrightarrow 2Li_3BN_2 + 2MgN + 2LiH + 11H_2$	9.2	8.2	—

金属氮化物吸氢后转变为金属亚氨基化合物或金属氨基化合物与金属氢化物的混合物，因此混合不同的金属氢化物和金属氮化物即可获得一系列新型的金属氨基化合物-金属氢化物储氢材料。自2002年金属氨基化合物-金属氢化物体系建立以来，该材料体系已有多年的研究积累，人们相继开发了 $LiNH_2$-LiH、$Mg(NH_2)_2$-MgH_2、$Mg(NH_2)_2$-$2LiH$、$LiNH_2$-$nLiBH_4$、$LiNH_2$-$LiAlH_4$ 等多个储氢体系。其中，$Mg(NH_2)_2$-$2LiH$ 体系因具有高达5.5%的可逆储氢容

量、较为适合的吸脱氢反应焓值、适中的吸脱氢温度和良好的可逆性能,被认为是最具潜载应用前景的储氢材料之一。

4)**氨硼烷基氢化物储氢**。氨硼烷基氢化物的分子量更低,储氢量更高(19.6%),被认为是最有前途的化学储氢材料之一。氨硼烷的分子式为 NH_3BH_3,是一种分子配合物,硼原子和氮原子以配位键结合,硼/氮原子与氢原子以共价键结合。

氨硼烷的分解放氢通常需要三步:第一步从 90℃ 开始,在 110℃ 时达到最大值。由于氢气释放前的诱导期很长,因此释放速度非常慢。第二步在约 150℃ 的温度下开始释放氢气。第三步在 500℃ 的高温下释放氢气。氨硼烷除了上述的热解放氢外,还可以通过与金属氢化物反应放氢,以及水解放氢,即

$$nNH_3BH_3(s) \longrightarrow (NH_2BH_2)_n(s) + nH_2(g) \tag{3-7}$$

$$(NH_2BH_2)_n(s) \longrightarrow (NHBH)_n(s) + nH_2(g) \tag{3-8}$$

$$nNHBH(s) \longrightarrow (BN)_n(s) + nH_2(g) \tag{3-9}$$

相比上面几种复杂氢化物,氨硼烷相对稳定得多,常温常压下为白色粉末,能稳定存在,不易燃、不易爆,在水中具有高的溶解度,但与酸、强氧化剂不相容。氨硼烷早期应用于美国的火箭计划,作为一种独特的分子配合物高能燃料,后来由于能源短缺问题,氨硼烷以其极高的储氢密度引发了研究者的兴趣。目前,氨硼烷以其"迄今人们所发现的氢化合物中含氢量最高"的标签,被认为是满足清洁能源供应需求的最有前途的能源载体之一。

3.1.5 液态介质储氢

液态介质储氢一般是指通过加氢反应和脱氢反应实现氢气的可逆储存,常见的储氢方法包括有机液体储氢(如不饱和烃类储氢、甲醇储氢等)和液氨储氢技术,储氢材料为液态溶剂,储氢量大,可以实现大批量储存与运输,安全方便。

1. 不饱和烃类储氢

有机液体储氢有时也被称为有机液相储氢,或液体有机氢载体储氢(Liquid Organic Hydrogen Carrier,LOHC)。可用于储氢的有机液体通常为含有六元环或五元环的不饱和烃类,加氢后形成饱和烃类,通过加氢反应和脱氢反应实现储氢。根据其组成元素的不同大致分为均环载体(只含 C、H)和杂环载体(除 C、H 外还含 N、S、O 和 B 等原子)。其质量储氢密度为 5%~10%。液体有机氢载体的物理参数与储氢性能见表 3-12。

表 3-12 液体有机氢载体物理参数与储氢性能

	种类	加氢前熔点/℃	加氢前沸点/℃	加氢后熔点/℃	加氢后沸点/℃	储氢量(质量分数,%)
均环 LOHC	苯	5.5	80	7	81	7.2
	甲苯	-95	111	-127	101	6.2
	萘	80	218	-43/-30(顺/反)	196/187(顺/反)	7.3
	甲基萘	-22	245	-21	194	6.6

（续）

	种类	加氢前熔点/℃	加氢前沸点/℃	加氢后熔点/℃	加氢后沸点/℃	储氢量（质量分数,%）
杂环 LOHC	咔唑	245	355	58	264	6.7
	甲基咔唑	90	309	53	264	6.3
	乙基咔唑	69	378	84	281	5.8
	吡啶	−42	115	−11	106	7.1
	2-甲基吡啶	−70	129	−4	118	6.1
	喹啉	−15	237	−40（顺式）	200~205	7.2
	吡咯	−23	130	−63	87	5.6
	1-甲基吡咯	−57	113	−90	81	4.7
	吲哚	53	254	86	186	6.4
	1-甲基吲哚	30	239	4	181	5.7

有机液体储氢技术的研究最早可追溯至 1975 年，人们首次提出利用甲苯、苯等液态芳香族化合物作为储氢载体，利用储氢载体循环加氢、脱氢反应的构想实现氢气的可逆存储，开辟了这个新型储氢技术研究方向。有机液体的熔点通常在 −127~7℃，沸点在 80~235℃，常温下为稳定的液态，因此此类储氢常被视为液态储氢。典型的液态储氢载体材料包括甲苯、二甲苯、咔唑、氮乙基咔唑等。其优点有储氢介质可循环性强、室温下稳定且易于储存和运输、可以利用现有管道设备进行长距离运输、质量储氢量较高等。缺点有受反应平衡极限限制，加氢效率比较低；脱氢反应温度较高，容易发生副反应；脱氢催化剂容易发生孔结构破坏、结焦、失活等现象，脱氢效率较低；催化加氢和脱氢的装置配置要求较高。

就苯而言，其分子式为 C_6H_6，由于其结构中含有苯环，具有较强的化学稳定性，因此可以作为储氢材料使用。苯储氢的方法主要包括催化加氢和脱氢两个步骤，首先，甲苯在催化剂的作用下与氢气发生反应，生成环己烷，然后环己烷在一定条件下脱氢，重新生成苯，并释放出氢气。接着通过变压吸附对回收的混合气体进行提纯。反应产物经气液分离后，氢气输送至燃料电池等用氢端，脱氢后的液态载体进行热量交换后进行回收，循环利用。

与其他储氢技术相比，有机液体储氢具有以下特点：

（1）**储氢量大、储氢密度高** 以新型稠杂环有机分子作为储氢载体的液体有机储氢材料目前的体积储氢密度可达 60g/L，其可逆储氢量约为 5.6%，大幅高于传统的合金储氢和高压储氢的储氢量。

（2）**储存、运输安全方便** 储氢载体及储氢有机液体在常温常压下呈液态，存储安全，可利用普通管道、罐车等设备快速完成物料补给，在整个运输、补给过程中，不会产生氢气或能量损失。

（3）**脱氢（供氢）响应速度快，适宜和燃料电池匹配** 储氢有机液体的脱氢反应具有较快的响应速度，氢气可以实现即制即用，与燃料电池系统的匹配性好。

（4）**氢气纯度高、无尾气排放** 储氢有机液体脱氢所得到的氢气具有较高的纯度，满足燃料电池系统的用氢品质需求，且脱氢过程中无尾气等污染物排放问题。

（5）**液态储氢载体可重复使用** 储氢有机液体的加氢、脱氢反应转化率高，反应过程在一定条件下高度可逆，液态储氢载体可循环利用。2022 年 2 月 8 日，日本 Chiyoda 公司官方宣布已实现以甲基环乙烷（C_7H_{14}）为储氢有机液体的海上规模氢气储运示范运行，如图 3-34 所示。2023 年 5 月，德国 HT 公司基于二苄基甲苯（材料储氢密度 6.23%）为储氢载体的氢储存系统（Storage Box）和氢释放系统（Release Box）示范装置已在德国运行，并在美国开展项目调试。

图 3-34 千代田实现全球首次 MCH 形式的氢气海上运输

但是，有机液体储氢还存在以下不足：
1）受反应平衡极限限制，加氢效率比较低。
2）脱氢反应在低压高温下进行，反应效率低，容易发生副反应。
3）催化剂容易发生孔结构破坏、结焦、失活等现象，且催化剂活性不够稳定，易被中间产物毒化，高温条件容易失火，脱氢效率较低。
4）催化加氢和脱氢的装置配置要求较高。由于涉及易燃易爆的有机液体，因此需要严格的安全保护装置，防止泄漏、爆炸。
5）分离提纯。变压吸附技术需要在特定的压力和温度条件下进行，而膜分离技术和深冷分离技术也需要在特定温度下进行，都增加了操作的难度和成本。

有机液体储氢技术是一项很有前景的技术。目前该技术的瓶颈是如何开发高转化率、高选择性和稳定性的脱氢催化剂。同时，由于该反应是强吸热的非均相反应，受平衡限制，因而还需选择合适的反应模式，优化反应条件，以解决传热和传质问题。目前，氢阳能源、中国化工建设总公司、中船重工 712 研究院等公司已开展相关研究，实现了常温常压下的有机液态储氢技术。新开发的有机液态储氢材料的安全指标远高于汽油、柴油等传统能源。有机液储氢技术目前正处于从实验室到工业生产的过渡阶段。能否成为未来氢气运输的主流方式，将取决于其相对于其他储氢方式的技术迭代速度，以及产业化和市场采用的速度，能否超过低温液氢储氢成本的降低速度。

2. 甲醇储氢

除了不饱和烃类可以储氢以外，还可以利用氢气与二氧化碳反应生成甲醇来储氢。利用可再生能源发电制取绿氢，将氢气与一氧化碳或二氧化碳在一定条件下反应生成液体甲醇，如下式。

$$3H_2 + CO_2 \xrightarrow{\text{一定的温度和催化剂}} CH_3OH + H_2O \tag{3-10}$$

$$2H_2 + CO \xrightarrow{\text{高温、高压、催化剂}} CH_3OH \tag{3-11}$$

接着，将甲醇储存在容器中，当需要使用氢气时，再通过逆反应将甲醇分解，生成氢气。甲醇作为氢能的载体进行使用，每升甲醇在与水反应时可以释放约 143g 的氢气。相比之下，即使是冷凝状态下的液氢，每升也只有大约 72g。因此，甲醇的储氢效率远高于液氢，也是非常理想的液体能源储运方式。

中国科学院大连化学物理研究所李灿院士指导实施的"液态阳光"绿色氢能示范项目（图 3-35），利用以太阳能为代表的可再生能源高效电解水制氢，耦合二氧化碳加氢合成"液态阳光"甲醇，是集甲醇在线制氢、分离纯化、升压加注及二氧化碳液化回收等功能于一体的自主创新制氢加氢装备技术，以甲醇作为储氢载体，解决高密度储运氢气的安全性问题，降低了氢气储运成本，可灵活调整产能，实现氢气的现产现用，撬装设备占地面积较小，可广泛应用于港口码头、公路场站及大型交通工具等多种制氢用氢场景。

图 3-35 "液态阳光"绿色氢能示范项目

虽然甲醇储氢有很多优点，但也存在一些不足。例如，甲醇制氢过程需要消耗大量的水资源，并且可能会产生一些有害的副产品，如甲醛等。此外，甲醇的安全性和稳定性也需要得到进一步的评估和改进。

3. 液氨储氢

氨气是一种无色、碱性、有强烈气味的气体，极易溶于水。其分子式为 NH_3，液化点为 $-33.4℃$，固相点为 $-77.7℃$，临界温度为 $132.4℃$，临界压力为 $11.2MPa$。液态下密度为 $0.6818kg/L$，质量储氢量为 17.6%，体积储氢密度 $0.12kg/L$（大于液氢的储氢密度 $0.07kg/L$）。氨气储氢是一种通过 N—H 键直接将 H 原子固定的化学储氢方法。由于空气中含有大量的氮气，而一个 N 原子可以固定 3 个 H 原子，因此利用氮气与氢气反应合成氨气来储氢是一种非常有潜力的方法。

液氨储氢具有以下优点：

1）氨气在常温高压或低温常压下就可实现氨气液化，是一种理想的氢气储存材料，适用于氢气大规模储存及长距离运输。

2）目前利用氮气和氢气合成氨气的工艺已非常成熟，因此容易实现工业化储氢。

3）氨气本身稳定性较高，不易燃烧，且氨气有味，泄漏容易被发现。

4）氨气分解产物中不含碳气体，不容易使催化剂污染失效，从而使储氢的合成与分解更容易进行。

但该技术仍具有以下缺点：氨气为有毒介质，轻度吸入即有中毒表现；需要大型的转化设备，不易在小型载具上使用；该转化过程需要耗能，使整体的能量运输效率降低。此外，该技术还受到下面因素的制约：

1）氨气合成反应需要在 $16 \sim 30MPa$ 高压及 $500 \sim 700℃$ 高温下进行，如下式。该反应条件苛刻，能耗高。

$$N_2 + 3H_2 \xrightarrow{\text{高温、高压、催化剂}} 2NH_3 \qquad (3-12)$$

2)氨的分解反应一般在200℃左右,且需要催化剂的存在,如下式。目前常用的催化剂是基于铁的催化剂,但这种催化剂的使用寿命有限,需要频繁更换,增加了成本。

$$2NH_3 \xrightarrow{\text{高温、高压、催化剂}} N_2 + 3H_2 \tag{3-13}$$

3)氨分解反应并不是100%完全的,存在微量的残余氨,利用变压吸附法进行氨气分离时,吸附剂在高温下对氢气的吸附能力增加,在低压下释放氢气。但这种方法有一定的局限性,如果这个过程不够环保或成本过高,会影响到整个氢气分离的社会效益和经济效益。

除了技术挑战之外,液氨具有毒性、亲水性和腐蚀性,在运输过程和反应过程中容易泄漏或者造成设备腐蚀,要实现液氨大规模储运还需要完善其配套的基础设施。

3.2 氢气的输运

氢气要在能源系统中发挥作用,一个很重要的方面就是能够输运,将氢气从生产地输运到加氢站或用氢场所。对于一些大型制氢企业,为了生产出大规模的绿氢并保障其安全性,往往制氢站设置在太阳能、风能或水能比较丰富,但位置比较偏远的地区,氢气产品要最终到达用户端,就需要经过几百乃至上千公里的输运过程。因此,氢气的输运就成为氢气大规模应用的一个非常重要的环节。随着氢能产业的不断发展,氢气用量也会逐渐增加,氢气的输运必将迎来快速发展。

氢的输运方式按照装载工具的形式不同分为长距离管道输送、车载输运以及船载输运等形式。长距离管道输氢通常包括气态纯氢管道输氢以及借助天然气管道实施的氢气/天然气混合气体输氢等。车载输运通常包括高压气态拖车输运、低温液态氢罐拖车输运、液态氨或甲醇槽车输运以及装载固态储氢材料的槽车输运等。船载输运通常用作液态氢的输运。表3-13为不同输氢方式的特性,本章节会具体进行分析。

表3-13 不同输氢方式的特性

	气态储氢		液态储氢		固态储氢	
	长管拖车	管道输氢	低温液态槽车	液体介质槽车	物理储氢车	化学储氢车
温度	常温	常温	21K	常温	低温	常温或高温
压力/MPa	20~70	1~4	0.6	常压	1~10	1~4
装载量/(kg/车)	300~400	—	4000~7000	2000	300~400	1200
质量储氢密度(%)	1~13	—	14~70	5~8	<3	<10
体积储氢密度(kg/m³)	14~40	0.09~32	64~71	40~60	—	50~110
能耗/(kWh/kg)	1~1.3	0.2	13	—	—	10~13.3
经济距离/km	≤200	≥500	≥200	≥200		≤150
优势	技术成熟、充/放氢速度快	大规模、长距离、低能耗	氢的纯度高、储氢密度和输运效率高	安全性较好、储氢密度较高		单位体积储氢密度大,能耗低,稳定性、安全性好,储存、输运方便

(续)

	气态储氢		液态储氢		固态储氢	
	长管拖车	管道输氢	低温液态槽车	液体介质槽车	物理储氢车	化学储氢车
劣势	储氢密度和输运效率有限	初建成本高,有氢脆、泄漏的风险	能耗高、能量损失大、成本较高	能耗及成本较高、操作条件苛刻	质量储氢密度低,充/放氢速率慢,寿命低,价格高,储存、释放条件苛刻	
应用	成熟用于氢气的短距离输运	跨地区、大规模、长距离输氢	国内仅用于航天、军事领域	国内目前产业应用不多	国内技术还不成熟,处于产业化早期,仍需研发	

3.2.1 管道输运

在陆地上进行大量氢气输送时,气体管道输送更为常见。通过敷设大规模、长距离的气体管道,并且通过压力差来实现氢气输送。相较于其他输运方式,管道输运氢量大、输运距离长,在大规模跨区域输氢方面具有显著的经济优势。根据输运氢气的形式不同,一般有纯氢管道输运和氢气/天然气混合气体管道输运两种方式。

1. 纯氢管道输运

纯氢管道输运是指将制氢站制备出来的纯氢通过纯氢管道进行输送。氢气从制氢站出来后,经过收集、提纯及加压后进入纯氢管道,利用逐级加压的方式将纯氢输送到各个用氢终端,如图3-36所示。

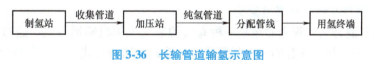

图3-36 长输管道输氢示意图

纯氢管道输氢在进行大规模商业化应用时,主要面临着管道材料、管道接口、管道增压、经济效益等方面的挑战,具体表现在:

(1) **管道材料** 目前的管道材料多为低合金化的结构钢(管线钢),一般选用 X42 和 X52 等低强度管线钢。管道材料与氢气长期接触,特别是与高压氢气接触时,氢气会侵入材料内部,导致材料性能指标下降,出现延时开裂、裂纹扩张速度加快和断裂韧性下降等与氢脆相关的损伤,特别是在焊接接头处,其性能指标下降更为突出,更容易产生泄漏等风险,成为其安全运行的一项重要挑战。若管道改用不锈钢材质,由于其管道管径一般在100~500mm,运行压力通常在1~5MPa,因此尽管不锈钢管材可以降低氢脆的危害,但成本将是一个不得不考虑的问题。

(2) **管道接口** 目前的管道输气接口基本采用法兰与橡胶圈来实现连接与密封。这对于大尺寸的气体分子而言是切实可行的,但对于小尺寸的氢分子而言,由于其具有很高的渗透能力和扩散速度,因此在管道接口处泄漏就成为一个非常棘手的问题,特别是氢气管道设计压力为0.1~10MPa,因此更需要特别设计,如法兰密封面形式选用凹凸式/榫槽式,垫片选择金属垫片等,以防管道接口泄漏导致火灾、爆炸。此外,在管道输送过程中,由于气体流动速度快,可能会在管道内壁上产生静电,如果静电得不到释放,有可能在管道接口形成静电积聚,遇到火源会引起爆炸。

(3) 管道增压　氢气在管道输运过程中，需要逐级加压，压力范围为 1.6~10.0MPa。若氢气在增压过程中操作不当或设备故障，可能会导致管道内压力过高，如果超过其承受的最大压力，管道可能会破裂，导致氢气大量泄漏，因此需要安装实时的在线监控。此外，氢气具有易燃易爆的特性，在加压时温度升高，可能会引发火灾和爆炸。

(4) 经济效益　在纯氢管道敷设过程中，可能会遇到地质复杂、施工难度大等情况，因此前期投入资金巨大。如果进行短距离输送，其经济性就会大打折扣，只有在长距离（大于 500km）、大批量氢气输送时，其经济性才能体现出来。因此，纯氢管道输送更适合于长距离输送。

美国、法国、德国等发达国家在纯氢管道方面的建设已经有了一定的实践和经验。目前全球范围内氢气输送管道总里程超过 5000km。美国是全球输送氢气管道最多的国家，其管道总里程达到 2720km。欧洲也在积极发展氢气管道，其总长度已经达到 1770km。日本、韩国、澳大利亚等地区氢气纯氢管道总长度大约为 190km。目前全球的纯氢管道基本由法国 Air Liquide、美国 Air Products、美国 Praxair 和德国 Linde 公司建设。

我国纯氢管道建设处于起步阶段，规模较小，现有氢气输送管道总里程约为 400km，目前我国输氢管道主要分布在环渤海湾、长三角、珠三角、成渝走廊等地，最长的巴陵—长岭氢气管道全长仅为 42km，显示出氢气管网发展不足，管网布局还有较大的发展空间。随着氢能产业的快速发展，日益增加的氢气需求将推动我国氢气管网建设。根据《中国氢能产业基础设施发展蓝皮书（2016）》所制定的氢能产业基础设施发展路线，到 2030 年，我国燃料电池车辆保有量将达到 200 万辆，同时将建成 3000km 以上的氢气长输管道。

2. 氢气/天然气混合气体管道输运

氢气/天然气混合气体管道输运是一种有效的氢气大规模输运方式，通过将氢气以一定比例掺入天然气中，利用现有的天然气管道进行输运。这种方式<u>可以充分利用现有的天然气管道和城市输配气管网，实现氢的大规模、长距离输运，并且管道的改造成本相对较低</u>。

氢气/天然气混合气体管道输送主要工作流程为：通过新型的可再生能源电解水制氢；将氢气压缩后，存储到储氢装置中；经过降压的氢气与稳压后的天然气按一定比例混合；混合后的气体通过天然气管道及配套设施进行输送，最后，进行提纯分离，将氢气输送给用氢终端，如图 3-37 所示。

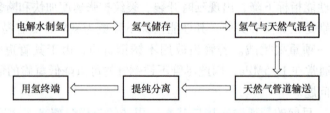

图 3-37　氢气/天然气混合气体管道输送工作流程

天然气和氢气的混合是氢气/天然气混合气体管道输运的关键环节之一。其中，混合比例需要根据具体的应用需求、氢气和天然气的成本，以及管道输送的技术要求等因素确定。不同混合比例会对氢气/天然气混合气体的物理性质、燃烧性能、环保性能等产生影响。

2023 年，我国利用现有天然气管道输送氢气技术取得突破，天然气管道掺氢比例达到 24%，管道全长为 397km，创造了国内外掺氢比例的新高，为我国之后实现大规模低成本远距离氢能输运提供了应用支撑,代表我国氢气输送技术达到新发展阶段。

输运结束后,对氢气进行分离提纯是氢气/天然气混合气体管道输运的又一关键环节,经过变压吸附,可以得到纯度99.9%(体积分数)左右的氢气以供使用。当分离提纯处理氢气的量很大时,也会存在成本增加的缺点。

天然气掺氢技术利用我国"一张网"优势,可解决资源错配问题和调峰需求。同时,长距离氢气/天然气混合气体管道输氢成本约为气罐拖车的十分之一,1kg 氢气每100km 费用可以降低到 0.5 元/kg 以下。此外,利用现有的天然气管道进行氢气输运,可以避免高昂的建设成本,从而实现氢气低成本、长距离输运。

由于氢气的物理性质与天然气存在一定的差异,如密度不同、流速不同、渗透速度不同及点燃温度不同等,因此在输送过程中也需要注意管道设备的适应性以及流经输送装置时氢气对阀门及焊缝的影响。此外,氢气/天然气混合气体管道也存在脆性和氢气易泄漏等问题。

在氢气/天然气混合气体管道输运中,应该确保管道的安全运行,按时进行管道监测,以便及时发现管道内部的问题,如管道破裂、泄漏、腐蚀等,避免事故的发生。在具体监测过程中,采用的技术包括超声波检测、射线检测、温度压力传感器监测、智能管道检测系统等,需要结合具体的管道特点和运行条件,选择合适的监测技术和监测设备,建立完善的监测体系,确保管道的安全运行。与此同时,需要定期对管道进行检修、维护和修复,及时排除隐患,保障管道的长期稳定运行。

3.2.2 车载输运

1. 长管拖车输运

在我国氢经济发展进程中,从发展趋势来看,氢气的短距离异地输运主要通过运输车进行。长管拖车是最普遍的运氢工具,由动力车头、整车拖盘和管状储存容器3部分组成,其中储存容器是由多只大容积无缝高压钢瓶通过瓶身两端的支撑板固定在框架中构成的,如图3-38所示。输运流程为将氢气经过压缩机压缩至20MPa,然后经由装气柱充装入长管拖车,再经运输车运至目的地后,通过卸气柱将20MPa的氢气减压至0.6MPa后并入氢气管网使用。

图 3-38 长管拖车示意图

国内标准规定,长管拖车气瓶公称工作压力为10~30MPa,而普通输运氢气气瓶的公称工作压力为20MPa。以南亮压力容器技术(上海)有限公司生产的TT11-2140-H2-20-I型管束式集装箱为例,其工作压力为20MPa,每次可充装体积为4164Nm³、质量为347kg的氢气,装载后总质量为33168kg,运氢重量密度为1.05%。目前国外最先进的长管拖车可达52MPa超高压,且配备自动控制阀门,能够与加氢站系统对接直接进入加氢机进行加氢。

77

而我国大多以 20MPa 长管拖车运氢，采用钢制大容积无缝高压气瓶，单车运氢量约为 300kg，典型的 20MPa 高压氢气长管拖车参数值见表 3-14。

表 3-14 典型的 20MPa 高压氢气长管拖车参数值

参数	参数值
公称工作压力/MPa	20
环境工作温度/℃	−40~60
钢瓶设计厚度/mm	16.5
瓶体材料（结构钢）	4130
钢瓶外径/mm×长度/mm	559×10975
单瓶公称容积/m³	2.25
钢瓶数量/只	10
管束式集装箱公称容积/m³	22.5
充装介质	氢气
充装量/m³	3965

长管拖车运氢在技术上已经相当成熟。但是常规的高压储氢容器自重大，而氢气的密度又很小，装运的氢气质量只占总输运质量的 1%~2%，单车输运质量仅约为 300kg，输运效率比较低，会造成终端用氢成本高。此外，长管拖车的运输成本主要来自人工费和油费，如图 3-39 所示，可以看出输运成本随距离增加大幅上升。据计算，当输运距离为 50km 时，氢气的运输成本为 5.1 元/kg，随着输运距离的增加，长管拖车输运成本逐渐上升。距离 500km 时输运成本达到 21.2 元/kg。考虑到经济性问题，长管拖车运氢一般适用于 200km 内的短距离输运。有研究表明，由于国内标准的限制，长管拖车的最大工作压力限制在 20MPa，而国际上已经引进 50MPa 的氢气长管拖车。如果放宽国内储运压力标准，相同体积的管道可以容纳更多的氢气，从而降低输运成本。据预测，到 2025 年，50MPa 长管拖车将在我国广泛使用。

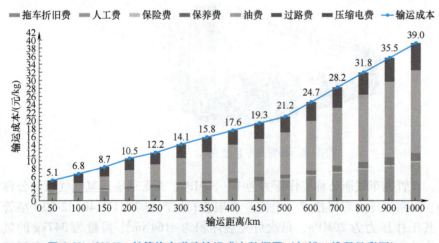

图 3-39 20MPa 长管拖车道路输运成本数据图（扫描二维码见彩图）

2. 液态氢槽车输运

当液氢生产地与用户相距较远时，可以把液氢装在专用的低温绝热槽罐内，用槽车、摩托车来输运，这是一种能满足较大运氢量，比较快速、经济的运氢方法。

液氢陆运最常用的工具为液氢槽车，首先将氢气深冷至21K液化，再将液氢装在压力通常为0.6MPa的圆筒形专用低温绝热槽罐内用槽车来输运。目前商用液氢槽车的容量大约为$65m^3$，每次可净输运约4000kg氢气，是氢气拖车单车运量的10倍多。液氢槽车输运使用液化氢，输运时需要保持低温，能耗高，因此在长途输运（>200km）时才会有较好的经济效益，多用于航天、军事领域，也是加氢站用氢的主要方式。

除采用液氢槽车外，还可采用深冷铁路槽车，其适合长距离输运且输运量比槽车更大、经济性好，单罐液氢容量可达$100m^3$，目前国内外仅有极少数的液氢铁路输运专线，中国的液氢铁路输运专线主要用于为卫星发射中心提供液氢燃料。

3. 超临界态氢车载输运

在低温高压条件下，超临界态氢气可以低温压缩氢气储罐储存，和液氢储罐一样，低温压缩氢气储罐"是一个具有超级隔热性能的压力容器"但这种隔热比液氢（LH_2）储罐所需的简单得多，储罐真空度可以低一个数量级。利用低温压缩储罐输运氢气目前还在试验中，2023年12月12日，美国凡尔纳和劳伦斯利弗莫尔国家实验室展示了一个容量为29kg的单个低温压缩储氢（CcH_2）系统，可用于重型输运系统，两个这样的储氢系统可以安装在8级氢能卡车上，可实现超过50mile（1mile=1609.34m）的续航里程。

4. 固态氢输运

固态氢车载输运，是先通过固体储氢材料储存氢气，然后将装有储氢材料的容器以车载方式输运到用氢地后释放氢气的一种输运方式。固态氢车载输运装置应具备重量轻、储氢能力大的特征。此外，用固态储氢材料运氢容易，形式多样，不存在逃逸问题、压力低、安全性好，但输运的能量密度低，规模小，成本高，目前还在试验阶段。

目前，固态储氢技术整体上处于试验研究阶段。在众多固态储氢技术研究中，Mg基储氢材料发展受到了极大的关注。该材料兼具高的体积储氢密度和质量储氢率，作为运氢装置具有较大潜力。上海氢枫能源技术有限公司制造的基于镁基材料研发的固态储氢车载氢量达到了1t以上，车上搭载了12个储氢罐，每个容器都装填了高容量的镁合金储氢材料，具有高密度储氢容量和常温常压储运的优势，是储氢技术商用的重要突破，如图3-40所示。澳大利亚的Hydrexia公司在2015年设计出的基于镁基合金的储运氢装备，单车运氢量可达700kg，可用于氢气的大规模安全输运。

图3-40 镁基固态储氢车

由于储氢合金价格高（通常几十万元/t），放氢速度慢，在放氢时还需要加热，最重要的是储氢合金本身很重,长距离输运的经济性较差,所以固态氢输运的情形并不多见。

5. 液态介质车载输运

液态介质车载输运一般是指在常温常压下,通过液态介质车将液态储氢载体从富氢地区输运至贫氢地区的一种输运方式。液态储氢载体通常包括不饱和烃类、甲醇和液氨等。

从液氨来看,液氨作为氢载体时,首先将氢能以氨气的形式进行储存输运,到达加氢站后再将氨分解为氢气与氮气,通过分离提纯的方式将氢气加注到车辆储氢罐中,或者是为车辆直接加注氨气,通过车载分解装置将氨转化为氢气,再将氢气供应给燃料电池。一辆液氨槽罐车载氨量可达30t(约含5.29t氢),载氢量较长管拖车(载氢量不到400kg)提高1个数量级,因此运氨成本[约0.001元/(kg·km)]也较运氢成本[0.02~0.10元/(kg·km)]呈数量级降低。液氨罐车输运方式在输运过程中,受到天气、道路等多种客观因素的影响,安全性不高,易发生风险事故。对于罐车的检修、押运等,不仅要求较高,还需时刻进行监督,因此多用于短距离输运。

3.2.3 船舶输运

除了槽罐车,在长距离输运大量液氢时还可以利用船舶输送,这是比陆上的铁路和高速公路运氢更加经济和安全的方式。一般通过建造专门输送液氢的大型驳船进行海运,驳船上装载有容量很大的液氢储存容器。

近年来,随着氢能源技术的发展,液氢驳船输送技术也在不断进步。中国船舶集团研发的4万m^3和2万m^3液氢运输船已经在2024年的新加坡亚太海事展上展出,这些新型液氢运输船的总长达到210m,型宽为32.20m,型深为20m。美国宇航局(NASA)建造了输送液氢的大型驳船,船上的低温绝热罐储液氢的容积可达1000m^3左右,能从海上将路易斯安那州的液氢运到佛罗里达州的肯尼迪空间发射中心。荷兰C-Job Naval Architects公司与LH$_2$ Europe公司合作开发了一款新型的液氢驳船,长度达到140m,储氢容量为37500m^3,这种设计旨在满足日益增长的氢能需求,特别是在欧洲地区,计划每天交付100t绿色氢气,并在三年内将产量提高到300t/d。

这些液氢驳船的设计和开发代表了当前氢能输运领域的一个重要趋势,即通过高效的液氢运输船来实现远距离大规模的氢气输运。随着技术的进步和规模的扩大,可以预见液氢驳船的载氢量将会继续增长,以满足不断扩大的市场需求。

3.3 加 氢 站

加氢站是连接上游制氢、运氢,下游氢燃料电池车用氢的重要枢纽,是一种专门用于为氢燃料电池车提供氢气的站点。一个完整的加氢站由氢气供给系统、氢气压缩系统、氢气储藏系统、氢气加注系统组成。加氢站网络化分布是氢燃料电池车大规模商业化运营的基本保障。随着我国氢燃料电池车的逐步普及,加氢站将会得到快速增长。根据目前我国29省市出台的涉及加氢站发展规划的政策文件统计,到2025年,各省市累计建成加氢站数量将超过1200座,超过当前全球已建成加氢站总和。

3.3.1 加氢站的分类

目前加氢站的类型较多,按照氢气来源、氢气储存形式、加氢站的供氢压力及供氢的集成方式的不同可以分为四类，见表3-15。

表3-15 加氢站分类

分类方式		特点
氢气来源	站内制氢加氢站	加氢站内部设有制氢设备，能够现场制造氢气（涉及电解水制氢、天然气重整制氢等）
	外供氢加氢站	加氢站内部没有制氢设备，氢气是通过外部供应的方式获取（通过长管拖车、液氢槽车或者氢气管道输运等）
氢气储存形式	气态加氢站	在高压氢气加氢站中，氢气以高压气态形式存储于储氢罐中，直接通过加注机为燃料电池车辆加注氢气
	液态加氢站	氢气以液态形式存储于液氢储罐中，汽化后通过加注站为燃料电池车辆加注氢气
加氢站的供氢压力	35MPa 压力供氢	氢气压缩机的工作压力为45MPa，储氢瓶的工作压力为45MPa
	70MPa 压力供氢	氢气压缩机的工作压力为90MPa，储氢瓶的工作压力为90MPa
供氢的集成方式	移动式加氢设施	移动式加氢设施是设备、组件和框架整体集成固定在底盘上，便于输运、现场简易安装和使用的撬装式加氢设备
	固定式加氢站	固定式加氢站是不可移动的，目前我国已建成的加氢站绝大多数都属于此类

3.3.2 气态加氢站

气态高压加氢站是目前最常见的一种加氢站（见图3-41）。加氢站工艺流程如图3-42所示。气态加氢系统由管束车、压缩机、站内储氢系统、加氢机等组成。氢气可以通过管束车输运至加氢站，经由氢气压缩机增压后储存至站内的高压储罐中，再通过氢气加气机为氢燃料电池车加注氢气。

图 3-41 北京大兴气态加氢站

一般而言，气态加氢站的核心问题主要涉及加氢站的位置、加氢过程中氢气压缩、氢气储存和氢气加注等，这些问题均与其安全性密切相关。

1. 站址选择

加氢站站址选择首先要考虑的就是远离人口密集及城市繁华区域，因为如果加氢站发生

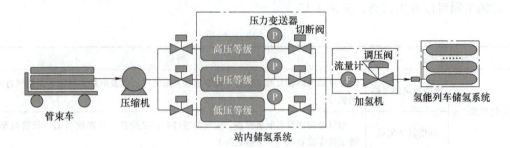

图 3-42　气态加氢站工艺流程示意图

氢气超压、泄漏等引发的火灾爆炸事故,且附近人流量较大,那么一旦发生爆炸损伤后果将是灾难性的。同时,应尽可能地将站址设置在交通便利、用户使用较方便的位置,提高氢能源使用的积极性及经济性。在安全防护方面,要与站外建筑物严格保持规定的安全间距,远离有明火和高温的厂房区域,以及要符合环境保护和消防安全的要求,最大限度地消除安全隐患。

2. 氢气压缩

给加氢站供氢的长管拖车,其输运氢气的压力一般在 20MPa,而加氢站给 35MPa 或 70MPa 储氢压力的燃料电池加氢时,其氢压需要达到 45MPa 及 90MPa,因此需要对长管拖车输运的氢气进行加压处理。氢气在压缩的过程中会产生大量热量,如果热量不及时消散,热量积聚就可能引燃氢气,因此,在进行氢气压缩时,一定要配有制冷系统,及时带走压缩过程中产生的热量,并且在氢气加注时也采用低温氢气加注,避免加注车辆时温度升高。在压缩机工作过程中应设置紧急停车控制系统,当发生超压、火灾等紧急情况时,可手动关闭站内所有紧急切断阀,并进行泄压放散,确保加氢站安全。

3. 氢气储存

加氢站内的储氢通常采用 45~90MPa 高压储氢罐储氢,并且因为运营原因,通常数十个高压储氢罐堆放在一个区域内,因此如果其中一个高压气态储氢罐发生泄漏并爆炸,其后果不堪设想。为了预防泄漏事故,在每个高压气态储氢罐上设置氢气泄漏监测点、氢气压力监测点以及安全泄压装置,进行实时检测报警,并且在堆放高压气态储氢罐的外部区域应建有防爆围墙,以抵挡氢气燃爆对周围环境的危害。同时,高压气态储氢罐作为储氢容器,还经受着充放氢引起的压力变化所带来的疲劳损伤,因此当达到使用年限或设计疲劳次数时,应及时报废。除了上述措施外,高压气态储氢罐通常是在户外放置,季节及天气变化也会对储氢罐内的氢压以及储氢罐体产生影响,因此采取遮阳、防雨雪等措施,避免阳光直射及减小雨雪影响,也是一件非常重要的事项。

4. 氢气加注

加氢站通常使用加氢机为燃料电池车加注氢气,为方便车辆加注氢气,加氢机通常都紧密布置,因此任何火点都可能引发重大事故。为此,加注区域严禁任何火点出现,防静电服装、防爆手机,以及人员警戒线等都必不可少。同时,由于加氢软管使用频率较高,要定期检测软管质量、定期更换。除此以外,加氢机上方应设有加氢罩棚,一方面为加氢机遮雨、避免阳光长时间照射,另一方面为氢气加注操作人员、加氢用户提供相对舒适的环境。罩棚应采用不燃材料制作。当罩棚的承重构件为钢结构时,其耐火极限不应低于 0.25h,此外,罩棚内表面应平整，坡向外侧不得积聚氢气。当罩棚顶部设有封闭空间时，封闭空间内应采取通风措施，并应设置氢气浓度报警装置。

3.3.3 液态加氢站

液氢加氢站一般可分为液氢储存氢气加注和液氢储存液氢加注两类。受限于装备以及液氢车辆的发展水平，液氢储存氢气加注为当前液氢加氢站的主要形式。液氢储存氢气加注又根据氢气增压形式不同分为了气态增压、液态增压及混合增压几种形式。

在液氢加氢站发展初期，氢的压缩需通过气态氢气压缩来完成，即液氢储罐内的液氢先经过液氢汽化器变为氢气，再通过氢气压缩机被压缩，达到45MPa或90MPa后进入储氢瓶组内进行储存，以备后续加氢的使用（见图3-43）。此类液氢加氢站的典型代表为日本岩谷建设的岩谷-东京芝公园液氢加氢站，在该加氢站中，液氢首先通过汽化器被汽化，再由氢气压缩机压缩至82MPa后通入储氢瓶组中进行储存，最后通过加氢机给燃料电池汽车加注氢气。

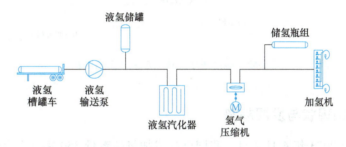

图 3-43　不使用液氢增压泵的液氢加氢站工艺流程

随着液氢加氢站的发展，出现了液氢增压泵技术。由于液氢增压泵将液氢压缩至某一压力的功耗相比于氢气压缩机将同样质量的氢气压缩至同样的压力的功耗低很多，所以可以使用液氢增压泵代替氢气压缩机，以降低整个系统的能耗。即先用液氢增压泵增压，然后液氢经过汽化器汽化后储存在加氢站的高压储氢瓶组中以备后续使用。此类液氢加氢站工艺流程如图3-44所示。德国林德（Linde）公司开发的液氢加氢站成套设备中即采用了可以直接将液氢加压到90MPa的液氢增压泵。

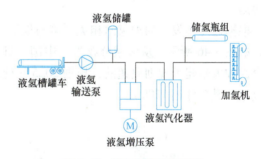

图 3-44　使用液氢增压泵的
液氢加氢站工艺流程

由于液氢在增压过程中，随压力升高容易发生汽化等原因，除德国林德公司的液氢增压泵的出口压强为90MPa外，法国Cryostar、美国ACD等公司生产的液氢增压泵的出口压强通常都在40~60MPa，可满足35MPa燃料电池汽车的加氢需求。但是对于70MPa燃料电池汽车的加氢，需要在液氢加氢站的压缩系统中另外配备90MPa氢气压缩机，此时液氢加氢站工艺流程如图3-45所示。

液态加氢站内的液氢储罐对加氢站起着非常重要的作用。液氢储罐的设计压力一般为

1.000MPa，接近液氢的临界压力 1.3MPa。液氢储罐一般采用双层壁高真空多层绝热的低温储罐形式。在使用时，储罐的压力不能过高也不能过低。如果液氢储罐的压力过高，会导致液氢蒸发时带来的附加压力频繁达到或超过储罐的安全泄压点，使液氢储罐频繁泄压，造成氢损失；如果液氢储罐的压力过低，则会导致液氢的沸点降低，液氢蒸发量加大，不利于液氢的长期储存，还会导致液氢泵净吸入压头不足等一系列其他问题。因此，加氢站内的液氢储罐需要进行压力控制，将罐内压力控制在合适的范围之内来避免设备损伤，提高效率，降低能耗。

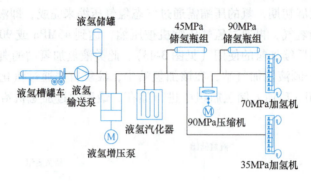

图 3-45　混合增压式液氢加氢站工艺流程

3.3.4　加氢站的现状与发展趋势

据报道，截至 2023 年 4 月 7 日，我国已建成加氢站数量 350 座，占全球加氢站数量的 40%，为全球最大加氢站保有量国家。其余建成加氢站主要分布在日本、韩国、欧洲和北美等地区。随着氢能源技术的不断发展和成熟，以及政府对清洁能源的支持力度加大，预计加氢站的数量将会快速增长。同时，随着氢燃料电池车辆的普及，加氢站的建设也将更加完善和便捷。

根据近几年发布的加氢站相关政策与规划，全球多个国家公布了明确的加氢站规划建设数，如图 3-46 所示。从区域分布看，中国、日本、韩国作为全球推广氢能汽车应用的重要国家，加氢站建设规划更超前，规划 2025 年建成目标合计超 1800 座，其中，中国规划建设加氢站数量合计超 1200 座。

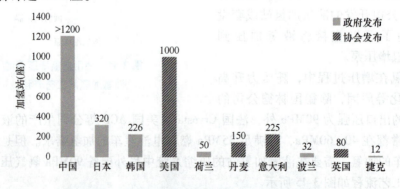

图 3-46　全球主要国家 2025 年加氢站规划建设数

根据中国氢能联盟预计，到 2060 年，我国氢气年需求量将增至 1.3 亿 t 左右，在终端能源消费中占比约为 20%。其中，交通运输领域用氢 4051 万 t，占氢总需求量的 31.1%。2022 年，我国加氢设施覆盖的省份及地区已扩展到 28 个，其中广东省已建成加氢站数量全国占比第一（见图 3-47），香港特别行政区实现首次覆盖。全国新建成加氢站 109 座，居全球第一。新建加氢站中，山西、河南、广东、内蒙古、河北 5 省全国排名前 5，合计占全国新建数量比例为 51.4%，其中，河南、广东、河北 3 省被批准为燃料电池汽车示范城市群。目前，我国加氢技术路线正呈多元化发展：全国首座氨制氢加氢一体化示范站在福建运营；首座同时具备天然气制氢和电解水制氢能力的制氢加氢一体站落地广东；液态阳光加氢站应用示范项目在河北启动；液氢储氢型综合供能服务站在浙江投用；固态储氢型加氢站在辽宁建成，为我国加氢设施建设提供了有益的实践。

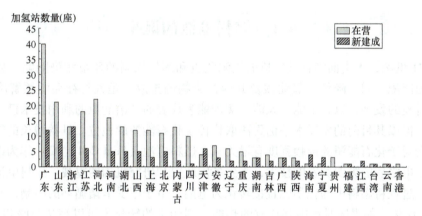

图 3-47　2022 年我国加氢站分布

随着燃料电池汽车逐年增多，我国加氢站逐步从示范走向商业化运营，亟须在高端装备制造、价格机制建立、品质检测等方面快速跟进。据已公开发布的省级氢能规划，"十四五"时期末我国将累计推广燃料电池汽车超过 10 万辆，建成加氢站超 1000 座。同时，我国正积极开展 70MPa 燃料电池汽车推广应用，将带动我国加氢基础设施技术装备水平迈向新台阶。加氢站作为燃料电池车辆的配套基础设备，很大程度上影响燃料电池车辆的落地运营。政府的相关政策与规划可以看作加氢站建设发展的风向标。随着 2025 年燃料电池汽车应用示范推广进入下半场，相关政策或将迎来更新与变化，进一步引领下一个五年的氢能发展。

第 4 章

燃料电池

4.1 燃料电池的诞生

进入 21 世纪，人类面临日益紧迫的能源危机和逐年加剧的环境污染问题。如何高效地利用有限的能源，同时降低二氧化碳及其他污染物的排放，是人类社会亟须解决的重要问题。随着科技的发展，以太阳能、风能、潮汐能为代表的清洁能源的利用技术已经取得了长足的进步，但以其目前的发展水平仍无法取代传统化石能源的地位。日益增长的能源需求迫使人类社会对于化石能源的依赖程度有增无减。燃料电池（Fuel Cell，FC）作为继水力、火力和核能发电之后的第四类发电技术，受到各国政府和研究机构的重视。燃料电池技术通过电化学反应过程将燃料中的化学能直接转化为电能，由于不受卡诺循环的限制，其发电效率可达 45%～60%，如果同时利用其释放的热能，则能量的转化率可以高达 80% 以上。清洁、高效的燃料电池不仅可以缓解越来越紧张的能源危机，还可以解决化石类燃料带来的环境污染问题。因此，燃料电池也是我国优先支持的发电技术。

燃料电池的诞生可以追溯到 19 世纪，由威廉·格罗夫（William Grove，见图 4-1）于 1839 年提出，格罗夫因此被誉为"燃料电池之父"。格罗夫通过试验发现，将水电解成氢气和氧气后，这两种气体可以在不同的电极上重新结合产生电力和水，他将这种装置命名为"气体电池"（Gas Voltaic Battery）。格罗夫的这一发现证明了化学能直接转换成电能的可能性，但由于当时技术和材料的限制，早期的燃料电池效率低下，输出功率有限，没有得到广泛的应用。直到 20 世纪 50、60 年代，随着人类对太空探索的需要，燃料电池技术得到了重大发展。燃料电池能够提供高效、可靠的电力，而且产生的水还可以供航天员使用，是太空飞船的理想电源。因此，美国国家航空航天局（NASA）开始研究燃料电池，将其作为太空飞船上的电力和水源的一种解决方案。20 世纪 60 年代，Prat&Whiney 公司研制成功 Bacon 型中温氢氧燃料电池并应用于阿波罗（Apollo）登月飞船的主电源。1965 年，双子星座宇宙飞船采用了美国通用公司研制的质子交换膜燃料电池为主电源。从那时起，燃料电池技术逐渐发展和成熟，应用领域也从太空探索扩展到了陆地上的多种用途，包括便携式电

图 4-1 威廉·格罗夫
（William Grove）

源、备用电源、交通工具（如燃料电池汽车）电源，以及分布式发电站。随着全球对清洁能源和可持续能源解决方案需求的增加，燃料电池技术的研究和开发仍在继续，人们期待进一步提高效率、降低成本，扩大其应用范围。

4.2 燃料电池的工作原理

燃料电池可看作一个发电"工厂"，它以燃料作为原料，产出电力（见图 4-2）。只要原材料（燃料）源源不断地供应，燃料电池就能持续不断地产出电力。这是燃料电池（Fuel Cell）与电池（Battery）之间的本质区别。尽管两者都是依靠电化学反应来产生电力，但燃料电池在产生电力时并不会被消耗掉。它是一个电化学器件，将燃料中储存的化学能高效地转换为电能。

图 4-2 燃料电池工厂概念示意图

从这个角度来看，内燃机也是一个"化工厂"。内燃机也是将储存在燃料中的化学能转化为有用的机械能或电能。内燃机和燃料电池的区别在于，传统的内燃机是使燃料燃烧释放热能。例如，氢的燃烧反应：

$$H_2 + \frac{1}{2}O_2 \longrightarrow H_2O \tag{4-1}$$

在分子尺度上，氢气分子和氧气分子相互碰撞而引发燃烧反应，氢气分子被氧化生成水并释放出大量热量。具体来讲，在原子尺度上，氢—氢原子键和氧—氧原子键在皮秒量级时间内断键，并同时形成氢—氧原子键。这些原子键的破坏和形成是通过分子之间电子的转移实现的。产物水分子的键合能低于初始的氢气和氧气的键合能，这一能量差则以热量的形式释放出来。虽然初始状态和最终状态的能量差异是由于电子从一种键合状态转移到另一种键合状态而引起的重新组合，但是由于该键合重构仅在极小的亚原子量级并且在几皮秒之内发生，所以该能量只能以热能形式释放。如果需要发电，则该热能必须先转换成机械能，再将此机械能转换成电能，这就导致整个内燃机发电过程既复杂又低效。

而在燃料电池中，氢氧燃烧反应被电解质分隔为两个电化学半反应：

阳极： $$H_2 \rightleftharpoons 2H^+ + 2e^- \tag{4-2}$$

阴极： $$\frac{1}{2}O_2 + 2H^+ + 2e^- \rightleftharpoons H_2O \tag{4-3}$$

该空间隔离是通过使用只传导离子的电解质来实现的，电解质只允许离子移动，不允许电子流过。通过在空间上分隔这两个反应，使燃料中释放出来的电子必须流经外部电路（形成电流做功），然后回到另一极，与氧分子和质子结合生成水。

如图 4-3 所示，燃料电池将燃料中的化学能直接转化为电能，其基本的反应历程可以归纳如下：

① 反应气体经流道传输扩散到燃料电池的电极。
② 燃料和氧化剂在电极上发生电化学反应释放或得到电子。
③ 离子通过电解质传导，电子通过外部电路传导。
④ 反应产物经流道排出燃料电池。

燃料电池中的具体电化学反应过程可以描述如下：

1）**燃料在阳极（Anode）端发生氧化反应**：在阳极催化剂的作用下，燃料被氧化，释放出电子，根据不同类型的燃料电池，可能会发生不同燃料分子的氧化反应。以氢燃料为例，氢气（H_2）在阳极处发生氧化反应，生成两个氢离子（$2H^+$）和两个电子（$2e^-$），25℃时，阳极电极电位相对氢标电位（RHE）为0V。

$$H_2 \longrightarrow 2H^+ + 2e^- \quad (V_{RHE}=0V) \quad (4\text{-}4)$$

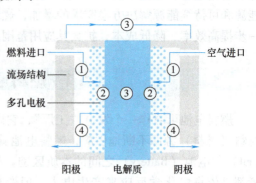

图 4-3 燃料电池的工作原理示意图
注：图中箭头表示电子和气体运动方向。

2）**电荷传输**：阳极产生的电子经外部电路，从阳极流向阴极，形成电流，同时完成对外部负载的做功。产生的 H^+ 离子（或其他离子）则穿过电解质，从阳极传输到阴极。

3）**氧化剂在阴极（Cathode）发生还原反应**：在阴极催化剂的作用下，氧化剂（通常是氧气 O_2）接受从外电路传导过来电子，并与从电解质传导过来的 H^+ 离子结合生成水。25℃时，阴极的电极电位相对氢标电位为 1.229V。

$$\frac{1}{2}O_2 + 2H^+ + 2e^- \longrightarrow H_2O \; (V_{RHE}=1.229V) \quad (4\text{-}5)$$

可以发现，燃料电池的总反应与氢氧燃烧反应式（4-1）是一致的。

4.3 燃料电池热力学

热力学是研究能量和能量转换的科学。燃料电池是能量转换装置，所以燃料电池热力学是解释化学能到电能转化的关键。对于燃料电池，热力学可以预测一个燃料电池的化学反应是否能够自发地进行。热力学也可以告诉人们反应所能产生的电压上限。因此，热力学可以给出燃料电池各个参数的理论边界。

4.3.1 基本热力学函数

热力学函数之间的关系如图 4-4 所示。

（1）**内能（U）**　在不改变温度或体积的情况下，创建一个系统所需的能量；它包括系统内的所有形式的能量，例如热能和势能。

（2）**焓（$H=U+pV$）**　创建一个系统所需的能量加上生成该系统所需体积所做的功；它表示在恒定压力下系统的能量总量。

（3）**亥姆霍兹自由能（$F=U-TS$）**　在恒温条件下，创建一个系统所需的能量减去系统从环境吸收的能量（自发热传递）；它表示在恒温条件下系统的可用能量，可以用于做功或产生热量。

（4）**吉布斯自由能（$G=U+pV-TS$）**　创建一个系统所需的能量加上生成该系统所需体积所做的功，减去由于热传递从环境中获得的能量。它也表示在恒定温度和压力下系统发生

反应时可用于做功的最大能量,即在燃料电池中有

$$\Delta G = W_{电}(电功)$$

注：上述表达式对不同的温度和压力值都是有效的,只要这些值在反应过程中不发生改变。

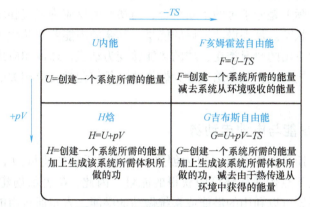

图 4-4　热力学函数之间的关系

ΔG 还可用于判断反应发生的趋势。

1) $\Delta G > 0$,非自发进行。
2) $\Delta G = 0$,平衡状态。
3) $\Delta G < 0$,自发进行。

热力学是研究热现象中物质系统在平衡时的性质和建立能量的平衡关系,以及状态发生变化时系统与外界相互作用（包括能量传递和转化）的学科,对于电化学反应体系,涉及电能与化学能之间的转化,因此电化学热力学的研究对象是电能与化学能的相互转化过程。对于燃料电池,热力学不但可以预测燃料电池反应是否可以自发进行,而且可以得到电化学反应的效率以及可获得的最大电动势。因而,热力学给出了燃料电池在"理想情况下"的理论性能。任何燃料电池都不可能超越热力学极限。除了热力学知识外,理解燃料电池的实际工作性能还需要动力学方面的知识。因为热力学虽然给出了反应发生的可能性,但不能说明反应将以什么样的速度进行,而动力学研究的正是电化学反应过程的反应速率。本章主要介绍 SOFC 的热力学、动力学及其相关内容。

4.3.2　反应焓与燃料的热潜能

燃料电池的目标是提取燃料中的内能,使之转化为更容易利用的能量形式。从燃料中提取的最大能量取决于通过什么方式（功或热）来提取燃料中的能量。下面来证明从燃料中提取的最大热能取决于反应焓（对于常压过程）。

焓的微分表达式：

$$dH = TdS + Vdp \tag{4-6}$$

压强不变的情况下（$dp = 0$）,式（4-6）简化为

$$dH = TdS \tag{4-7}$$

其中,dH 和可逆过程中的传热（dQ）相同。因此,可以认为焓是在常压条件下系统的热潜能。换句话说,对于常压反应,焓变表示反应中释放（或吸收）的热量。用 dU 来表示 dH,

考虑常压条件,有

$$dH = dU + Vdp + pdV = dU + dW = TdS \tag{4-8}$$

从这个表达式中可以看出,反应中释放(或吸收)的热量取决于系统对外界做功(dW)后的内能变化。系统的内能变化很大程度上是由于化学键的重新构造产生的。例如,前面讨论过的氢气燃烧放热实际上是分子键的重新组合,与初始的反应物氢气和氧气相比,生成物水处于一种更低的能量状态。除去做功消耗的能量,其余的内能差都转化为反应中的热量。这种情况可以与皮球滚下山的情况类比,球的势能转变为动能,球也相应地从高势能状态转变为低势能状态。与燃烧反应相关的焓变称为燃烧热,任何化学反应相关的焓变就是常说的反应焓或反应热。

4.3.3 吉布斯自由能与电池电动势

前面提到,吉布斯自由能 G 可以视为创建一个系统所需的能量加上生成该系统所需体积所做的功,减去由于热传递从环境中获得的能量,因此,G 表示创建一个系统所需的能量,也表示了一个系统可以利用的潜能或系统做功的潜能。吉布斯自由能的物理含义是在等温等压过程中,除了体积变化所做的功外,从系统所能获得的最大功。换句话说,在等温等压过程中,除了体积变化所做的功,系统对外界所做的功只能等于或者小于自由能 G 的减小。根据热力学中 G 的定义式($G = U + pV - TS$),在等温等压条件下,热力学温度 T 时,吉布斯自由能 ΔG 与反应的焓变 ΔH 和熵变 ΔS 之间的关系为

$$\Delta G = \Delta H - T\Delta S \tag{4-9}$$

由于燃料电池的工作原理是在等温条件下将燃料和氧化剂的化学能直接转化为电能。由吉布斯自由能的定义可知,自由能的变化可用式(4-10)表示:

$$dG = dU - TdS - SdT + pdV + Vdp \tag{4-10}$$

根据内能的定义并考虑燃料电池反应的做功情况(机械功和电功):

$$dU = TdS - dW = TdS - (pdV + dW_{elec}) \tag{4-11}$$

因此,dG 可以表示为

$$dG = -SdT + Vdp - dW_{elec} \tag{4-12}$$

对于一个等温等压过程($dT, dp = 0$),由此可知

$$dG = -dW_{elec} \tag{4-13}$$

因此,等温等压下,一个系统能输出的最大电功为该过程中吉布斯自由能变化的负值。一个系统做电功的潜能是用电压(也称为电势)度量的。通过在电势差 E(单位为 V)下移动电荷 Q(单位为 C)来实现电功:

$$W_{elec} = EQ = nFE \tag{4-14}$$

式中,E 为电池的电动势(可逆电压);n 是反应转移电子的摩尔数;F 是法拉第常数($F = 96485 C/mol$),由此可知:

$$\Delta G = -nFE \tag{4-15}$$

因此,吉布斯自由能决定了电化学反应的可逆电压。该方程是电化学的基本方程,它建立了电化学和热力学之间的联系。例如,在一个氢氧燃料电池中的反应:

$$H_2 + \frac{1}{2}O_2 \rightleftharpoons H_2O \tag{4-16}$$

在标准状态下，生成物液态水的吉布斯自由能的变化值为-237kJ/mol，因此，氢氧燃料电池在标准状态下的可逆电压（$E^\ominus$）为

$$E^\ominus = -\frac{\Delta G}{nF} = \left(-\frac{-237000}{2\times 96485}\right)\text{V} \approx 1.23\text{V} \tag{4-17}$$

标准状态下，热力学决定了氢氧燃料电池可获得的最高电压为1.23V。燃料电池的化学反应确定了一个电池的可逆电压。通过挑选不同的燃料电池化学反应，可以得到不同的电池可逆电压。为了得到更高的输出电压（如20V），通常就需要把若干个电池串联起来。

4.3.4 燃料电池可逆电压的预测

燃料电池的实际工况通常不是在标准状态条件下，因此电池的可逆电压会随燃料电池工作条件而发生变化。在本小节中，将讨论温度、压强及物质活度对电池可逆电压的影响规律。

1. 可逆电压随温度的变化

为了理解可逆电压如何随温度变化，需要回到吉布斯自由能的原始微分方程：

$$dG = -SdT + Vdp \tag{4-18}$$

当化学反应在恒压条件下进行时，由上式可以写出吉布斯自由能的变化随温度的变化关系：

$$\left(\frac{d\Delta G}{dT}\right)_p = -\Delta S \tag{4-19}$$

结合ΔG与电池电动势E的关系，可以得到电池可逆电压随温度的变化函数：

$$\left(\frac{dE}{dT}\right)_p = \frac{\Delta S}{nF} \tag{4-20}$$

式（4-20）给出了电池电动势随温度变化的关系，其中$\left(\frac{dE}{dT}\right)_p T$称为电池电动势的温度系数。根据热力学第二定律，对于恒温过程，其吸收或放出的热量为

$$Q_R = T\Delta S = nFT\left(\frac{dE}{dT}\right)_p \tag{4-21}$$

因此，根据$\left(\frac{dE}{dT}\right)_p$的符号可以判断电池工作时是吸热还是放热。在常压下，对于任意温度T时的电池电动势E_T，可以表示为

$$E_T = E^\ominus + \frac{\Delta S}{nF}(T-T_0) \tag{4-22}$$

从式（4-22）可以看出，在假定ΔS不是温度函数的前提下，如果该反应的ΔS为正值，则E_T将随着温度的升高而增加；而当该反应的ΔS为负值时，则E_T将随着温度的升高而减小。对于大多数燃料电池的电化学反应而言，其ΔS为负值，因此随着温度的升高燃料电池的电动势将会下降。例如，对氢氧燃料电池，$\Delta S = -44.43$J/(mol·K)（气态水）。电池电压随温度的变化可大致表示为

$$E_T = E^\ominus - (2.304\times 10^{-4}\text{V/K})(T-T_0) \tag{4-23}$$

因此，电池温度每升高100K，电池电动势大约只下降23mV。虽然燃料电池电压随温度升高而降低，但这并不表明燃料电池要在尽可能低的温度下工作，这是因为燃料电池的动力学损

耗会随着温度的升高而降低，燃料电池实际性能随着温度的升高而明显提高。

2. 可逆电压随压强的变化

和温度一样，压强对电池电压的影响也要从吉布斯自由能的微分方程开始推导：

$$dG = -SdT + Vdp \tag{4-24}$$

当化学反应在恒温条件下进行时，吉布斯自由能的变化随压强的变化关系为

$$\left(\frac{d\Delta G}{dp}\right)_T = \Delta V \tag{4-25}$$

结合吉布斯自由能与电池电动势的关系，则有：

$$\left(\frac{dE}{dp}\right)_T = -\frac{\Delta V}{nF} \tag{4-26}$$

由此可见，燃料电池的电动势随压强的变化与反应的体积变化有关，如果反应的体积变化为负，则电池的电动势会随着压强的增大而增加，其中 $\left(\frac{dE}{dp}\right)_T$ 称为电池电动势的压力系数。然而与温度一样，压强的变化对燃料电池电动势的影响也很小，计算表明，对于一般的氢氧燃料电池，氢气增压 3atm，氧气增压 5atm，电池可逆电压仅增加 15mV。

3. 可逆电压随浓度的变化——能斯特方程

为了理解可逆电压随浓度的变化，需要引入化学势的概念，化学势即为吉布斯自由能的偏摩尔量，常用 μ 表示。燃料电池的电化学反应通常发生在多相多组分系统中，因此在使用热力学判据来判断反应过程时，一般通过化学势来进行相关计算。根据化学势的定义，体系中组分 i 的化学势 μ_i 与体系的吉布斯自由能的关系为

$$\mu_i = \left(\frac{\partial G}{\partial n_i}\right)_{T,p,n_{j\neq i}} \tag{4-27}$$

式中，n_i 为体系中组分 i 的物质的量；μ_i 是物质 i 的化学势，它表示物质 i 的量有一个无穷小的增加时（当温度、压强和系统中其他物质的量保持不变时），系统的吉布斯自由能如何变化。

当改变燃料电池中化学物质的量（或浓度）时，就正在改变系统的自由能，该自由能的变化改变燃料电池的可逆电压。若要理解浓度对电池可逆电压的影响，则需要理解化学势。

根据热力学定义，μ_i 可表示为

$$\mu_i = \mu_i^\ominus + RT\ln a_i \tag{4-28}$$

式中，$\mu_i^\ominus$ 是物质 i 在标准状态下的化学势，a_i 为体系中组分 i 的活度。物质的活度取决于它的化学性质：

1）对于理想气体

$$a_i = p_i/p^\ominus$$

式中，p_i 是气体的分压；$p^\ominus$ 是标准态的压强（1atm）。例如，在 1 个大气压下，空气中氧气的活度大约是 0.21。

2）对于非理想气体

$$a_i = \gamma_i(p_i/p^\ominus)$$

式中，γ_i 是活度系数，描述气体实际状态与理想状态的偏离（$0<\gamma_i<1$）。

3）对于理想溶液

$$a_i = c_i/c^\ominus$$

式中，c_i 是物质的摩尔浓度；$c^\ominus$ 是标准态浓度（1M=1mol/L）。例如，在 0.1M 的 NaCl 溶液中 Na^+ 离子的活度是 0.10。

4）对于非理想溶液

$$a_i = \gamma_i(c_i/c^\ominus)$$

式中，γ_i 是活度系数，描述实际溶液与理想状态的偏离（$0<\gamma_i<1$）。

5）对于纯组分物质

$$a_i = 1$$

例如，一块纯金中金的活度是 1，铂电极中铂的活度是 1，液态水的活度通常被认为是 1。

对于任一化学反应过程，有：

$$\sum_i v_i n_i = 0 \tag{4-29}$$

式中，v_i 为化学式中的化学计量系数（Stoichiometric Factor），生成物取正值，反应物取负值。

随着反应的进行，各组分物质的量均会发生变化，系统的吉布斯自由能也会随之改变，对于燃料电池系统而言，一般认为在恒温恒压下运行，则有：

$$dG = \sum_i \mu_i dn_i = \sum_i (\mu_i^\ominus + RT\ln a_i) dn_i \tag{4-30}$$

即

$$\Delta G = \sum_i v_i \mu_i = \sum_i v_i \mu_i^\ominus + RT \sum_i v_i \ln a_i \tag{4-31}$$

式中，$\sum_i v_i \mu_i^\ominus$ 称为反应的标准吉布斯自由能变化，用 $\Delta G^\ominus$ 表示。

$$\Delta G^\ominus = -RT\ln K \tag{4-32}$$

式中，K 为化学反应的平衡常数。

则化学反应过程吉布斯自由能的变化可以表示为

$$\Delta G = \Delta G^\ominus + RT \sum_i v_i \ln a_i \tag{4-33}$$

代入公式 $\Delta G = -nFE$ 中，可得：

$$E = E^\ominus - \frac{RT}{nF} \sum_i v_i \ln a_i \tag{4-34}$$

$$E^\ominus = \frac{RT}{nF} \ln K \tag{4-35}$$

式中，$E^\ominus$ 为电池标准电动势，$E^\ominus$ 仅是温度的函数。与反应物的浓度、压力无关。

对于一般的燃料电池反应：

$$aA + \beta B \rightarrow \gamma C + \delta D \tag{4-36}$$

自由能的变化表示如下：

$$\Delta G = \Delta G^\ominus + RT\ln \frac{a_C^\gamma a_D^\delta}{a_A^\alpha a_B^\beta} \tag{4-37}$$

因此，可以得到：

$$E = E^{\ominus} - \frac{RT}{nF} \ln \frac{a_C^{\gamma} a_D^{\delta}}{a_A^{\alpha} a_B^{\beta}} \tag{4-38}$$

对于任意反应，该等式可以写成一个通用的形式：

$$E = E^{\ominus} - \frac{RT}{nF} \ln \frac{\prod a_{products}^{v_i}}{\prod a_{reactants}^{v_i}} \tag{4-39}$$

以燃料电池中常见的氢氧反应式（4-16）为例，该反应的能斯特方程为

$$E = E^{\ominus} - \frac{RT}{2F} \ln \frac{a_{H_2O}}{a_{H_2} a_{O_2}^{1/2}} \tag{4-40}$$

能斯特方程说明，对于整个电池反应，其总的电动势随着反应物活度或浓度的提高而增加。如果已知电池在标准条件下的标准电势，则电池在特定条件下的理论电势即可由能斯特方程求得。对于低温工作的燃料电池，产物水是液态水，其活度是1，因此电池电势主要受氢气和氧气的分压影响；对于高温工作的燃料电池，产物为气态水，此时其活度不是1，而是需要根据此时的水蒸气分压来计算电池的电动势。

4.3.5 燃料电池的效率

效率是衡量任何能量转化装置的一个非常重要的指标。对于燃料电池而言，由于燃料电池是将燃料的化学能经电化学反应直接转化为电能，不受卡诺（Carnot）极限效率的限制，因此如果燃料电池在可逆情况下运行，其理想效率可以达到100%，即在可逆条件下，所有的吉布斯自由能都将转化为电能。任一燃料电池的热力学最大效率（可逆热力学效率，理想效率）为

$$\eta_{id} = \frac{\Delta G}{\Delta H} \tag{4-41}$$

然而燃料电池在实际运行中并非在理想的可逆条件下，这使得燃料电池的实际效率总是要低于其可逆热力学效率，这主要是由电压损失与燃料利用不完全导致的，因此燃料电池的实际效率（η_{real}）可以表示为

$$\eta_{real} = \eta_{id} \eta_{voltage} \eta_{fuel} \tag{4-42}$$

式中，$\eta_{voltage}$为燃料电池的电压效率；η_{fuel}为燃料的利用率。

1）燃料电池的电压效率$\eta_{voltage}$：具体表现为燃料电池的不可逆动力学影响所引起的损耗。要使燃料电池在可逆条件下运行的首要条件是电池的输出电流无穷小，这显然与实际情况不符。燃料电池的实际电压效率是由实际工作电压（V）和可逆电压（E）的比值决定的：

$$\eta_{voltage} = \frac{V}{E} \tag{4-43}$$

需要注意的是，因为燃料电池的实际工作电压是输出电流的函数，所以$\eta_{voltage}$会随着电流的变化而变化，电流负载越高，电压效率越低。所以，燃料电池在低负载的情况下效率较高。

2）燃料的利用率η_{fuel}：是指完全参与电化学反应的燃料占供给电池的燃料的比例，因为在燃料电池实际运行时，或多或少会有部分燃料参与副反应，还有部分燃料流经电池电极

而未参与电化学反应并随尾气排出燃料电池系统。若以 v_{fuel}（mol/s）的速率为燃料电池提供燃料，完全反应即 η_{fuel} 为 100% 时产生的电流为 i，根据法拉第定律，有：

$$v_{\text{fuel}} = \frac{i}{nF} \tag{4-44}$$

实际运行时，由于燃料利用不完全，往往会给燃料电池提供更多的燃料。实际为燃料电池提供的燃料量是根据电流来调节的，一般用化学当量因子 λ 来衡量，即

$$\lambda = \frac{v_{\text{fuel}}}{i/(nF)} \tag{4-45}$$

根据燃料电池的电流，就可以确定化学当量因子与供气速率的关系，一般而言，对于氢氧燃料电池，氢气的化学当量因子控制在 1.1~1.5，而氧化剂就大得多，那么燃料的利用率表示为

$$\eta_{\text{fuel}} = \frac{1}{\lambda} = \frac{i/(nF)}{v_{\text{fuel}}} \tag{4-46}$$

综合热力学影响、不可逆动力学损失及燃料的利用率，可以得到燃料电池的实际效率：

$$\eta_{\text{real}} = \frac{\Delta G}{\Delta H} \frac{V}{E} \frac{i/(nF)}{v_{\text{fuel}}} \tag{4-47}$$

由此可见，燃料电池的实际效率与发生在电池内部的化学反应、导电性及燃料的质量传输都有关系，这些问题将在接下来的电极过程动力学中探讨。

4.4 燃料电池反应动力学

燃料电池反应动力学讨论的是燃料电池反应如何发生的具体细节。在最基本的层面上，燃料电池反应（或者任何电化学反应）包含在电极表面与邻近电极表面的化学物质之间的电子传输。前面，已经学习了燃料电池热力学的相关知识，讨论了燃料电池的电极电势。在本节中，将学习电化学反应的动力学，即学习燃料电池反应的快慢问题，并探讨电子传输过程发生的机理。每一个电化学反应的结果都会导致一个或多个电子的传输，所以燃料电池产生的电流取决于电化学反应的速率。因而提高电化学反应的速率对于燃料电池性能的改善是至关重要的。

4.4.1 电流与反应速率之间的关系

燃料电池的电极电化学反应会产生或消耗电子，电化学反应产生的电流 i 是一种电化学反应速率的直接度量。电流的单位是安培（A），1 安培等于 1 库仑每秒（C/s）。根据法拉第定律可知

$$i = \frac{dQ}{dt} \tag{4-48}$$

式中，Q 代表电荷；t 为达标时间。

电流表示电荷传输的速率，如果每个电化学反应能导致 n 个电子的传输，则：

$$i = nF \frac{dN}{dt} \tag{4-49}$$

式中，dN/dt 是电化学反应的速率（mol/s）；F 是法拉第常数。

即，电流可以表示电化学反应的速率。

由于电化学反应仅发生在界面处，所以产生的电流通常直接同界面的面积成正比。将反应的有效界面面积翻倍，将使反应速率翻倍。因而，电流密度（单位面积上的电流）比电流更基本，它使得不同界面发生的反应可以以单位面积为基础进行比较。电流密度通常以 A/cm^2 为单位表示：

$$j=\frac{i}{A} \tag{4-50}$$

式中，A 代表面积（cm^2），它反映了单位电极面积上的电化学反应速率。同电流密度的方式相似，电化学反应的速率也可以以单位面积为基础表示，设定单位面积反应速率的符号为 v，则可以推导出反应速率与电流密度之间的关系：

$$v=\frac{1}{A}\frac{dN}{dt}=\frac{i}{nFA}=\frac{j}{nF} \tag{4-51}$$

需要注意的是，由于燃料电池都采用多孔气体扩散电极，反应是在整个电极的立体空间内的三相（气、液、固）界面上进行的。对任何形式的多孔气体扩散电极，由于电极反应界面的真实面积是很难计算的，通常以电极的几何面积来计算电池的电流密度，所得到的电流密度称为表观电流密度，以此来表示燃料电池的反应速率。因此，在讨论电极材料的本征催化活性时，需要尽可能地保证电极的真实表面积相同。

电化学反应的速率都是有限的，这意味着电化学反应所产生的电流是有限的。从能量角度，由于反应能垒的存在（反应活化能，Activation Energy）会阻碍反应物向生成物的转化，反应物越过活化能的概率决定了反应发生的速率。统计力学论点认为一个物质处于活化态的概率可表示为

$$P_{act}=e^{\frac{-\Delta G}{RT}} \tag{4-52}$$

式中，P_{act} 表示反应物处于活化态的概率；ΔG 表示反应活化能（即反应物与活化态之间自由能的差值，有时也用 E_a 表示）；R 为气体常数；T 为绝对温度。

由此，可以将电化学反应速率表示为

$$v=c_R^* f e^{\frac{-\Delta G}{RT}} \tag{4-53}$$

式中，v 代表从反应物到生成物的反应速率；c_R^* 是反应物在电极表面的浓度；f 是处于活化态的反应物转变到生成物的速率，它取决于活化物质的寿命和它转化为生成物的可能性。

如果假设处于活化态的反应物转化成反应物或生成物的可能性是相等的。此时，$f=kT/h$，则反应速率可以写成：

$$v=c_R^* \frac{kT}{h} e^{\frac{-\Delta G}{RT}} \tag{4-54}$$

式中，k 为玻尔兹曼常数；h 为普朗克常数。

通常将 f 用 $\vec{k}$（也称为指前因子）表示，上式则变为

$$v=c_R^* \vec{k} e^{\frac{-\Delta G}{RT}} \tag{4-55}$$

由于每一个电极反应同时存在正向反应和逆向反应，净反应速率为正向反应和逆向反应的速率差。例如，燃料电池中氢的化学吸附反应可以分解成正向反应和逆向反应：

正向反应： $\qquad$ M⋯H→(M+e′)+H⁺ $\qquad$ (4-56)

逆向反应： $\qquad$ M⋯H←(M+e′)+H⁺ $\qquad$ (4-57)

设正向反应的速率为 $\vec{v}$，逆向反应的速率为 $\overleftarrow{v}$。净反应速率则为

$$v = \vec{v} - \overleftarrow{v} \tag{4-58}$$

当一个电极反应的正向反应和逆向反应速率相等时，表明此时电极处于平衡状态。当正向反应和逆向反应不相等时，电极就有净电流产生。净反应速率还可进一步写成：

$$v = c_R^* \vec{k} e^{\frac{-\overrightarrow{\Delta G}}{RT}} - c_P^* \overleftarrow{k} e^{\frac{-\overleftarrow{\Delta G}}{RT}} \tag{4-59}$$

式中，c_R^* 是反应物在电极表面的浓度；$\vec{k}$ 和 $\overleftarrow{k}$ 为正反应和逆反应的反应常数；c_P^* 是生成物在电极表面的浓度；$\overrightarrow{\Delta G}$、$\overleftarrow{\Delta G}$ 为正、逆反应的活化能。

由此可知，净反应速率与反应物和生成物的浓度还有正、逆反应的活化能有关。

对于燃料电池，实际上更关心电化学反应产生的电流，因此用电流密度 j 来表示反应速率 v，则有：

正向电流密度 $\vec{j}$：

$$\vec{j} = nFc_R^* \vec{k} e^{\frac{-\overrightarrow{\Delta G}}{RT}} \tag{4-60}$$

逆向电流密度 $\overleftarrow{j}$：

$$\overleftarrow{j} = nFc_P^* \overleftarrow{k} e^{\frac{-\overleftarrow{\Delta G}}{RT}} \tag{4-61}$$

在热力学平衡状态下，电极没有净反应发生，正向电流密度等于逆向电流密度，等于 j_0。

$$\vec{j} = \overleftarrow{j} = j_0 \tag{4-62}$$

将 j_0 称为电极电化学反应的交换电流密度，虽然在平衡条件下，净反应速率为零，但正向反应和逆向反应都以 j_0 的速率进行，即处于动态平衡状态。

4.4.2 电极电势与电流密度之间的关系：Butler-Volmer 方程

1. 电极的极化

当电极上有电流通过时，电极电位（也称电极电势，用 φ 表示）偏离其平衡电位的现象称为电极的极化。电极电位偏离平衡电位向负移称为阴极极化（η_c），向正移为阳极极化（η_a）。在一定的电流密度下，电极电位 φ 与平衡电位 $\varphi_平$ 的差值称为该电流密度下的过电位，用符号 η 表示，即

$$\eta = \varphi - \varphi_平 \tag{4-63}$$

式中，η 是表征有电流通过时，电极电位偏离平衡电位程度的参数，η 习惯上取正值。

因此规定：

阴极极化： $\qquad$ $\eta_c = \varphi_平 - \varphi_c$

阳极极化： $\qquad$ $\eta_A = \varphi_A - \varphi_平$

2. 电极电位对反应活化能的影响

电极电位 φ 作用在电极上时，会改变电极反应的活化能，从而影响电极反应的反应速率。其具体关系式可表示如下：

对于正反应：
$$\overrightarrow{\Delta G} = \overrightarrow{\Delta G^0} + \alpha nF\varphi \tag{4-64}$$

对于逆反应：
$$\overleftarrow{\Delta G} = \overleftarrow{\Delta G^0} - \beta nF\varphi \tag{4-65}$$

式中，φ 为电极的相对电位；ΔG^0 为电位坐标为零点（$\varphi=0$）时的反应活化能；α、β 分别表示电极电位对正、逆反应活化能的影响程度，称为传递系数或对称系数，且 $\alpha+\beta=1$，通常情况下，对大多数单电子反应而言，$\alpha=\beta=0.5$。

设电极反应为
$$O + e^- = R \tag{4-66}$$

式中，O 为参与反应的氧化物；R 为还原产物。用电流密度表示反应的速率则有：

$$\vec{j} = F\vec{k}c_O^* \exp\left(-\frac{\overrightarrow{\Delta G^0}+\alpha F\varphi}{RT}\right) = F\vec{K}c_O^* \exp\left(-\frac{\alpha F\varphi}{RT}\right) \tag{4-67}$$

$$\overleftarrow{j} = F\overleftarrow{k}c_R^* \exp\left(-\frac{\overleftarrow{\Delta G^0}-\beta F\varphi}{RT}\right) = F\overleftarrow{K}c_R^* \exp\left(\frac{\beta F\varphi}{RT}\right) \tag{4-68}$$

式中，$\vec{K}$、$\overleftarrow{K}$ 分别为电位坐标为零点（$\varphi=0$）时的反应速率常数。

即
$$\vec{K} = \vec{k}\exp\left(-\frac{\overrightarrow{\Delta G^0}}{RT}\right) \tag{4-69}$$

$$\overleftarrow{K} = \overleftarrow{k}\exp\left(-\frac{\overleftarrow{\Delta G^0}}{RT}\right) \tag{4-70}$$

当电极电位 φ 等于平衡电位 $\varphi_平$ 时，电极上正逆反应处于动态平衡，则 $\vec{j}=\overleftarrow{j}$，此时可以得到交换电流密度的表达式，即

$$j_0 = F\vec{K}c_O^* \exp\left(-\frac{\alpha F\varphi_平}{RT}\right) = F\overleftarrow{K}c_R^* \exp\left(\frac{\beta F\varphi_平}{RT}\right) \tag{4-71}$$

用交换电流密度来表示正逆反应的速率，则有：

$$\vec{j} = j_0 \exp\left(-\frac{\alpha F}{RT}\Delta\varphi\right) \tag{4-72}$$

$$\overleftarrow{j} = j_0 \exp\left(\frac{\beta F}{RT}\Delta\varphi\right) \tag{4-73}$$

式中，$\Delta\varphi$ 为电极电位与平衡电位的差值，称为极化值，且满足 $\Delta\varphi=\varphi-\varphi_平$。根据正、逆反应的速率可以得到电极反应的净反应速率 j 的表达式：

$$j = j_0\left[\exp\left(-\frac{\alpha F}{RT}\Delta\varphi\right) - \exp\left(\frac{\beta F}{RT}\Delta\varphi\right)\right] \tag{4-74}$$

上式即为单电子电极反应的速率方程，也称巴特勒-福尔默（Butler-Volmer, B-V）方程。对于一次转移 n 个电子的反应而言（注：通常 n 不会超过 2），该方程则为

$$j = j_0\left[\exp\left(-\frac{\alpha nF}{RT}\Delta\varphi\right) - \exp\left(\frac{\beta nF}{RT}\Delta\varphi\right)\right] \tag{4-75}$$

上式中 $\Delta\varphi$ 实际上是电极过电位 η，只是 $\Delta\varphi$ 有正负之分。对与燃料电池的阴极，其发生净还原反应，阴极的过电位为 η_C；而阳极发生净氧化反应，阳极的过电位为 η_A，因此有 $\eta_A=$

$\Delta\varphi$,$\eta_\mathrm{C}=-\Delta\varphi$。因此式（4-75）还可以根据阴极和阳极的反应改写成：

$$j_\mathrm{C}=j_0\left[\exp\left(\frac{\alpha F}{RT}\eta_\mathrm{C}\right)-\exp\left(-\frac{\beta F}{RT}\eta_\mathrm{C}\right)\right] \tag{4-76}$$

$$j_\mathrm{A}=j_0\left[\exp\left(\frac{\beta F}{RT}\eta_\mathrm{A}\right)-\exp\left(-\frac{\alpha F}{RT}\eta_\mathrm{A}\right)\right] \tag{4-77}$$

由于 α、β 均为传递系数，因此对于一般的电极反应而言，上式可以改写成更普适性的形式：

$$j=j_0\left[\exp\left(\frac{\alpha nF}{RT}\eta\right)-\exp\left(-\frac{(1-\alpha)nF}{RT}\eta\right)\right] \tag{4-78}$$

3. Butler-Volmer 方程的简化

在燃料电池运行并输出电流时，电极电位与平衡电位发生了偏离，阴极电压降低，阳极电压升高，导致电池输出电压相较于开路电压降低，电池输出电压偏离理论开路电压的大小称为燃料电池的活化损失（η_act）。在研究燃料电池的活化过电位时，Butler-Volmer 方程过于复杂，需要对 Butler-Volmer 方程进行近似简化处理。

（1）当 η_act 很小时　Butler-Volmer 方程可以按照级数展开，并略去级数展开式中的高次项，可以得到电极反应的活化过电位 η_act 与电流密度之间的关系：

$$j=j_0\frac{nF}{RT}\eta_\mathrm{act} \tag{4-79}$$

此时，电流和过电位呈线性关系，且满足欧姆定律。将上式改写为

$$\frac{\eta_\mathrm{act}}{j}=\frac{RT}{nFj_0}=R_\mathrm{act} \tag{4-80}$$

式中，R_act 即为电化学反应电阻，交换电流密度越大，电化学反应电阻越小。

由此可以看出，提高交换电流密度有利于降低电极活化过电位 η_act。根据式（4-71）可知，提高 j_0 的措施有：

1）增加反应物的浓度 c_R。
2）降低反应活化能 ΔG，即增加电极催化剂的活性。
3）提高反应温度 T。
4）增加电极反应活性位点数目，即增加前面提到的 f。

（2）当 η_act 很大时　Butler-Volmer 方程中第二指数项可以忽略，即逆向反应产生的电流密度可以忽略，则 Butler-Volmer 方程可以表示为

$$j_\mathrm{C}=j_0\exp\left(\frac{\alpha F}{RT}\eta_\mathrm{C}\right) \tag{4-81}$$

$$j_\mathrm{A}=j_0\exp\left(\frac{\beta F}{RT}\eta_\mathrm{A}\right) \tag{4-82}$$

对上式两边取对数，整理得

$$\eta_\mathrm{C}=-\frac{RT}{\alpha nF}\ln j_0+\frac{RT}{\alpha nF}\ln j_\mathrm{C} \tag{4-83}$$

$$\eta_\mathrm{A}=-\frac{RT}{\beta nF}\ln j_0+\frac{RT}{\beta nF}\ln j_\mathrm{A} \tag{4-84}$$

写成一般形式即为

$$\eta = -\frac{RT}{\alpha nF}\ln j_0 + \frac{RT}{\alpha nF}\ln j \quad (4\text{-}85)$$

令 $a = -\frac{RT}{\alpha nF}\ln j_0$，$b = \frac{RT}{\alpha nF}$，即可得到塔菲尔（Tafel）经验公式：

$$\eta = a + b\ln j \quad (4\text{-}86)$$

式中，b 为 Tafel 曲线的斜率。

图 4-5 是典型的电化学反应 Tafel 极化曲线，从图中也可以看出降低电极的 Tafel 斜率是降低活化过电位的重要途径。

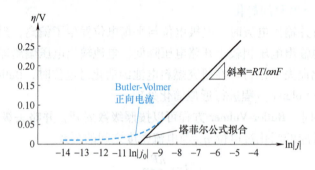

图 4-5　典型的电化学反应 Tafel 极化曲线

4. 浓差极化（η_{conc}）

燃料电池中，燃料和氧化气需要通过传质过程到达电极表面参与反应。传质方式主要包括：对流、扩散和电迁移三种。

（1）对流　对流是指流体（气态或液态）中各部分的相对运动，包括因密度差（浓度差、温度差）而产生的自然对流和因外力推动（搅拌、压力差）而产生的强制对流。

（2）扩散　扩散是指在化学位差或其他推动力的作用下，某组分从高浓度区域向低浓度区域移动所引起的物质在空间的迁移现象。最普遍的推动力为浓度梯度，其本质是化学势梯度。

（3）电迁移　电迁移是指带电粒子在电场作用下的定向移动，其推动力为电场力。

前面讲到，电极电位受电极表面反应物浓度影响，因此当反应物的传质过程成为电极反应的限速步骤时，燃料电池受浓差极化控制。例如，让燃料气和氧化气的供应受阻时，电极表面的反应物浓度迅速下降，电极电位快速降低，从而导致燃料电池的开路电压急剧下降。在燃料电池中常用 η_{conc} 代表浓差极化引起的电池电压的损失，其表达式为

$$\eta_{conc} = \frac{RT}{nF}\left(1 + \frac{1}{\alpha}\right)\ln\frac{j_L}{j_L - j} = c\ln\frac{j_L}{j_L - j} \quad (4\text{-}87)$$

式中，j_L 为极限电流密度，它表示燃料电池电极表面反应物浓度下降到 0 时，电池所具有的最大电流密度；c 为常数。

5. 欧姆极化

燃料电池中的欧姆极化（η_{ohm}）主要来源于燃料电池电解质、电极、连接体等部件本身的电阻以及各部件之间的接触电阻所引起的电压损失，即

$$\eta_{ohm} = IR_{ohm} \tag{4-88}$$

式中，I 为燃料电池的输出电流；R_{ohm} 为燃料电池的总电阻，包括电子、离子和接触电阻。

由于燃料电池一般输出电压较小，而输出电流较大，即使一个很小的电阻也会造成相当可观的电压损失。因此，需要尽可能地降低燃料电池的欧姆电阻。由于电解质的离子电导率通常只有 0.1~0.01S/cm，因此电解质是欧姆电阻的主要贡献部件，开发高离子电导率电解质是获得高性能燃料电池的关键，此外，降低电解质的厚度也可以有效降低欧姆电阻。

6. 燃料电池电压预测模型

为了更好地预测燃料电池的输出电压，优化燃料电池性能，研究者建立了燃料电池的电压预测模型：

$$V = E_{thermo} - \eta_{act} - \eta_{ohmic} - \eta_{conc} \tag{4-89}$$

式中，V 表示燃料电池的工作电压；E_{thermo} 表示燃料电池的热力学理论电压；η_{act} 表示由反应动力学引起的活化损耗；η_{ohmic} 表示欧姆极化损耗；η_{conc} 表示由质量传输引起的浓度极化损耗。

根据前面讨论的各种极化损耗与电流密度之间的关系，上式可以改写为

$$V = E_{thermo} - (a_A + b_A \ln j) - (a_C + b_C \ln j) - jASR_{ohmic} - c\ln\frac{j_L}{j_L - j} \tag{4-90}$$

式中，$\eta_{act} = (a_A + b_A \ln j) + (a_C + b_C \ln j)$，表示基于 Tafel 方程表示的阳极（A）和阴极（C）的活化损耗；$\eta_{ohmic} = jASR_{ohmic}$，表示基于电流密度和 ASR 的欧姆电阻损耗；$\eta_{conc} = c\ln\frac{j_L}{j_L - j}$，表示燃料电池的浓差极化损耗。

由于在燃料电池动力学损耗中采用了 Tafel 近似，所以该模型只有在 $j \gg j_0$ 时才有效。对于低电流密度区域的更为精细的建模，需要采用 Bulter-Volmer 方程的完成形式。如图 4-6 所示，在小电流时，燃料电池主要受活化极化控制；在大电流区，电池主要受浓差极化控制，中间区域主要受欧姆极化影响。

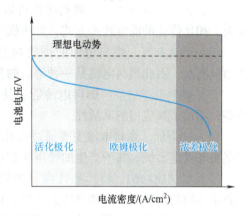

图 4-6 典型的燃料电池电流-电压曲线

4.5 燃料电池的结构、特点及其分类

4.5.1 燃料电池的基本构成

如图 4-7 所示，单电池是燃料电池的核心单元，它由阳极（Anode）、电解质（Electrolyte）和阴极（Cathode）三个部分组成，它们的性质决定了燃料电池的电化学性能，是燃料电池研究中最受关注的组件。单电池通过双极板串联组成电堆，以提高燃料电池的输出功率。双极板主要起收集电子和引导反应气体的作用。不同类型燃料电池的组成结构有较大的区别，使用的材料和具体结构特点将在后面的章节中详细阐述。

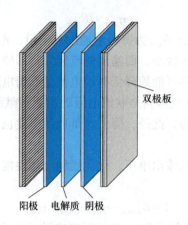

图 4-7 燃料电池基本结构示意图

4.5.2 燃料电池的特点

燃料电池作为一种可以实现物质与能量相互转化的电化学装置，具有以下突出的特点：

(1) **能量转化效率高**　燃料电池可以直接将燃料中的化学能转换为电能，减少了能量损失。相比传统的能源转换方式，如内燃机，燃料电池的能量转化效率更高（45%~60%）。

(2) **环境友好**　燃料电池的排放物主要是水和 CO_2，特别是在使用氢气作为燃料时，产物只有水，因此燃料电池是一种清洁的发电技术。

(3) **燃料适应性广**　燃料电池能够使用多种类型的燃料发电，包括氢气、天然气、甲醇等，增加了其应用的灵活性。

(4) **噪声低**　燃料电池主要通过电化学反应产生电力，系统中的运动部件少，相比于内燃机等发电系统，其所产生的噪声非常低。

(5) **模块化结构，可扩展性强**　燃料电池系统可以根据需要进行模块化设计和扩展，以满足不同的功率需求，功率覆盖范围：1kW~1MW。

(6) **应用领域广**　燃料电池可用于多种应用场景，包括便携式电源、备用电源、交通工具（如汽车、公交车、火车和船只）电源及分布式电站等。

尽管燃料电池有很多优点，但在商业化方面仍面临诸多挑战，主要包括燃料电池的成本和寿命，以及氢燃料的制备、储存与运输等问题。

4.5.3 燃料电池的分类

在燃料电池中，电解质材料决定了燃料电池的具体工作原理、工作温度及所匹配的电极材料和连接组件，因此在燃料电池领域，常根据电解质材料的类型来区分燃料电池的种类。常见的燃料电池类型如下：

(1) **质子交换膜燃料电池（Proton Exchange Membrane Fuel Cells，PEMFC）**　PEMFC 使用质子交换膜作为电解质，工作温度通常在 60~80℃。PEMFC 对燃料的纯度要求高，主要使用高纯氢气作为燃料，适用于交通运输和便携式电源领域。

(2) **固体氧化物燃料电池（Solid Oxide Fuel Cells，SOFC）**　SOFC 使用固体氧化物材料

作为电解质，工作温度较高，通常工作在 600~1000℃。SOFC 可以使用多种燃料，包括氢气、天然气及生物质气体燃料，适用于固定式和分布式电站、家庭热电联产系统等领域。

(3) 熔融碳酸盐燃料电池（Molten Carbonate Fuel Cells，MCFC） MCFC 使用熔融碳酸盐混合物作为电解质，工作温度在 600~700℃。MCFC 能够直接使用天然气等碳氢化合物作为燃料，常用于固定式发电站。

(4) 碱性燃料电池（Alkaline Fuel Cells，AFC） AFC 使用碱性溶液（如氢氧化钾）作为电解质，工作温度在 60~250℃。AFC 对氢燃料和氧化剂的纯度要求高，主要用于太空领域。

(5) 磷酸燃料电池（Phosphoric Acid Fuel Cells，PAFC） PAFC 使用磷酸作为电解质，工作温度在 150~200℃。PAFC 可以使用纯度较低的氢气作为燃料，主要用于固定式电站和热电联产系统。

(6) 直接甲醇燃料电池（Direct Methanol Fuel Cells，DMFC） DMFC 是一种特殊类型的 PEMFC，它可以直接使用甲醇溶液作为燃料，工作温度通常低于 100℃。DMFC 适合用作便携式电子设备的备用电源。

(7) 阴离子交换膜燃料电池（Anion Exchange Membrane Fuel Cells，AEMFC） AEMFC 是一种新兴的燃料电池，它使用能够传导阴离子（通常是氢氧根离子 OH^-）的膜作为电解质。这种燃料电池在理论上能够使用更广泛的燃料，并可降低电池系统的成本。作为一种新兴技术，它目前仍处在实验室研究阶段。

每种类型的燃料电池有其独有的工作原理、工作温度范围、应用场景和燃料要求。表 4-1 给出了几种典型燃料电池的基本信息。低温燃料电池适用于交通运输等移动电源领域，高温燃料电池则适用于固定式和分布式发电站领域。目前最具商业应用前景的燃料电池主要是 PEMFC 和 SOFC，后面章节将对这两类燃料电池的工作原理、电池结构、关键材料等相关知识进行详细阐述。

表 4-1 几类典型燃料电池基本信息

	PEMFC	PAFC	AFC	MCFC	SOFC
电解质	聚合物膜	H_3PO_4	KOH	碳酸盐	陶瓷
电解质中的载流子	H^+	H^+	OH^-	CO_3^{2-}	O^{2-}
操作温度	80℃	200℃	60~220℃	650℃	600~1000℃
催化剂	铂	铂	铂	镍	镍、钙钛矿
燃料	氢、甲醇	氢	氢	氢、甲烷	氢、甲烷、合成气等

第 5 章

质子交换膜燃料电池

5.1 质子交换膜燃料电池概述

5.1.1 PEMFC 工作原理

质子交换膜燃料电池（PEMFC）名称来源于其内部传导氢离子（即质子）的固体电解质膜——质子交换膜（PEM）。PEMFC 使用氢气和氧气（或空气）作为燃料和氧化剂，通常工作于 80℃，属于低温燃料电池。

PEMFC 的催化剂材料通常紧密负载于质子交换膜两侧，因此其电极反应发生于酸性环境。它的电极反应式和总反应式为

$$阴极：\frac{1}{2}O_2 + 2e^- + 2H^+ \longrightarrow H_2O \tag{5-1}$$

$$阳极：H_2 \longrightarrow 2H^+ + 2e^- \tag{5-2}$$

$$总反应：H_2 + \frac{1}{2}O_2 \longrightarrow H_2O \tag{5-3}$$

和其他燃料电池类似，PEMFC 的两侧电极多称为阴极和阳极。传统上将发生氧化反应的电极称为阳极，其电势低，相当于其他电池体系的负极；发生还原反应的电极称为阴极，其电势高，相当于其他电池体系的正极。因此，PEMFC 的阴极是氧电极，发生氧气还原反应，阳极是氢电极，发生氢气氧化反应。

PEMFC 的基本工作原理如图 5-1 所示。就电子输运而言，电子产生于阳极催化剂表面的氢气氧化反应，经由电极的导电骨架向外传递进入外电路，流经负载对外做功后从阴极一侧进入电池，参与阴极催化剂表面的氧气还原反应。就物质输运而言，氢气在阳极催化剂表面发生氧化，产生的质子透过质子交换膜进行传输，在膜另一侧的阴极催化剂表面参与氧气还原反应生成水。生成的水大部分被未参与反应的氧气带出电池。

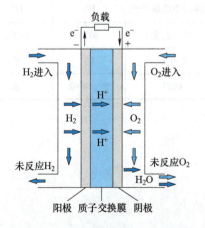

图 5-1 PEMFC 的基本工作原理

5.1.2 PEMFC 基本组成

PEMFC 的单电池由内到外<u>由质子交换膜及其两侧的催化层、气体扩散层和流场板组成</u>。PEMFC 单电池主要由质子交换膜、催化层、气体扩散层和流场板等组成，其基本结构如图 5-2 所示。

(1) <u>质子交换膜</u>　质子交换膜是电池的核心组件，作为固态电解质在电池中传导电化学反应产生或消耗的质子，保证电流在电池内部连续流动。<u>目前比较成熟的商业化质子交换膜是全氟磺酸树脂膜</u>。

(2) <u>催化层</u>　由于 PEMFC 的反应物通常是氢气和氧气（或空气）等气体，其电化学反应通常在特定的固体电极上以电催化形式进行。位于质子交换膜两侧，主要由电催化剂构成的催化层是 PEMFC 中发生电化学反应的场所。<u>PEMFC 目前使用的催化剂是高度分散于活性炭表面的纳米级贵金属 Pt 基材料</u>。

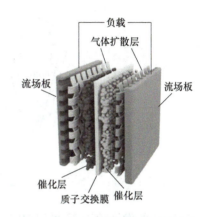

图 5-2　PEMFC 单电池的基本结构

(3) <u>气体扩散层</u>　为了向催化层供应反应物气体、排出产物，催化层外需要气体扩散层。<u>PEMFC 所用的气体扩散层通常是经疏水处理的炭纸或炭布，在物质传输之外还起到导电和导热作用</u>。

(4) <u>流场板</u>　在宏观尺度向催化层均匀提供反应物，依赖气体扩散层外侧的流场板。<u>流场板通常是石墨或金属等耐蚀性好的导体材料制成，表面加工有流场供气体均匀供应</u>。

由于 PEMFC 单电池输出电压只能达到 0.7V 左右，难以满足实际使用场景的需求，因此在实际使用时 PEMFC 总是以多片单电池串联的形式工作，称为电堆（见图 5-3）。此时位于两个单电池中间的流场板被两侧共用，流场板两侧分别加工有阴极流场和阳极流场，一块流场板同时向两侧的单电池传递反应物气体，称为双极板，它在电堆中的位置如图 5-3 中 5 所示。在双极板上，电子由阳极氢气氧化反应提供，直接传递至相邻单电池的阴极，继续参与氧气还原反应，只有电堆最外侧的流场板与外电路直接连通，将电子引出/导入整个电堆。

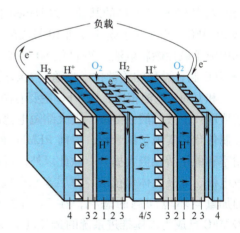

图 5-3　PEMFC 电堆结构和物质输运示意图
1—质子交换膜　2—催化层　3—气体扩散层
4—流场板　5—双极板

5.1.3 PEMFC 发展简史

1838 年，英国物理学家 William Grove 发现电解水后铂电极上存留的氢气和氧气可以对外输出电流，这便是最早的燃料电池雏形，称为 Grove 电池，其示意图如图 5-4 所示。以现在的视角来看，工作于酸性环境的 PEMFC 和近 200 年前燃料电池雏形在基本原理方面仍十分相似：两者均使用固体贵金属催化氢气氧化和氧气还原，电池内部的电流传导均依赖于质子。

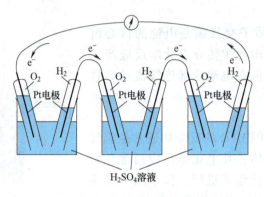

图 5-4　Grove 电池示意图

PEMFC 的发展始于 20 世纪 60 年代，早期称为聚合物电解质燃料电池（Polymer Electrolyte Membrane Fuel Cell）。1955 年，美国通用电气公司的 Willard Thomas Grubb 和 Lee Niedrach 使用硫酸化的聚苯乙烯离子交换膜作为电解质，Pt 作为电极材料，发明了一种小巧灵活 PEMFC。但早期的质子交换膜稳定性不佳，直至 20 世纪 60 年代，美国杜邦（DuPont）公司开发出基于全氟磺酸树脂的新型离子交换膜，质子传导率和寿命大幅提升，奠定了长寿命高功率 PEMFC 发展的基础。以 Nafion 膜为电解质，通用电气公司研制了高负载铂黑的新型 PEMFC，并在双子座 5 号到 10 号飞船上成功应用。但在阿波罗计划和航天飞机项目的竞标中败于碱性燃料电池。20 世纪 80 年代，在加拿大政府的支持下 Ballard Power 公司攻克了 PEMFC 制备过程的关键技术难题，大幅提升了 PEMFC 的综合性能。

和 Grove 电池相比，PEMFC 主要有两点最为显著的区别。其一在于 PEMFC 使用固态电解质取代了液态酸性溶液，极大缩短电池两极间距，降低电池中的离子传输阻力；其二是贵金属催化剂实现了纳米化，目前 PEMFC 使用纳米催化剂，Pt 的粒径仅有 2～3nm，贵金属利用率和催化活性极大提升。除此以外，得益于近 70 年间多项技术的发展与进步，如气体扩散电极、电极立体化技术、薄层亲水电极等，PEMFC 的性能获得极大提升。随着能源危机的加重与环境问题的恶化，在 21 世纪的今天迎来了 PEMFC 新一轮发展热潮。目前，PEMFC 已成为潜艇推进系统的最佳动力源，并在电动车、无人机等领域崭露头角，成为最具前景的燃料电池体系之一。

5.1.4　PEMCF 的特点

与传统能量转化技术相比，PEMFC 具有诸多优点：

1) 能量转化效率高。由于燃料电池能将化学能直接转化为电能，不受热机卡诺循环限制，因此转化效率高。对于使用氢气和氧气作为反应物的 PEMFC 而言，其理论能量转化效率可达 83%，考虑燃料电池工作时内部各种不利因素，实际能量转化效率在 40%～50% 之间。

2) 环境友好。由于使用氢气作为燃料，PEMFC 的唯一产物是水，不排放氮氧化物、硫氧化物等空气污染物，也不排放 CO_2 等温室气体。

3) 燃料来源丰富。氢元素是地球上储量最丰富的元素之一，广泛存在于水和各类有机物中，可以通过化石燃料重整、水分解或生物质转化等方式获得，来源十分丰富。不同于化石燃料，氢气是典型的可再生能源。

4) 可靠性高。由于不存在机械传动部件，PEMFC 工作安全可靠，噪声小。

5) 电解液不流失。不同于其他中低温燃料电池，PEMFC 使用可传导质子的固态树脂膜作为电解质，不存在电解液流失问题。

6) 室温快速启动。由于工作温度较低，PEMFC 可以实现室温快速启动，无须长时间加热。

7) 动态功率响应快。

PEMFC 也存在自身的缺点：

1) 成本高。在 PEMFC 工作的酸性环境下阴极氧还原反应动力学慢，需要使用贵金属 Pt 催化进行，成本高昂。

2) 水管理复杂。由于工作温度低于水的沸点，PEMFC 中的水多以液相存在，易阻塞气体传输通道，且 PEMFC 中质子交换膜的离子传导依赖于水，因此电池内水管理十分复杂。

3) 催化剂易毒化。由于工作温度低，贵金属催化剂对各类毒化物种较为敏感，如氢气中常夹杂的 CO、空气中的 SO_2 等杂质都对电池性能有较大影响。

5.2 质子交换膜

5.2.1 质子交换膜的基本性质

质子交换膜在 PEMFC 中起到多重作用：作为电解质传导两极电化学反应产生/消耗的质子，维持电流传导；隔离两极反应物气体；隔离两极电子传导。因此，能作为质子交换膜的材料必须满足以下要求：

1) 质子传导率高，电导率应达到 10^{-1} S/cm 数量级以保障内部电流传导顺畅。

2) 对反应物气体渗透率低，防止两极反应气体互窜，避免电池性能下降或引发安全问题。

3) 机械强度高，能在电极制备和电池组装过程中保持完整。

4) 化学与电化学稳定性好，能耐受强氧化和强还原性环境。

5.2.2 全氟磺酸膜化学组成与质子传导机制

1. 全氟磺酸膜化学组成

目前最常用的商品化质子交换膜是美国杜邦公司生产的 Nafion 膜，这一类膜在 20 世纪 60 年代取得进展，极大地推动了 PEMFC 的发展。从化学组成来看，Nafion 为聚全氟磺酸树脂，化学结构式如图 5-5 所示。其他公司生产的全氟磺酸膜具有类似化学结构，只是在主链、侧链的单元重复数上有所差别。由于 C—F 键的键能（485kJ/mol）显著高于 C—H 键（413kJ/mol），因此全氟磺酸树脂具有良好的化学稳定性，可以较好地抵抗电极反应过程中产生的氧化物种进攻。

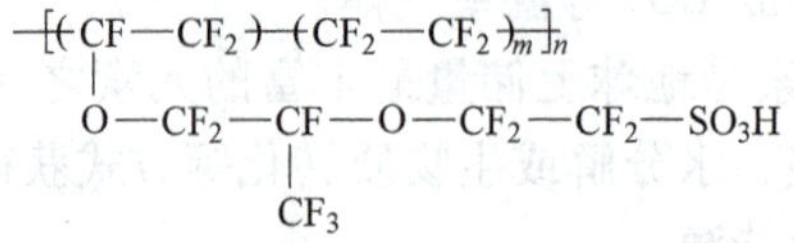

$$-[(CF-CF_2)-(CF_2-CF_2)_m]_n$$
$$|\atop O-CF_2-CF-O-CF_2-CF_2-SO_3H$$
$$|\atop CF_3$$

图 5-5　Nafion 树脂的化学结构式

聚全氟磺酸树脂通常由<u>四氟乙烯</u>和<u>磺化四氟乙烯</u>聚合而来。在分子结构上，聚四氟乙烯的主链骨架是疏水的，磺酸基侧链是亲水的，因此当吸水后树脂内部存在亲水和疏水两相。离子簇胶束网络模型的提出者认为，在含水量较高的状态下，聚全氟磺酸分子链上亲水的磺酸基团向内聚集成离子簇，直径在 4nm 左右，内含大量的水，具有胶束结构；离子束间隔为 5nm 左右，相互之间有直径为 1nm 左右的通道相连。

2. 全氟磺酸膜质子传导机制

由于碳骨架的全氟代，在其吸电子效应下磺酸基团的酸性大大增强，因此离子簇内部固定于聚合物骨架上的磺酸基团高度电离，质子大量以水合质子形式存在。得益于电离的磺酸基团与水合质子间、水合质子之间的氢键作用，质子可以通过氢键形成、断裂快速在 H_3O^+、SO_3^- 之间跳跃，实现质子的传递。这是质子传导的跃迁机制。

质子交换膜中另一类质子传导机制为车载机制，主要是指带正电的水合质子在电池两极间发生迁移，质子以水分子作为载体在膜内迁移。

两类质子传导机制的示意图如图 5-6 所示。

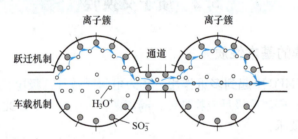

图 5-6　Nafion 膜传导质子的跃迁机制和车载机制示意图

可以看出，全氟磺酸膜的两类质子传导机制都与水高度相关，因此在质子交换膜燃料电池应用场景下，要求膜保持良好润湿。在这一要求下，使用全氟磺酸膜的 PEMFC 无法在高温、低湿环境下使用，工作温度被限制在 100℃ 以下，且气体反应物也需润湿。虽然电池阴极反应生成水可以对膜起到加湿作用，但过多的液态水会使得膜溶胀变形，也会阻塞催化剂表面的气体传输通道，造成"水淹"失活。因此，PEMFC 的水管理难度较大。

5.2.3　质子交换膜性能评估

针对 5.2.1 节提出的基本要求，研究者提出了包括化学组成、质子传导情况、气体渗透特性、力学性能、吸水溶胀特性在内的可量化指标，用来评价质子交换膜的各类理化性质。

1. 质子电导率

由于 PEMFC 内部电荷传导依赖于质子交换膜内的质子传输，因此质子在膜内的传输情况是决定电池内阻的重要参数。质子交换膜的质子传导性通常使用质子传导率定量衡量。质子电导率单位为 S/cm，与电阻率的单位 Ω·cm 互为倒数，因此常用交流阻抗法通过电阻测量间接获得。质子传导率测试装置示意图如图 5-7 所示。

将待测质子交换膜置于尺寸固定的测试装置中，上下绝缘边框使用一定压力固定，使用电化学交流阻抗进行测试，获得高频区阻抗 R，使用如下公式进行计算：

$$\sigma = \frac{a}{Rbd} \tag{5-4}$$

式中，σ 为面内质子传导率（mS/cm）；a 为两电极间距（cm）；b 为电极垂直方向膜的有效长度（cm）；d 为膜的厚度（cm）；R 为高频区阻抗（mΩ）。

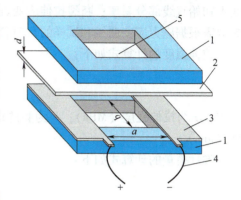

图 5-7　质子传导率测试装置示意图
1—绝缘边框　2—质子交换膜　3—镀金电极片
4—导线　5—平衡开放区

由于质子交换膜的质子传导机制与水高度相关，因此测试需要在固定温度和湿度情况下进行。通常测试需选择室温和 PEMFC 工作温度（80℃）下进行，也需要覆盖从低湿度到近乎饱和湿度的宽湿度范围进行。

2. 离子交换当量

由 5.2.2 节可知，全氟磺酸膜内的质子传导依赖于其内部的磺酸基团，而磺酸基团的含量也影响聚合物的微观结构和宏观理化性质。质子交换膜内部的磺酸基团浓度由离子交换当量 EW 表示，定义为具有单位摩尔磺酸基团膜的干质量，单位为 g/mol。

离子交换当量通常使用酸碱滴定法进行测定。测定前需将质子型的质子交换膜剪碎烘干，放入饱和氯化钠溶液中搅拌，最后使用 NaOH 标准溶液进行滴定至中性。离子交换当量的计算式如下：

$$EW = \frac{m}{V_{NaOH} c_{NaOH}} \tag{5-5}$$

式中，EW 为离子交换当量（g/mol）；m 为膜的干重（g）；V_{NaOH} 为滴定所用 NaOH 溶液体积（L）；c_{NaOH} 为滴定所用 NaOH 溶液浓度（mol/L）。

离子交换当量 EW 的倒数称为离子交换容量，单位为 mol/g，表示单位质量的膜所具有的可供交换的磺酸基团摩尔量，也能表示膜内的酸浓度。

3. 气体透过率

质子交换膜在 PEMFC 中起到分隔两极反应物气体的重要作用，对 PEMFC 高效、安全运行至关重要。反应物气体进行跨膜扩散的速率用气体透过率表示。

气体透过率的测试原理是将膜密封在测试模具中，膜两侧同时抽真空，达到设定真空度后，向一侧通入测试气体，记录另一侧压力随时间的变化，经过处理即可得到气体透过率。

4. 力学性能

在 PEMFC 中，质子交换膜起到支撑催化层的作用，因此必须具有良好的力学性能，能耐受电极制备、装配中的应力变化。

质子交换膜的力学性能主要体现在拉伸强度、弹性模量和断裂拉伸应变等参数上。其中，拉伸强度表示膜断裂前承受的最大拉伸力和横截面面积比值；弹性模量表示应力应变曲线上初始直线部分斜率；断裂拉伸应变表示膜断裂时，原始标距单位长度的增量。拉伸性能参数需根据应力应变曲线和试样的几何参数进行计算。

拉伸强度的计算式如下：

$$\sigma = \frac{F}{bd} \tag{5-6}$$

式中，σ 为拉伸强度（MPa）；F 为膜的最大负荷（N）；b 为试样宽度（mm）；d 为试样厚度（mm）。

弹性模量的计算式如下：

$$E = \frac{\sigma_2 - \sigma_1}{\varepsilon_2 - \varepsilon_1} \tag{5-7}$$

式中，E 为弹性模量（GPa）；σ_1 为应变 $\varepsilon_1 = 0.005$ 时的应力（GPa）；σ_2 为应变 $\varepsilon_2 = 0.025$ 时的应力（GPa）。

断裂拉伸应变的计算式如下：

$$\varepsilon = \frac{\Delta L_0}{L_0} \tag{5-8}$$

式中，ε 为断裂拉伸应变，量纲为一；L_0 为原始膜试样的标距（cm）；ΔL_0 为断裂时膜试样的标距变化值（cm）。

5. 溶胀率

相对于干燥状态，质子交换膜吸水后会发生溶胀，导致三维方向尺寸的增大。质子交换膜在 PEMFC 电极制备到工作阶段需经历剧烈的水含量变化，因此膜在不同湿度下的体积变化对电堆密封至关重要。相对于干膜，在给定条件下膜某一方向的尺寸变化率称为该方向的溶胀率，用如下公式计算：

$$\alpha = \frac{\Delta A}{A} \tag{5-9}$$

式中，α 为某一方向的溶胀率，量纲为一；A 为干燥情况下的尺寸（cm）；ΔA 为溶胀后该方向尺寸的变化值（cm）。

6. 吸水率

质子交换膜内的水含量对质子传导、机械强度、溶胀情况等均有影响。相对于干膜，在给定条件下膜的质量增加率称为吸水率，用如下公式计算：

$$\varepsilon = \frac{\Delta m_0}{m_0} \tag{5-10}$$

式中，ε 为吸水率，量纲为一；m_0 为干燥情况下的质量（g）；Δm_0 为溶胀后质量的变化值（g）。

5.2.4 全氟磺酸膜衰减机制

全氟磺酸膜在 PEMFC 中的衰减过程包括化学降解、热降解和机械损伤。在使用过程中也会由于杂质污染造成性能衰减。

1. 化学降解

化学降解指的是 PEMFC 工作时全氟磺酸膜受到各类降解因子攻击发生的化学组成变化。普遍认为在 PEMFC 工况下最重要的降解因子是强氧化性含氧自由基，如 OH·|H_2O 电对的标准电极电势高达 2.8V，氧化性极强的 OH· 容易对聚合物分子结构造成破坏。

PEMFC 中产生含氧自由基的机制主要有两类。第一类是阴极氧气还原以 2 电子途径进行生成的 H_2O_2 物种，在电池中微量过渡金属离子催化下以 Fenton 反应形式产生自由基；另一类产生机制是氧气跨膜渗透到阳极，在阳极催化剂的作用下与氢气化合直接形成自由基。

有研究表明，质子交换膜聚合物分子结构有多处易受到自由基攻击的位点，主要有聚合物分子链末端的羧基、连接磺酸基的 C—S 键、靠近磺酸基的醚键及若干三级碳原子，如图 5-8 所示。

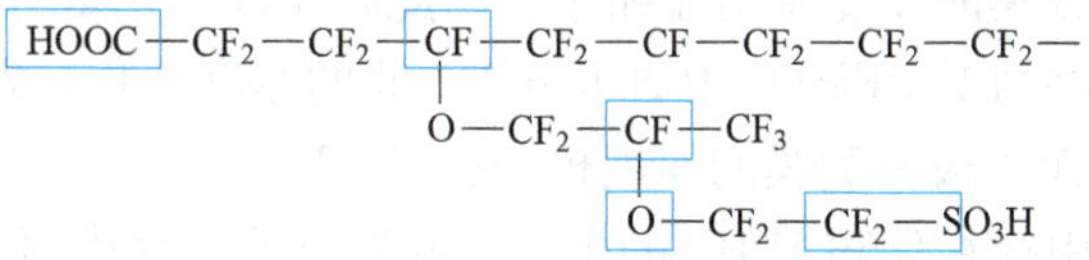

$$\text{HOOC}-CF_2-CF_2-\boxed{CF}-CF_2-CF-CF_2-CF_2-CF_2-$$
$$\qquad\qquad\qquad\qquad\quad|\qquad\qquad|$$
$$\qquad\qquad\qquad\qquad\text{O}-CF_2-\boxed{CF}-CF_3$$
$$\qquad\qquad\qquad\qquad\qquad\qquad|$$
$$\qquad\qquad\qquad\qquad\qquad\text{O}-CF_2-\boxed{CF_2-SO_3H}$$

图 5-8 全氟磺酸树脂分子结构中易受到自由基攻击的位置示意图

分子链末端的羧基被含氧自由基攻击后发生断裂，产生 CO_2 和 H_2O，而分子链最边缘的 CF_2· 自由基则与含氧自由基结合并脱除 HF，又生成羧基，这一类反应是含氟主链的主要衰减形式；连接磺酸基的 C—S 键被自由基攻击后发生 SO_3 脱除，并在侧链最边缘产生 CF_2· 自由基，在与含氧自由基结合并脱除 HF 后，最终生成羧基；醚键受到自由基攻击后发生断裂，根据反应位置不同产生不同类型的自由基，最终得到若干氟代甲烷、HF 等产物；三级碳原子起到连接主链和侧链的作用，受到攻击后将发生断裂，对主链和侧链产生破坏。可以看出，全氟磺酸树脂受自由基攻击后产生 HF，因此燃料电池排水中检测出 F^- 是膜发生化学降解的直接证据。

化学降解对膜的机械结构造成损伤，会引起膜厚度减小，甚至产生针孔，进而引发反应物气体互窜和更严重的降解。据研究，越薄的膜降解速率越快，这可能和薄膜具有更高的气体透过率有关。

2. 热降解

热降解主要是指在高温工作时全氟磺酸膜发生形变、结晶形态变化等，在 PEMFC 通常工作温度（80℃）下不易发生，但在有严重气体渗透情况下，氢氧在贵金属表面催化化合，大量放热产生局部高温，会造成膜的快速衰减。高温下膜快速脱水，质子传导能力下降；全氟磺酸膜在 130℃ 左右经历玻璃态转变，机械强度下降；若温度继续升高至 200℃ 以上，磺酸基团发生脱落，高分子链可能发生不可逆降解，使得膜彻底失效。

3. 机械损伤

机械损伤主要是指在工作状态下，由于温度、湿度、压力等外界环境变化或装配不当导致膜的应力分布不均匀，进而引发力学性能衰减。

造成机械损伤的原因有很多。在电极制备过程中若清洁度不佳，往往有杂质颗粒附着于膜表面，在后续热压过程中可能引起穿孔或撕裂。在电堆装配过程中，若压力不均匀也可能导致膜的机械损伤。在电堆运行过程中，尤其是低加湿环境下，由于膜含水量不均匀导致应力分布不均匀；在使用过程中，加湿情况的反复变化也导致膜处于拉应力/压缩应力的变化中，长时间会损害膜的力学性能，造成机械损伤。在零度以下的低温环境使用时，由于结冰时冰晶相较于液滴体积发生膨胀，也会带来应力分布不均匀，引发机械衰减。对正确装配、正常运行的电极，其气体入口处反应物流速较大，膜也往往承受着较大应力，容易产生机械损伤。

膜的机械损伤往往会引发后续的化学和热损伤。机械损伤容易导致膜发生穿孔，氢氧互窜并在贵金属催化下发生快速化合，反应放热十分剧烈，造成膜融化，进一步加剧互窜，可能直接造成电池完全失效，甚至引发安全问题。

4. 膜损伤检测方法

质子交换膜的衰减可以通过多种物理量的变化检测。

发生化学降解将导致膜的厚度将明显缩小，因此膜厚度变化量可以表征衰减程度。有研究者测量了长期处于开路情况 PEMFC 中 Nafion 211 膜的厚度变化，发现 860h 后阴极一侧膜的厚度减小 55% 以上，而阳极一侧膜的厚度也减少了 33%。

由于化学衰减过程中往往伴随着 HF 的生成，检测电池废水中氟离子浓度可以反映质子交换膜的衰减程度。有研究表明，PEMFC 开路状态下氟离子的流失速率可达为 $60\mu g/d$。

由于电池开路情况下，阴、阳极反应物分压最高，气体跨膜运输速率最大，一方面导致较快的自由基产生速度，对电池组件的损伤较大；另一方面也因为混合电势的影响使得开路电压降低，因此可以用开路电压随时间的变化率衡量膜的衰减程度。据测试，PEMFC 的开路电压衰减速率可达到 $2mV/h$。

5. 杂质污染

在 PEMFC 长期运行过程中，不可避免地受到外来杂质的影响，其中由于各类管路腐蚀会将金属阳离子引入质子交换膜中。这些金属阳离子对质子交换膜性能的影响主要在于干扰了质子传导。由 5.2.2 节可知，Nafion 膜传导质子的跃迁机制依赖于质子与全氟磺酸树脂中磺酸根的相互作用。由于多数金属阳离子与磺酸根的结合能力强于质子，这些阳离子会抢占质子结合位点，导致质子传导率下降。此外，部分金属阳离子的存在还会导致膜内水流动形式发生变化，降低膜中的水含量，引发力学性能退化。

有些金属离子（如 Fe^{3+}）能通过催化作用加速膜的化学降解。由于 PEMFC 电极中的催化剂紧密附着于质子交换膜表面，因此存在于质子交换膜表面的杂质离子也会影响催化剂上的电化学反应。也有研究表明，杂质离子会影响催化剂表面的氧气扩散系数，甚至进入双电层内部，影响界面反应。

5.2.5 全氟磺酸膜改性提升策略

虽然全氟磺酸膜性能基本满足 PEMFC 的要求，但由于氟化工艺复杂危险，且长期被美国和日本企业垄断，生产成本较高，严重制约 PEMFC 的商业化进程。此外，全氟磺酸膜还存在着吸水溶胀形变大、水含量要求苛刻、氢气渗透较高等缺点，研究者一直尝试对全氟磺酸膜进行改性，在增强膜性能的同时节省材料、降低成本。

1. 高机械强度复合膜

质子交换膜的机械强度对 PEMFC 安全高效运行至关重要。出于机械强度考虑，全氟磺酸膜的厚度不能太低，因此不利于质子传导率提升。与高强度材料复合可以显著提高质子交换膜的机械强度，允许厚度进一步降低，从而提高质子传导率。

聚四氟乙烯（PTFE）机械强度高，化学稳定性好，在200℃仍能保持良好的机械强度。由于PTFE主链结构与全氟磺酸树脂相似，两者相合性好，因此PTFE也是与全氟磺酸树脂复合成膜的最佳聚合物之一。Core公司开发的Core-select复合膜是使用膨胀聚四氟乙烯（e-PTFE）为基底，浸渍全氟磺酸树脂的复合膜，机械强度相比于全氟磺酸膜大为增强。在复合膜中，PTFE具有良好的机械稳定性和化学稳定性，可以在复合膜中作为支撑成分提升机械强度，避免过度吸水膨胀，影响已封装电堆的内部传质。虽然复合膜中全氟磺酸树脂含量降低，但由于机械强度高，膜的厚度可以大幅度减小，因此质子传导率有所提高。据统计，目前商业PEMFC市场中复合膜的占有率已经超越全氟磺酸膜，丰田公司的Mirai燃料电池车中PEMFC采用的质子交换膜就是PTFE与全氟磺酸复合膜。

选用强度更高的碳纳米管与全氟磺酸树脂进行复合也能显著提升膜的机械强度，但需要考虑碳纳米管的含量与尺寸，以防止形成电子传导通路。使用其他高强度纤维材料，如玻璃纤维等也能显著提升膜的机械强度。

2. 高保水复合膜

复合膜可以解决的另一问题是膜的保水性，提升膜保水性的意义在于可以改善高温工作时膜的失水情况，以提升电池的工作温度。目前，商业化使用的全氟磺酸膜受制于质子传导机制，它的使用温度基本限制在80℃左右，以避免过高温度下失水导致质子传导率降低。若能进一步提升PEMFC的工作温度到100℃以上，以气态形式存在的水蒸气产物将很容易排出电池，可以大大简化水管理。此外，更高的工作温度下，阳极催化剂对CO毒化的耐受也会提升，而且会增加电池排放余热的利用价值。

采用亲水的无机物复合可以提升膜的保水性，防止高温下水分挥发和质子传导路径阻断。如SiO_2、TiO_2等氧化物及杂多酸等无机酸均可以显著提升膜在高温、低湿环境下的性能。在氧化物表面进行亲水官能团修饰可以进一步提升无机颗粒与水的作用，提升膜的保水性。另一类自增湿策略在膜中引入氢氧化合催化剂，利用跨膜运输的反应物直接化合产生水用于增湿。典型的氢氧化合催化剂就是贵金属Pt，将Pt少量掺入PEM中便可以实现自增湿。但由于Pt颗粒在质子交换膜中无法固定，颗粒容易迁移和团聚形成导电通路，造成电池短路。为避免这一问题，可以将Pt负载到不导电的载体上共同复合进入全氟磺酸膜中，确保Pt稳定的同时起到化学催化作用。

3. 高质子传导膜

在膜中引入其他质子导体可以加速质子传导，提升膜的质子传导率。磷钨酸、钨硅酸等杂多酸具有较强的质子导电性，将其引入全氟磺酸膜可以提升质子传导率。金属有机骨架（MOF）是一类具有周期结构微孔的材料，不仅具有丰富的化学修饰位点，部分MOF还能在微孔中固定水分子，并提供水的有序传输通道供质子迁移。有研究表明，使用磺化的MOF材料与全氟磺酸树脂复合引入新的质子交换位点，可以提升质子传导率至0.2S/cm以上，远超于全氟磺酸膜。

4. 自由基猝灭高稳定膜

避免质子交换膜化学降解的关键在于防止自由基的产生和对膜的攻击。具有可变化合价、灵活电子得失能力、氧化还原电势合适的化合物可以通过化学反应消耗掉高氧化性的自由基，称为自由基猝灭剂。典型的自由基猝灭剂主要是变价金属氧化物，如CeO_2、MnO_2、

TiO_2 等，以及部分有机物，如白藜芦醇、咖啡酸、维生素 E 等。将其引入质子交换膜中可以有效防止自由基对膜的攻击。

5.2.6 其他质子交换膜

由于全氟磺酸膜的固有劣势，研究者也一直在研究新型质子交换膜材料。

1. 部分氟化质子交换膜

将聚合物主链或侧链进行部分氟化，仍使用磺酸基团作为导电基团，可以得到部分氟化质子交换膜。一类典型的部分氟化膜是加拿大巴拉德公司的 BAM3G，它具有部分氟化的聚苯乙烯结构，化学结构式如图 5-9 所示。相较于全氟磺酸膜，BAM3G 生产成本有所降低，且热稳定性、化学稳定性等均与全氟磺酸膜相似。但由于聚合物分子量较小，膜的机械强度不足，使用受到限制。

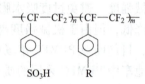

图 5-9 BAM3G 聚合物化学结构式

2. 非氟质子交换膜

历史上最早使用的质子交换膜材料是聚苯乙烯磺酸，属于烃类膜。这类非氟质子交换膜的代表是美国 DAIS 公司的磺化苯乙烯-丁二烯/苯乙烯嵌段共聚物膜，在磺化度 50% 以上可以具有和 Nafion 膜相似的质子传导率。由于这一类聚合物骨架往往存在苯环共轭结构，使得磺酸基团电离程度下降，质子传导率有所降低；而吸电子磺酸基团的引入也会改变周围 C—H 键的电荷分布情况，使其容易发生解离。再加上 C—H 键键能相较于 C—F 键明显偏低，因此在使用过程中更易发生化学降解，早期的聚苯乙烯磺酸膜稳定性在 300h 左右，远不能满足实际需求。后续研究者开发了磺化聚芳醚砜、磺化聚芳（硫）醚、磺化聚醚醚酮、磺化聚酰亚胺等基于磺酸基团的非氟质子交换膜材料。

另一类非氟质子交换膜是聚苯并咪唑膜，两种较为常见的聚苯并咪唑的分子结构如图 5-10 所示。

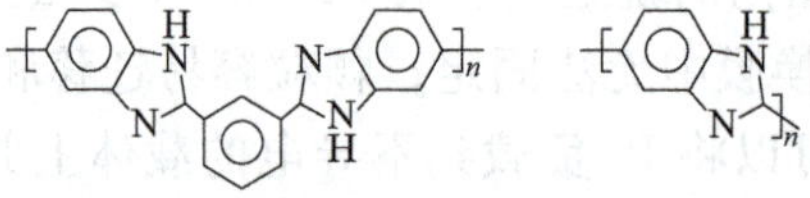

图 5-10 两种较为常见的聚苯并咪唑的分子结构

聚苯并咪唑化学结构稳定，且玻璃化转变温度高达 400℃ 以上，相比于聚全氟磺酸树脂更适合在高温使用。但由于聚苯并咪唑质子传导率低，将其用作质子交换膜需要引入质子传导物种。得益于分子骨架中特殊的碱性结构，聚苯并咪唑可以承载不同的酸性物质，显著提升质子传导率。目前最常见的高温质子交换膜是磷酸复合的聚苯并咪唑膜，可以在 200℃ 下稳定工作。

不同浓度磷酸掺杂情况下聚苯并咪唑膜的质子传导机制有所不同。掺杂进入聚合物结构的磷酸分子与咪唑环的亚氨基间有强烈氢键作用。在低掺杂量时，咪唑基团部分质子化，$H_2PO_4^-$ 是主要阴离子，质子通过亚氨基和磷酸间、质子化和非质子化的咪唑环间的氢键传播；进一步提升掺杂浓度，所有的咪唑均质子化，质子传导可以在阴离子—质子化咪唑—阴离子间进行；在高浓度掺杂时，存在自由的磷酸分子，质子传导沿着磷酸分子传播，质子传导率显著增大。

掺杂进入聚苯并咪唑骨架的磷酸在反应物高增湿条件下易流失，而磷酸对 Pt 而言具有一定的毒化作用，会造成催化性能衰减。通过改变磷酸与聚合物骨架的结合形式，将氢键作用调整为化学键合，可以对其加以固定，防止流失。通过改变单体结构、嵌段结构、主链/侧链结构、引入官能团等，可以进一步提升聚苯并咪唑膜的质子传导率、力学性能等。和聚全氟磺酸相似，聚苯并咪唑也存在自由基导致的衰减问题。在苯并咪唑膜中加入自由基猝灭剂可以减缓自由基导致的衰减问题。

5.3　PEMFC 催化剂

5.3.1　质子交换膜燃料电池电催化原理

早期的电化学研究主要在水溶液中使用固体电极进行，研究者发现，在不同固体电极上相同电化学反应进行的速率不尽相同，甚至能相差若干数量级。事实上，溶液中发生在固体电极表面的电化学反应很多以电催化形式进行，固体表面性质强烈影响着界面电化学反应的动力学。例如，以交换电流密度衡量反应速率，在 1M H_2SO_4 溶液中，氢电极在 Pt、Pd、Rh 等贵金属上进行的交换电流密度可达 $10^{-4} \sim 10^{-3} A/cm^2$，而在 Hg 等金属上仅有 $10^{-13} \sim 10^{-12} A/cm^2$，催化活性在不同电极上可相差 10 个数量级。PEMFC 的阴阳极反应均以电催化形式进行，固体电极在反应过程中仅作为催化剂而自身组成不发生变化，这是各类燃料电池与其他类型化学电源的明显差异之一。

电催化反应是异相催化反应。按异相催化反应原理，反应物分子首先吸附在催化剂表面发生活化，经历数个中间步骤后转变为产物，最终从催化剂表面脱附释放位点，用于下一个反应物分子吸附。由于电催化反应普遍涉及多步电子转移，反应中间物种类型多、吸附构型多样、存在时间短，且受到电极表面电场影响，因此反应机制复杂。此外，电催化反应过程与固体电极高度相关，在不同的催化剂表面可能遵循不同的机理，因此对电催化反应机制的研究难度较大。目前人们对反应机制研究充分的只有少数转移电子少、中间物种结构简单的电催化反应，如氢电极反应，而其他大多数反应的具体机制还有待研究。

本节主要介绍 PEMFC 的氢氧化反应和氧还原反应的基本机理。

1. 氢氧化反应原理

PEMFC 中的氢电极是阳极，发生氢气的电催化氧化反应，此时氢气在电催化剂的作用下失去电子成为质子，此时氢气在电池中相当于燃料。

在酸性水溶液中，氢气电催化氧化的电极反应方程为

$$H_2 \longrightarrow 2H^+ + 2e^- \qquad \varphi^\theta = _{H^+|H_2} = 0V \tag{5-11}$$

根据不同的反应特征，在酸性环境下，氢气电氧化存在三个基元步骤，即

Tafel 反应： $$H_2 + 2* \longrightarrow 2H^* \tag{5-12}$$

Heyrovsky 反应： $$H_2 + * \longrightarrow H^+ + H^* + e^- \tag{5-13}$$

Volmer 反应： $$H^* \longrightarrow H^+ + e^- \tag{5-14}$$

式中，*表示反应发生的活性位点，上标代表吸附态物种。

由氢氧化反应的电极反应方程式可以看出，氢氧化涉及两步电子转移，因此按照基元步骤的组合进行划分，氢氧化存在两类机理：Tafel-Volmer 机理和 Heyrovsky-Volmer 机理。

在 Tafel-Volmer 机理中，氢气首先吸附在催化剂表面的活性位点上，并发生化学解离，形成两个吸附态 H^*，随后两个吸附态 H^* 各自发生氧化成为质子，并脱附离开活性位点；在 Heyrovsky-Volmer 机理中，第一步为吸附氢气的电化学解离，形成一个吸附态 H^* 的同时释放质子和电子，另一个吸附态 H^* 随后氧化成为质子，脱附离开活性位点。

在异相催化反应中，研究者提出了经验性的 Sabatier 原理，即催化反应涉及相关中间物种在活性位点的吸附强度与催化活性之间存在一定关联性，高性能催化剂对中间物种吸附不能太强也不能太弱，吸附太强将导致中间体占据活性位点难以脱附，造成位点毒化，不利于催化反应，而吸附太弱将使得物种活化不足，也不利于催化反应进行。在氢电极反应中，由于只涉及 H^* 一个中间物种，因此氢电极催化性能与 H^* 吸附强度与之间存在明显的关联性。如图 5-11 所示，以交换电流密度衡量氢电极活性，以金属—氢原子间结合能衡量吸附强度时，两者呈现明显的火山型关系。位于峰值附近的 Pt 等贵金属吸附结合强度

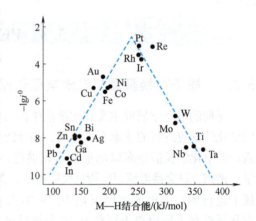

图 5-11　不同金属 M—H 结合能与氢电极交换电流密度之间的火山型关系

适中，具有良好的氢电极活性；位于曲线两侧的金属吸附过强或过弱，因此性能不佳。在火山型关系的指引下，可以借助量子化学计算等方法，通过计算中间物种吸附强度来对不同组成的催化剂进行活性筛选，现已成为催化剂设计的重要参考依据。

目前在 PEMFC 中使用的氢氧化催化剂是贵金属 Pt。Pt 上的氢电极催化活性高，从电化学动力学角度来看，由于交换电流密度大，在大电流工况下的 Pt 基氢电极极化程度较小，因此阳极一侧并不是 PEMFC 产生极化的主要区域。

2. 氧还原反应原理

PEMFC 中的氧还原反应是指氧气在阴极催化剂的作用下，每个氧气分子得到 4 个电子发生电催化还原反应，最终生成水。

在酸性水溶液中，氧气电催化还原的电极反应方程为

$$\frac{1}{2}O_2 + 2e^- + 2H^+ \longrightarrow H_2O \qquad \varphi^\theta_{O_2|H_2O} = 1.23V \qquad (5\text{-}15)$$

和阳极的氢氧化反应相比，氧还原反应存在以下显著特点：

1) **氧还原反应机制复杂**。由于涉及多步电子转移，存在多种中间物种与基元步骤，且反应路径与催化剂性质紧密相关，因此氧还原反应机制十分复杂。

2) **氧还原反应的平衡电势高**。在如此高的电势区间内，水溶液中大多数金属热力学不稳定，易发生含氧物种不可逆吸附，甚至生成氧化物，改变催化剂表面状态，使得反应机制的研究更为复杂。

3) **氧还原反应进行得十分缓慢**。尤其在酸性环境下，即使是目前活性最高的金属 Pt，

氧还原反应的交换电流密度比氢氧化反应小 4~6 个数量级。因此，低温燃料电池的阴极在工作时会产生明显的极化，且对杂质十分敏感。事实上，PEMFC 的活化极化大部分来自氧电极。

虽然目前尚未得到能描述氧还原反应的准确机制，但根据中间产物的特征可以大体分为两类，即直接 4 电子过程和间接 4 电子过程。

以酸性环境为例，一类直接 4 电子过程的机制如下：

$$* + O_2 + e^- + H^+ \longrightarrow OOH^* \tag{5-16}$$

$$OOH^* + e^- + H^+ \longrightarrow O^* + H_2O \tag{5-17}$$

$$O^* + e^- + H^+ \longrightarrow OH^* \tag{5-18}$$

$$OH^* + e^- + H^+ \longrightarrow H_2O + * \tag{5-19}$$

式中，*表示反应活性位点。

按照这类机理，微观上氧气首先吸附于活性位点上，并依次经历 4 步质子耦合电子转移，被还原为水从电极上脱附释放活性位点。

与之相对的是"间接 4 电子过程"，间接 4 电子过程，也称为 2+2 电子过程，是指氧气在经历 2 步质子耦合电子转移后，被还原为过氧化氢，从电极上脱附，随后又被周围其他位点活化，继续还原，直至变为水，即

$$O_2 + 2e^- + 2H^+ \longrightarrow H_2O_2 \tag{5-20}$$

$$H_2O_2 + 2e^- + 2H^+ \longrightarrow 2H_2O \tag{5-21}$$

上述直接 4 电子过程和间接 4 电子过程的示意图如图 5-12 所示。

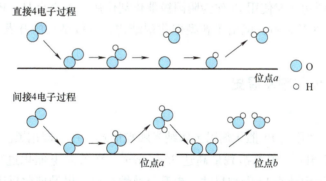

图 5-12　氧还原反应的直接 4 电子过程和间接 4 电子过程示意图

需要注意的是，在一些情况下，由于缺乏进行后两步电子转移的活性位点，氧气还原也可停留在过氧化氢阶段。过氧化氢可以被 PEMFC 中的杂质分解成为高活性自由基，如 OH·、OOH·等。这些自由基是强氧化剂，对燃料电池内部的催化剂、电解质膜、密封系统等有较大危害，是电池性能衰减的重要因素之一。因此，应尽量避免燃料电池的阴极催化剂有过氧化氢的生成，或及时将生成的过氧化氢消除。

与氢电极类似，氧还原反应在金属电极上也满足经验性的 Sabatier 原理，含氧物种吸附强度与氧电极性能之间存在明显的关联性，如图 5-13 所示。位于峰值附近的依然是 Pt、Pd 等贵金属，而常见的非贵金属如 Fe、Co、Ni 等位于吸附过强一侧，Au 位于吸附过弱一侧，性能均不佳。

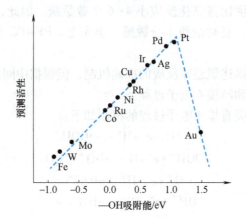

图 5-13 不同金属的 OH 物种吸附能与氧电极性能之间的火山型关系

5.3.2 催化剂基本要求

燃料电池的催化剂必须满足以下要求：
1）催化性能良好，能在低过电势下高效催化相应的气体电极反应。
2）导电性良好，保障电化学反应的电子传输路径顺畅。
3）化学与电化学稳定性良好，能耐受 PEMFC 的高温、高湿、强氧化/还原与强酸环境。

从燃料电池发展初期就使用 Pt 作为阴阳极催化剂使用。时至今日，PEMFC 的阴阳极催化剂仍使用贵金属 Pt 基材料，但由于新型催化剂结构、电极结构的开发与优化，贵金属用量已大幅度降低。

5.3.3 PEMFC 催化剂发展史

1. Pt 基催化剂的发展

历史上 PEMFC 使用的 Pt 催化剂以金属纳米颗粒形式存在，即铂黑。通用电气公司为双子座飞船设计的 PEMFC，铂黑担载量高达 $35mg/cm^2$。随着对电催化过程研究和认识的深入，研究者逐渐意识到减小 Pt 颗粒尺寸、提升分散性有利于提升催化反应中 Pt 利用率，因此后续开发了使用高比表面积载体负载 Pt 纳米颗粒的负载型催化剂。这类新型催化剂显著降低了 PEMFC 所需的贵金属担载量。如今普遍使用的商业催化剂是将 Pt 以 2nm 左右的粒径负载到高比表面积的炭黑表面，称为 Pt/C 催化剂，其微观形貌如图 5-14 所示。由于 PEMFC 中的阳极氢氧化反应的动力学较快，所需贵金属 Pt 担载量仅为 $0.1mg/cm^2$，而阴极的氧还原反应动力学较慢，为了匹配阳极，因此需要更多贵金属催化剂，Pt 担载量可到 $0.4mg/cm^2$ 左右。

制备 Pt/C 催化剂的方法有很多，较为成熟的是浸渍还原法。将金属前驱体（如 H_2PtCl_6）与碳载体分散液混合均匀，加入还原剂（如 HCHO、$NaBH_4$、HCOONa 等）或在还原气氛下热处理，即可得到纳米级分散的 Pt/C 催化剂。此外，还可以通过胶体法、离子交换法等方法制备 Pt/C 催化剂。

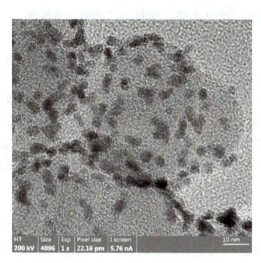

图 5-14　Pt 担载量为 20% 的商业 Pt/C 催化剂透射电子显微镜照片

2. Pt 基催化剂载体的发展

催化剂载体的引入最初为了提升贵金属分散性，降低贵金属用量以降低成本。但随着研究深入，研究者发现载体的组成、结构与性质对催化剂活性与稳定性也起到至关重要的作用。

催化剂载体对 Pt 基贵金属负载型催化剂的影响主要体现在以下方面：

1）由于贵金属前驱体的还原/结晶成核过程和载体上成核位点高度相关，因此载体表面化学结构影响贵金属催化剂的分散性和粒径。

2）由于载体上成核位点与贵金属颗粒间存在较强相互作用，因此载体的电化学稳定性、表面化学结构等影响贵金属催化剂的稳定性。

3）由于成核位点广泛分布于载体孔结构中，因此载体孔结构影响贵金属催化剂的利用率。

传统上使用 Vulcan XC-72 型炭黑作为贵金属催化剂的载体。但由于燃料电池工况产生的高电势会引起碳载体破坏性腐蚀，因此研究者正开发更稳定的碳载体材料，如碳纳米管、石墨烯等。此外，也有研究者开发无机物/碳复合碳载体，以及氧化物、氮化物等非碳载体。

3. 非 Pt 基催化剂的发展

Pt 的储量有限且价格昂贵，这一问题始终限制着 PEMFC 的商业化。研究者一直在试图寻找具有高催化活性的非贵金属催化剂用于取代 Pt，尤其在 Pt 需求量更高的阴极一侧。在实验室阶段，研究者已经开发出诸如杂原子掺杂碳材料、包覆型过渡金属催化剂、过渡金属—氮—碳催化剂等多种非贵金属催化剂，这些催化剂在电解池测试中体现出一定的催化活性，但在 PEMFC 中的活性和稳定性与 Pt/C 相比还有差距。需要注意的是，含活性过渡金属的催化剂可能将过渡金属离子杂质引入膜电极中，加速催化剂和膜的衰减。

5.3.4　Pt 基催化剂评估

在单电池中测试燃料电池 Pt/C 催化剂的活性之前，往往先从组成、结构和电化学性能多角度进行评估。其中电化学性能通常在三电极电解池中使用旋转圆盘电极技术进行评估，评估的性能参数有活性面积、半波电势、质量活性和面积活性等。

1. Pt 载量

Pt 在活性炭载体上的载量与 Pt 颗粒分散程度、电化学活性、催化剂成本等均密切有关，在使用前必须进行载量测试。

Pt 载量使用热重和 ICP-OES 进行测试。热重测试需在空气气氛下加热一定质量的 Pt/C 催化剂至 800℃，此时碳载体全部氧化为 CO_2，剩余质量即为 Pt，进而通过质量变化计算得到 Pt 载量。进行 ICP-OES 测试前，需使用王水等氧化性介质将一定质量 Pt/C 中的 Pt 全部溶解，通过原子发射光谱等手段定量测量溶液中的 Pt 离子浓度，通过计算得到催化剂中 Pt 载量。

2. 孔结构测试

Pt/C 材料的孔结构关系到 PEMFC 电极中催化剂利用率，是催化剂十分重要的物理性质。Pt/C 材料的孔结构通常由 N_2 吸/脱附进行测试，通过计算可以获得催化剂的比表面积、孔径和孔容分布情况。

孔结构测试前需要将 Pt/C 催化剂装入质量确定的样品管中，在全自动吸/脱附仪中依次进行脱气、死空间测定、吸脱附测定等流程。其中，脱气过程是在真空下对样品进行加热，其目的是除去材料表面和孔结构中的污染物，如水、有机物等。真空加热的温度和时间对脱气效果有一定影响，推荐的脱气时间不少于 6h。脱气后使用 N_2 进行回填，此时精确称量样品管和样品的质量即可获得管内样品的精确质量。死空间是指样品管内除了样品之外其他体积，其大小影响仪器对压力变化的灵敏程度，死空间越小，仪器精度越高。在吸附测试时，仪器自动选取若干平衡压力并测量吸附量，通过计算给出比表面积、孔结构等参数。

3. Pt 的晶体结构与粒径分布表征

Pt 颗粒的结晶性通常较好，因此可以使用 X 射线衍射确定 Pt 基催化剂的晶相组成。X 射线衍射测试前通常将催化剂置于样品槽中压平，放入 X 射线衍射仪中进行测试。

X 射线衍射满足 Bragg 方程，即

$$2d\sin\theta = n\lambda \tag{5-22}$$

式中，d 为晶面间距（nm）；θ 为半衍射角（rad）；λ 为 X 光波长，使用 Cu 作为射线源时为 1.54Å；n 为衍射级数，通常为 1。

可以看出，当测试条件一致时，当 d 值增大时，θ 角将减小。因此，衍射峰的移动可以表示晶格参数变化。例如，在 Pt 合金中，衍射峰正移对应较小原子掺入晶格，对应晶格产生压缩应力。

Pt 的粒径对电催化性能而言至关重要，由 X 射线衍射峰还可以借助 Scherrer 公式可以进行晶粒尺寸计算，即

$$D = \frac{K\lambda}{\beta\cos\theta} \tag{5-23}$$

式中，D 为晶粒尺寸（nm）；K 为 Scherrer 常数，与晶粒结构有关；λ 为 X 光波长，使用 Cu 作为射线源时为 1.54Å；β 为衍射峰的半峰宽（rad）；θ 为半衍射角（rad）。

可以看出，当测试条件一致时，D 值增大，β 将减小。因此，衍射峰的尖锐程度可以表示晶粒尺寸的变化。更宽化的衍射峰通常对应较小的晶粒尺寸。

对 Pt/C 催化剂而言，多数情况下 Pt 晶粒以单分散形式存在于碳载体上，因此除了可通

过对 X 射线衍射（XRD）测试数据进行 Scherrer 公式计算获得晶粒尺寸以外，还能通过透射电子显微镜直接观察到 Pt 颗粒的大小，并对粒径分布进行测量。对粉末样品进行透射电子显微镜观察前，需进行制样。通常需要将一定量的粉末分散至乙醇等溶剂中，滴在覆盖有碳支持膜的铜网上，待干燥后进行观察。

4. Pt 的电化学活性面积

由于 PEMFC 中电极的异相催化反应本质，Pt 的比表面积是影响其催化活性的关键参数之一。但由于 Pt/C 催化剂中 Pt 以纳米颗粒形式存在，因此只能通过电化学测试手段间接衡量催化剂能发生电化学反应的真实比表面积，即电化学活性面积。

电化学活性面积的测试原理是将某些物质以单层状态吸附至 Pt 表面，测量脱附过程的电量，再根据理论上单位面积 Pt 满层吸附产生的电量进行换算，得到电化学活性面积。实验室往往采用氢或 CO 的脱附进行 Pt 基材料电化学活性面积的测量。由于卤素离子、硫酸根、磷酸根等均在 Pt 表面发生吸附，影响对活性面积的计算，因此往往采用高氯酸作为 Pt/C 催化剂各类电化学性能评估的酸性溶液环境。

使用黏结剂将催化剂粉末固定在电极上，在除氧的高氯酸溶液中对 Pt 进行循环伏安法扫描，在负扫时低电势区间将发生原子氢的吸附，正扫时这部分氢原子发生氧化脱附，如图 5-15 所示。可以发现，此时氢原子沉积可以在 H^+/H_2 的平衡电势之上发生，这种现象称为欠电势沉积（UPD）。UPD 的发生得益于氢原子与 Pt 之间存在强烈相互作用，因此相较于平衡电势之下质子还原为氢气，欠电势沉积可以产生以单层吸附在 Pt 表面的氢原子。根据这一特征，利用图中阴影部分氢脱附的电量即可用于计算活性面积。

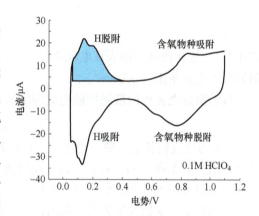

图 5-15　Pt/C 在 0.1M 高氯酸中的循环伏安曲线

利用氢脱附计算 Pt 的活性面积公式为

$$ECSA = \frac{S}{CvM} \tag{5-24}$$

式中，ECSA 为电化学活性面积（cm^2/g）；S 为循环伏安曲线中氢脱附区的积分面积（$A \cdot V$）；C 为单位光滑 Pt 表面满层吸附 H 的电量，为 $210\mu C/cm^2$；v 为循环伏安测试的电势扫速（mV/s）；M 为电极上负载的 Pt 质量（mg）。

通常认为 Pt 基材料的电化学活性面积越大，单位质量 Pt 可利用的表面位点越多，催化活性越高。对于相同质量的 Pt 单质而言，一定范围内显然颗粒越小，暴露的表面积越大，可供电催化反应的位点越多。有研究表明，当 Pt 颗粒在 3nm 左右时具有最优的氧还原活性。在催化剂因各种因素发生性能衰减时，可以利用电化学活性面积减小程度表征催化剂的衰减程度。

5. 目标反应稳态极化曲线

在三电极体系电解池中可以方便地测量催化剂对目标反应的催化活性。以氧还原反应为例，利用旋转圆盘电极技术在固定转速下测量氧还原稳态极化曲线，如图 5-16 所示。

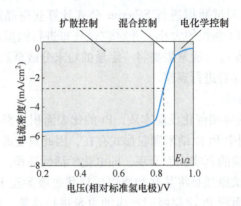

图 5-16　Pt/C 在 0.1M 高氯酸中的氧还原稳态极化曲线

可以看到，随着电势负扫，还原电流逐渐升高，并最终达到平台。这是由于液相体系进行的氧还原测试与电化学反应和反应物扩散均有关，满足 Koutecký-Levich（K-L）公式：

$$\frac{1}{i}=\frac{1}{i_k}+\frac{1}{i_d} \tag{5-25}$$

式中，i 为极化曲线中的表观电流密度（mA/cm²）；i_k 为动力学电流密度（mA/cm²）；i_d 为极限扩散电流密度（mA/cm²）。

旋转圆盘电极中的极限扩散电流密度 i_d 满足 Levich 方程：

$$i_d=0.2nFD^{\frac{2}{3}}\omega^{\frac{1}{2}}v^{-\frac{1}{6}}c \tag{5-26}$$

式中，n 为反应转移电子数，量纲为一；F 为 Faraday 常数，$F=96485\text{C/mol}$；D 为氧气在电解液中的扩散系数（cm²/s）；ω 为电极转速（r/min）；v 为电解液运动黏度（cm²/s）；c 为氧气在电解液中的饱和溶解度（mol/L）。

可见对于固定的反应体系、电解液体系和测试条件而言，i_d 是定值。

在高电势区间，由于极化较小，i_k 较小，有 i_k 远小于 i_d，即 $i_k \ll i_d$，此时有 $i \approx i_k$，说明此区间的极化曲线反映电化学反应特征，此区间为电化学控制区；在低电势区间，i_k 随极化增加显著增大，有 $i_k \gg i_d$，此时 $i \approx i_d$，此区间的极化曲线反映扩散过程特征，此区间为扩散控制区；而在两者交界处，极化曲线受电化学反应和扩散的共同影响，此区间为混合控制区。

在稳态极化曲线上衡量氧化还原电化学反应活性的参数是半波电势 $E_{1/2}$，是指电流达到极限扩散电流一半处的电势，此时显然有 $i_k=i_d$。由电化学动力学可知，交换电流密度较大的体系在达到相同反应电流下的过电势更小，而对于在同样条件测试的催化剂，其 i_d 数值近乎相等，因此半波电势数值越大表示该体系越能在更小的过电势下达到 i_d 数值的电流，即催化活性更高。使用旋转圆盘电极技术进行不同转速下的氧还原极化曲线测试，可以发现 i_d 随电极转速 ω 增加而增大，如图 5-17 所示。此时半波电势在不同转速下具有不同的数值。研

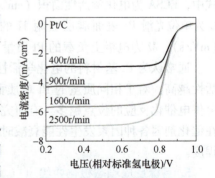

图 5-17　Pt/C 在 0.1M 高氯酸中不同转速下的氧还原极化曲线

究者习惯使用 1600r/min 转速下的半波电势作为 Pt/C 催化剂在酸性下氧还原反应活性的评价标准。

使用式（5-26）替换式（5-25）中的 i_d，可以得到式（5-27）和式（5-28）：

$$\frac{1}{i} = \frac{1}{i_k} + \frac{1}{Bn\omega^{\frac{1}{2}}} \tag{5-27}$$

$$B = 0.2FD^{\frac{2}{3}}v^{-\frac{1}{6}}c \tag{5-28}$$

由于 B 为只和测试环境有关的常量，i^{-1} 和 $\omega^{-1/2}$ 满足线性关系。因此将图 5-17 某一固定电势下不同转速时的电流 i 取倒数与 $\omega^{-1/2}$ 作图，即可得到 K-L 曲线，如图 5-18 所示。由 K-L 曲线中拟合直线在 y 轴截距的倒数即可求得此电势下反应的动力学电流密度 i_k，i_k 用来量化氧还原活性。

将某一电势下的动力学电流密度归一化到活性面积或催化剂担载量即可得到面积活性和质量活性，用于衡量不同催化剂的活性大小。

半波电势、质量活性和面积活性等参数可以方便研究者在实验室级别快速评估氧还原催化剂活性的高低。

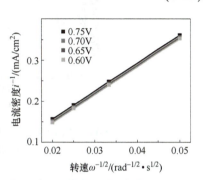

图 5-18　Pt/C 在 0.1M 高氯酸中的氧还原 K-L 曲线

5.3.5　Pt 基催化剂的衰减机制

在 PEMFC 工作过程中，尤其是长时间运行后，催化剂发生衰减并造成电池性能的明显下降。此时催化剂的组成、形貌将发生明显变化，可以观察到 Pt 从载体上脱落、团聚、溶解、迁移等。Pt 基催化剂的衰减影响因素较多，存在多种衰减因子。

1. 电化学 Ostwald 熟化效应

这类衰减机制来源于催化剂上存在粒径不一的 Pt 纳米颗粒，较小的颗粒具有更高的表面能，在同等情况下容易发生溶解，形成高价含铂离子，经过电解质扩散到达附近较大的铂颗粒上，同时电子经由碳载体也传导至较大颗粒上，使高价含铂离子还原发生沉积。随着较小颗粒的粒径减小，这种溶解沉积过程将更容易发生，最终使得小颗粒逐渐减少，而大颗粒逐渐增多，体系整体能量降低。由于纳米颗粒的比表面积随粒径增大而减小，电化学 Ostwald 熟化会显著降低催化剂的活性面积。这一过程在适中电势（0.6~1.2V）下进行的最为明显，这是由于在<u>过高电势下 Pt 表面生成氧化膜抑制溶解，而在低电势下 Pt 表面较为稳定</u>。

2. Pt 的微晶迁移

有研究观察到在电势低于 0.7V 时仍可明显观察到 Pt 的颗粒长大，而此时可以忽略 Pt 经由 Ostwald 熟化引起的溶解沉积。事实上，由于负载于碳载体上的 Pt 纳米颗粒往往具有纳米尺寸，表面能较高，又由于与碳载体的结合不够强烈，因此在表面能降低的驱动下，小颗粒发生迁移，最终团聚长大。这种过程称为 Pt 的微晶迁移。

虽然电化学 Ostwald 熟化效应和微晶迁移都能引起晶粒尺寸变大，但两者引起的粒径分布变化形式有所区别。微晶迁移引起的粒径分布变化往往体现在大粒径方向的拖尾严重，对峰值粒径位置的影响不明显，而电化学 Ostwald 熟化效应引起粒径分布剧烈宽化且峰值粒径变大，如图 5-19 所示。

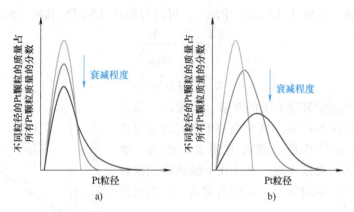

图 5-19 微晶迁移和电化学 Ostwald 熟化效应引起 Pt 粒径分布变化示意图
a）微晶迁移 b）电化学 Ostwald 熟化

3. Pt 在质子交换膜中的沉积

由于在 PEMFC 的电极中催化剂往往和质子交换膜紧密结合在一起，因此电化学 Ostwald 熟化效应产生的高价含铂离子不仅会在附近较大颗粒上发生还原，其中一部分还会在质子交换膜内扩散，并在阳极扩散过来的氢气作用下被还原为 Pt 单质沉积在质子交换膜中，形成 Pt 沉积带或大颗粒。这一现象不仅出现在阴极附近，还能出现在靠近阳极的位置，证明高价含铂离子迁移能力很强。这不仅使得催化层的贵金属发生流失，而且会降低质子交换膜的质子传导率，更严重的是沉积在质子交换膜内的贵金属 Pt 会催化氢氧直接化合，产生含氧自由基，加速膜的化学降解。

4. 碳载体腐蚀

碳发生电化学腐蚀的化学方程式如下所示：

$$C+2H_2O \longrightarrow CO_2+4H^++4e^- \qquad \varphi^\theta_{CO_2|C}=0.207V \qquad (5-29)$$

可见，碳在 PEMFC 阴极的工作电势区间（0.7V）下热力学不稳定，但由于该反应的动力学进行较慢，在阴极电势 0.8V 以下时基本观察不到碳的腐蚀。但在某些情况，如 PEMFC 长时间开路或某些异常工况下，阴极电势为 1V，甚至更高，碳载体的腐蚀明显加快。由于 Pt/C 使用的碳载体是高比表面的活性炭，具有大量不饱和键和缺陷，动力学上也容易发生氧化腐蚀。有研究认为在高湿、高温情况下，Pt 的存在也会明显加快碳腐蚀。

碳载体腐蚀不仅会引起其上负载 Pt 脱落与聚集，而且腐蚀过程初期形成的含氧官能团会增加催化剂亲水性、降低导电性，对催化层中的气体与电子传输通道造成不利影响，在腐蚀末期阶段形成的 CO 类似物还会在 Pt 表面强烈吸附，引发催化剂中毒，在多方面降低催化剂活性。

5. 催化剂毒化

PEMFC 阴极使用空气作为反应物时，不可避免地会带入空气中的 SO_2、NO_x 等杂质。这些杂质在 Pt 上发生强烈吸附，挤占氧气吸附和还原的位点，对氧还原反应有一定的影响。根据杂质自身化学性质以及其与 Pt 结合能力的差异，不同杂质的影响程度存在差异。一些弱吸附杂质（如 NO_2 等）对催化剂的影响可逆，一旦空气中杂质消除，PEMFC 性能可以恢复；部分杂质（SO_2 等）的影响则需要经过电化学活化才能消除，也有部分杂质（如 H_2S）的影响难以消除。

PEMFC 阳极最常见的杂质是重整气中存在的 CO。PEMFC 的性能在阳极反应物存在 10^{-6} 级别 CO 时便有明显衰减。CO 由于在 Pt 上强烈吸附，抢占氢氧化反应位点，会造成阳极迅速失活。CO 在 Pt 等金属表面强烈吸附是由于其特殊的吸附成键方式导致。CO 的最低未占据分子轨道（LUMO）和最高占据分子轨道（HOMO）结构示意图如图 5-20 所示。在金属表面发生吸附时，CO 的 LUMO 轨道与金属 d_{z^2} 轨道发生作用形成 σ 键，电子从金属转移至 CO，与此同时，HOMO 轨道与金属的 d_{xz} 和 d_{yz} 轨道对称性匹配形成反馈 π 键，CO 又将部分电子转移至金属的 d 轨道。在双重轨道作用下，CO 与金属的键合普遍较强。

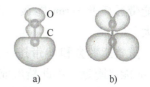

图 5-20　CO 分子的 HOMO 与 LUMO 结构示意图
a) HOMO　b) LUMO

CO 在 Pt 上并非不能继续氧化，而是需要在高电势条件下，水在催化剂表面氧化解离形成吸附—OH，并参与吸附—CO 物种的最后一步氧化过程：

$$H_2O + Pt - e^- \longrightarrow Pt—OH + H^+ \quad (5\text{-}30)$$

$$Pt—OH + Pt—CO - e^- \longrightarrow 2Pt + CO_2 + H^+ \quad (5\text{-}31)$$

5.3.6　Pt 基催化剂的性能提升策略

据测算，在大规模生产阶段，PEMFC 组分中的 Pt 基催化剂成本占总成本的 41%。由于氧还原反应在动力学上进行缓慢，为保证 PEMFC 有足够的功率密度，阴极一侧所需 Pt 催化剂用量达到 $0.4mg(Pt)/cm^2$，远超阳极一侧。因此，提升阴极 Pt 基催化剂活性，降低 Pt 担载量对降低成本有很大帮助。此外，进一步提升催化剂稳定性、开发抗空气杂质毒化的催化剂也对 PEMFC 的长期稳定运行至关重要。对阳极氢氧化反应而言，Pt/C 的活性虽然满足实际需求，但当燃料电池所用的氢气来源于烃类或醇类的重整气时，氢气中混有的 CO 在阳极工作的低电势下强烈吸附并占据 Pt 表面位点，引发催化剂的中毒问题。因此，开发抗 CO 毒化的阳极催化剂也有重要意义。

就活性而言，增加单位活性位点的活性、提升活性位点利用率是两类行之有效的提升策略；就稳定性而言，可以从提升催化剂自身结构的稳定性、增加催化剂/载体相互作用入手考虑；就抗毒化能力而言，降低毒化物种吸附、促进毒化物种在合适的电势区间尽快脱附均可降低毒化的影响。

1. d 带中心理论

由 5.3.1 节可知，催化剂上中间物种吸附强度与催化活性往往存在火山型关系。对于氢电极和氧电极而言，虽然 Pt 在各类金属催化剂中最接近顶点位置，但仍存在通过进一步优化中间物种吸附强度以提升催化活性的空间，这对动力学较为缓慢的氧电极尤为重要。通常认为，适当减弱 Pt 对含氧物种的吸附有利于氧还原性能提升。对不同金属催化剂吸附强度解释最成功的理论之一是 d 带中心理论。

在大量金属原子相互聚集时，由于原子轨道能级间发生相互作用而引起能量起伏，各能级逐渐展宽形成能带，其中有能量范围较宽的 sp 带和能量局域在 Fermi 能级附近的 d 带。

当吸附物种的原子轨道与催化剂作用时，类似于分子轨道理论中原子轨道线性组合形成分子轨道，吸附物原子轨道和催化剂的 sp 带发生重整形成能量更低的成键能带和能量更高的反键能带，电子在重整能带中重新排布，如图 5-21a 所示。多数情况下，由于重整能带中的反键能带远高于 Fermi 能级，电子全部填充于成键能带，因此金属的 sp 带结构对吸附影响不大。

重整能带会和 d 带进一步发生耦合，形成新的成键与反键能带，而由于 d 带局域在 Fermi 能级附近，因此新形成的反键能带也在 Fermi 能级附近，部分电子可能发生填充，如图 5-21b 所示。对于 d 带位置较低、电子填充较多的金属而言，最终键合的反键能带位置更低，电子填充多，因此吸附较弱；反之对于 d 带能量较高、电子填充较少的金属而言，最终键合的反键能带位置更高，电子填充少，吸附更强。因此，金属 d 带结构对吸附强度而言最为重要。

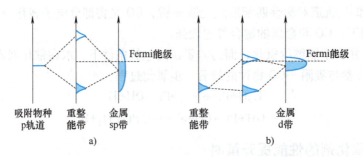

图 5-21 吸附物种与金属 sp 带和 d 带相互作用示意图
a) 电子在重整能带中重新排布 b) 部分电子可能发生填充

金属 d 带所处的能量位置可以用 "d 带中心" 定量描述。对于 d 带能量较低、填充较多的金属而言，d 带中心更低，吸附较弱；反之 d 带能量较高、填充较少的金属 d 带中心更高，吸附更强。这就是 d 带中心理论。d 带结构受到晶面原子排布、元素组成的影响，可以很好解释不同催化剂的吸附强度变化，再结合火山型关系进一步反映催化活性变化。对于同周期的金属原子，随着 d 电子数的增加，d 带中心降低，吸附强度下降，与图 5-13 中 Fe、Co、Ni、Cu 对—OH 的吸附强度一致；对于同族金属原子，随着主量子数增加，d 带中心降低，吸附强度下降，与图 5-13 中 Ni、Pd、Pt 对—OH 的吸附强度一致。对于相同金属元素，表面原子排列紧密情况下，波函数重叠充分，能级分裂更强，d 带相对更宽；相对地，在原子排列稀疏情况下 d 带相对局域，分布更窄。对于 d 带电子填充过半的过渡金属而言，为保证 Fermi 能级以下占据的电子数相同，分布更窄的 d 带整体能量更高，即 d 带中心更高，吸附更强。这一规律可以解释由表面几何结构引起的活性变化。有研究者利用 $LiCoO_2$ 在镶/脱嵌 Li^+ 过程中晶格变化使得其上负载的 Pt 纳米颗粒产生拉应力或压应力，并通过 Li^+ 含量控制应力的大小和类型。表面有 5%压应力情况下，催化剂的活性提升 90%，而拉应力使催化剂活性降低 40%，与预测结果对应良好。

d 带中心理论除了可以借助含氧物种吸附强度来解释催化剂活性变化之外，还可以用于解释催化剂毒化相关物种的吸附行为变化，用于预测分析催化剂的抗毒化能力。

2. 特殊形貌催化剂

Pt 的不同晶面由于原子配位数、排列紧密程度、吸附行为的差异，具有不同的氧还原活性。例如，在 0.1M $HClO_4$ 中，Pt 不同低指数晶面的氧还原活性遵循 Pt（100）＜Pt（111）＜Pt（110）。因此，通过对制备过程的调控使催化剂暴露不同晶面，形成单晶催化剂，可以实现催化活性的提升。此外，部分高指数晶面因具有原子阶梯、缺陷和不饱和配位等特殊结构而具有更高活性，因此定向暴露高指数晶面也是得到高性能催化剂的方法之一。

3. 合金催化剂

Pt 与 Co、Ni、Fe 等过渡金属构成的合金催化剂是大有潜力的一类 PEMFC 阴极催化剂材料，该类材料具有极高的氧还原活性，较商业 Pt/C 可以提升数倍。目前丰田公司的第二代 Mirai 燃料电池汽车中使用的就是一类 PtCo/C 催化剂。

研究者提出了以下多种机制用于解释合金催化剂的活性提升。

（1）几何效应　过渡金属的半径相较 Pt 而言普遍较小，因此与 Pt 形成合金后会引起晶格收缩。根据 d 带中心理论，Pt 的晶格收缩将引起 d 带展宽，d 带中心降低，吸附减弱，有利于氧气还原进行。合金催化剂的晶格变化可以从 XRD、高分辨透射电子显微镜（HRTEM）等物理手段进行表征。

（2）电子效应　由于异种金属原子间电负性差异，形成合金后电荷密度分布将发生变化。由于多数过渡金属元素的电负性较 Pt 更小，形成合金后会向 Pt 转移部分电子，引起 d 带下移，d 带中心降低，吸附减弱，有利于氧气还原进行。合金催化剂的电荷变化可以从 XPS、XAS、UPS 等谱学方法进行表征。

（3）去合金化　较为活泼的过渡金属与 Pt 形成合金后，在酸性环境中工作时催化剂表面的活泼金属发生溶解，在合金表面形成多孔结构，增大 Pt 的活性面积，也有利于反应进行。

在普通合金中金属原子分布杂乱无章，合金催化剂产生的几何效应和电子效应分布不均匀，且化学稳定性差。与普通合金相对的是金属间化合物，其中不同金属按比例结合成长成有序的晶体结构，是一类十分有潜力的合金催化剂。按原子比例划分，Pt 基金属间化合物有 Pt_3M、PtM、PtM_3 相等。目前氧还原催化性能较优异的金属间化合物包括 PtFe、PtCo、PtNi、PtCu 等体系。与纯 Pt 体系类似，金属间化合物的不同晶面催化活性也存在差异，因此暴露高活性晶面的单晶催化剂得到了广泛研究。最为典型的是一类 Pt_3Ni（111）单晶催化剂，它具有八面体的微观结构。在电化学去合金化的过程中，催化剂表面 Ni 溶出形成了超薄 Pt 层，由于受到富 Ni 的亚表面层和内层合金的调控，催化活性相比传统 Pt/C 可以提升数倍以上。

合金催化剂能解决的另一问题是贵金属 Pt 的毒化。在 5.3.5 节中已经介绍过，燃料电池阳极中微量的 CO 即会引起 Pt 强烈毒化。这主要由于在 PEMFC 阳极的工作电势不能满足活性羟基生成以及 CO 氧化的条件，解决这一问题的方法是在催化剂中引入亲氧金属，形成合金，最典型的便是 PtRu 合金。由于 Ru 能高效催化水的解离，可以在更低电势生成吸附—OH，帮助合金中 Pt 表面完成 CO 的氧化和活性位点释放。这种对 CO 物种氧化的提升机制称为双功能机理。同时，PtRu 合金表面 CO 的吸附强度有所下降，也能有效减缓 CO 中毒，这一类提升机制称为电子效应。

对 PEMFC 的阴极使用空气时，空气杂质 SO_2、NO_2 等也会影响氧还原反应进行。通过形成合金，也可以提升 Pt 基催化剂对阴极毒化物种的抵抗能力。

4. 核壳催化剂

考虑到电催化发生的场所仅限于催化剂表层原子，有研究者提出将 Pt 集中于催化剂表面，可以显著提升 Pt 的利用率。通过将部分合金催化剂热处理使合金偏析，可以在表面形成富 Pt 相；有研究者在 Au、Pd 等金属纳米颗粒表面沉积单原子层 Pt，实现 Pt 利用最大化。在 5.3.4 节中已经介绍过，欠电势沉积的实现依赖于沉积原子和基底的强烈相互作用，因此通常发生单层沉积。借助较活泼金属（如 Cu、Pb 等）的单层沉积和化学置换可以得到 Pt 单层催化剂，其制备原理示意图如图 5-22 所示。

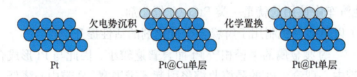

图 5-22　Pt 单层催化剂的制备原理示意图

Pt 单层催化剂不仅显著提升了 Pt 的利用率，由于核壳之间的晶体结构与电子结构差异，Pt 易受到内部的应力与电子作用影响，普遍具有较高的催化活性。

5. 新型载体

如 5.3.5 节所介绍的，Pt 基催化剂的衰退除了受金属物种自身的物理化学性质影响之外，很大程度还受到载体性质影响。传统 Pt/C 催化剂使用的活性炭载体与 Pt 结合力不强且不耐蚀，容易加剧 Pt 的团聚、脱落和毒化。因此，对传统载体进行改性、开发新型碳载体和非碳载体对提升催化剂性能至关重要。

提升载体与 Pt 结合力关键在于引入能强力锚定 Pt 的位点。对碳载体进行非金属元素掺杂，可以打破石墨烯骨架的电中性，并利用杂原子和 Pt 之间强烈的电子相互作用，在催化剂制备阶段增强 Pt 的分散性，并在催化反应中起到锚定作用，减少 Pt 迁移造成的催化剂衰减。研究者发现碳材料表面修饰的 —NH_2、—SO_3H、—OH 等官能团可以和 Pt 发生强烈作用，极大提升载体对 Pt 的结合力，促进稳定性提升。

碳载体不耐蚀的问题可以通过提升石墨化程度解决。在活性炭材料中同时存在非晶结构和晶态石墨烯骨架，研究表明，碳材料中非晶结构和缺陷位置在动力学上更容易在电化学环境下受到攻击，发生含氧官能团修饰和后续氧化。因此，将无定形碳材料进行高温煅烧，提升晶态石墨烯骨架占比，即提升石墨化程度可以显著提升碳材料的电化学稳定性。新型高石墨化碳载体，如碳纳米管、石墨烯等具有较为完整的 sp^2 共轭结构，相较于活性炭而言更耐蚀，能显著增强催化剂的稳定性。

除了对金属活性物种的影响，载体作为催化剂中占比最高的组分，其亲疏水性、堆积结构、孔结构等性质也直接影响电极中催化层的结构，影响 Pt 的利用率。具有高疏水性的碳材料可以加速阴极水的传输，保护气体传输通道，而介孔碳材料作为载体时可以显著改善氧气向 Pt 的传质路径，提升氧气可及性，降低局部运输阻力。

非碳催化剂方面，研究者开发了酸性稳定的氧化物（SnO_2、TiO_2、WO_3 等）、氮化物（TiN 等）、磷化物（FeP 等）等无机物单独或与碳共同作为 Pt 的载体。这类材料中存在电负性较强的非金属元素，可以作为锚定 Pt 的位点，提升 Pt 的稳定性；部分无机物用于载体时还能起到调控 Pt 电子结构的作用，提升催化活性；部分还能提供活性含氧物种，降低位点受 CO、SO_2 等物种的毒化作用；多数非碳载体相较于碳材料热力学上更耐蚀，能提升催化剂稳定性。但非碳载体存在较多问题，如电导率普遍偏低，不利于电子传输；亲水性普遍强，不利于催化层水管理；比表面积远小于碳材料，不利于贵金属高担载量负载；部分化合物高电势化学稳定性不足，容易发生物相转变，降低导电性。因此，非碳载体尚不能取代碳材料，亟待继续研究。

5.3.7 非 Pt 氧还原催化剂

Pt 的极低储量导致其价格过于昂贵，尤其是在 PEMFC 中阴极载量较高，给 PEMFC 的大规模应用带来了严峻挑战。研究者一直在寻找成本更低、综合性能更优的非 Pt 氧还原催化剂，以降低 PEMFC 的成本。

1. 非 Pt 贵金属催化剂

在非 Pt 的贵金属催化剂中，Pd 作为 ORR 催化剂时优势明显。Pd 具有最接近 Pt 的氧还原活性且储量较为丰富，成本远低于 Pt，此外，它受 CO 等毒化物种的影响程度也较轻，但其活性与 Pt 还有一定差距。其他诸如 Au、Ru、Rh 等贵金属，在酸性环境中活性也普遍偏差。通过元素掺杂、形成金属间化合物、调整晶面暴露等方法可以进一步调控贵金属催化剂的活性。

2. 非贵金属碳基催化剂

20 世纪 60 年代，研究者发现一系列金属大环化合物具有催化氧还原活性，其中以具有金属—N_4 结构的酞菁和卟啉化合物活性最佳，但这些化合物易溶于酸性溶液中且稳定性不佳。后续研究将其与碳材料混合热处理，显著增强了金属—N_4 位点的稳定性。到了 20 世纪 90 年代，研究者发现将更为廉价的简单碳源、氮源和金属盐混合热处理也能得到类似的金属—N_4 单原子活性位点，避免使用合成工艺复杂、成本较高的金属大环化合物，使得非贵金属催化剂的研究进入热潮。

事实上，由于热处理过程的不可控，非贵金属催化剂中往往存在多种类型的活性位点。除了上述的单原子金属—N_4 位点以外，还存包括金属物种@掺杂碳层核壳结构和金属物种/掺杂碳层负载结构在内的多种复合型位点，如图 5-23 所示。

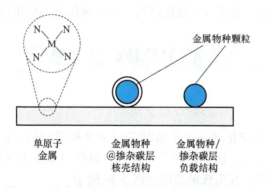

图 5-23 非贵金属催化剂中的三类氧还原活性位点

金属物种（如 Fe、Co、Fe_3C 等）/掺杂碳层构成的复合型位点中，由于金属物种直接接触电解液发挥催化作用，因此多数不能在酸性中稳定存在，通常只能在碱性或中性环境中工作。而在热处理过程中，金属物种原位催化石墨烯生成并将自身完全包覆，可以避免其在酸性环境中的溶解，因此构成金属物种@掺杂石墨烯核壳结构是酸性中的氧还原活性位点。紧密接触的核壳结构之间建立了强烈电子作用，有研究表明，金属向外层碳层具有强烈供电子作用，可以提升 Fermi 能级处的态密度，促进含氧物种在碳层表面的吸附，提升促进电子向中间物种转移。这类电子作用还可以通过变化内核金属物种组成进行灵活调控，例如 FeCo 合金颗粒作为内核时比纯 Fe 颗粒更有利于外部石墨烯对氧气的吸附与还原。

目前，在非贵金属催化剂中活性最高的活性位点是单原子位点。相比于金属单质，单原子化后的金属原子与周围的配位原子直接键合，其电子结构受到周围配位环境的强烈调控，因此具有和对应单质完全不同的吸附行为和催化性质。诸如 Fe、Co 等过渡金属的单质由于对含氧物种吸附过强，而单原子化后与 N 配位的 FeN_x 和 CoN_x 显著优化了对含氧物种的吸附，使其成为活性最高的非贵金属位点之一。单原子催化剂的一大优势在于，金属中心和配位元素的选择十分丰富，可以对催化性能进行灵活调控。目前发现了基于 Fe、Co、Cu、Mn、Zn 等金属元素的高活性 ORR 位点，配位环境也从传统平面对称的 N_4 结构发展到轴向配位、非对称配位等。和非贵金属元素类似，在催化剂合成过程中降低贵金属担载量、提升载体与贵金属原子的结合力、构造合适的微孔结构，也可以实现贵金属的单原子化，得到单原子催化剂。据报道，轴向修饰含氧物种的 IrN_4 和 RuN_4 单原子位点在酸性中具有和 Pt/C 相似的氧还原活性。由单原子结构发展来的双原子位点综合了金属催化剂和单原子催化剂的优点，连续的双金属位点在保留单原子位点灵活调控优势的同时可以实现反应物更加丰富的吸附形式，有利于反应进行，是当今的研究热点。

除了非贵金属催化剂之外，研究者还发现具有缺陷和元素掺杂的部分碳基材料也具有催化氧还原活性。对于完整的石墨烯材料而言，由于原子的规则对称分布，整个石墨烯骨架对含氧中间物种的吸附过弱，不是氧还原的理想位点。但引入缺陷和杂原子掺杂可以打破石墨烯骨架的电中性，引发局部电荷分离，增强反应物种在位点的吸附，增强催化反应活性。

由于非贵金属碳基催化剂活性位点密度低、本征活性不高，只有在较高负载量时才能实现较高活性，因此电极中的所需催化层较厚，易引起较大的传质阻力；此外，多种过渡金属物种具有催化芬顿（Fenton）反应的能力，可以将阴极产生的过氧化氢裂解为高活性含氧自由基造成电极衰减。因此，非贵金属催化剂在实际电极体系的应用仍存在较大挑战。

5.4 PEMFC 膜电极

5.4.1 膜电极结构

PEMFC 的阴极和阳极催化剂被紧密负载于质子交换膜两侧，形成具有电极-膜-电极结构的膜电极"三合一"组件。通常还将"三合一"组件与双侧电极外的气体扩散层一起称为膜电极"五合一"组件，其组成示意图如图 5-24 所示。

当膜电极指代"五合一"组件时，膜电极是进行电化学反应的场所，膜电极内部各层之间、膜电极和外侧流场板之间进行着复杂的物质运输与能量交换。按照传输顺序，这些物质运输与能量交换包括：

1) 氢气通过流场供应到阳极气体扩散层外部，经由气体扩散层扩散至膜电极内部的阳极催化层；氧气通过流场供应到阳极气体扩散层外部，经由气体扩散层扩散至膜电极内部的阴极催化层。

2）阳极催化层与质子交换膜界面处发生氢气电氧化，产生的质子经由质子交换膜跨膜运输，产生的电子向外依次经过气体扩散层、流场板向外传递。

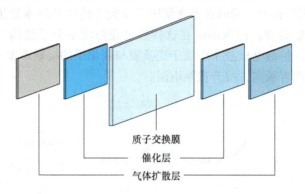

图 5-24　膜电极"五合一"组件组成示意图

3）阴极侧电子依次经过流场板、气体扩散层向内传递到阴极催化层，同时质子跨膜运输进入阴极催化层，在阴极催化层与质子交换膜界面处发生氧还原反应。

4）阴极产生的水一部分跨膜传递，另一部分经过气体扩散层，通过流场排出。

5）电化学反应产生的热经过气体扩散层和流场板导出电池。

5.4.2　催化层

1. 催化层内的三相反应界面

根据 5.4.1 节的物质传输分析，只有在同时具备反应物气体、质子和电子的传输路径的催化剂表面，电化学反应才能顺利进行，失去任何一类传输路径都将使得催化位点失活。在三电极测试体系中，催化剂被黏结剂（通常是 Nafion）固定在电极表面浸入酸性电解液中进行测试。此时催化剂颗粒彼此连接，并与电极连接形成导电路径；充分浸润催化剂的酸性电解液提供了质子传导路径；反应物气体溶解于电解液中，通过电极的高速旋转保证向催化剂表面传质。因此，三电极测试中催化活性位点利用率较高。但是在膜电极的催化层中，并非所有催化剂都能真正发挥活性。催化层内的催化剂颗粒之间彼此连接，并与外侧气体扩散层相连成为导电路径；质子传导路径的形成高度依赖催化层内的 Nafion 树脂，它们相互连接并与质子交换膜相连保证质子传输；气体传输通道则依赖催化层中的孔道。因此，催化剂、气孔、离聚物三相的交界处才是真实发生反应的位点，称为三相反应界面。

目前已经实现商业化的膜电极主要有两类：<u>气体扩散电极</u>和<u>催化剂覆膜催化层电极</u>，根据制备过程的差异，其三相界面结构也有所区别。

2. 气体扩散电极

气体扩散电极（GDE）是第一代膜电极技术，是<u>将催化剂和疏水黏结剂（如 PTFE 乳液等）共同负载于气体扩散层上，经过高温烧结除去 PTFE 乳液中表面活性剂同时，使 PTFE 融化建立起憎水网络以提供流畅的气体传输通道</u>。此外，还需要在催化层表面通过喷涂或浸入等方式负载一定 Nafion 树脂以建立质子传输通道，这一步也称为电极的立体化。随后将气体扩散电极与质子交换膜进行热压即得到膜电极,其制备流程示意图如图 5-25 所示。可以设想,由于 Nafion 溶液的加入是在疏水网络形成之后,催化层内的 Nafion 很难和催化剂充分接触,实验观测通常 Nafion 只能浸入催化层 10μm 左右。为了尽可能提升催化层中的催化剂利用率,实用化的气体扩散电极厚度往往也在 10~15μm。有研究者提出,将 Nafion 与 PTFE 一同混入催化剂浆料中,同时在催化层中建立质子传导和疏水通道。但由于气体扩散电极制备需经历高温热处理,而 Nafion 在这样热处理温度下分子结构发生改变,影响质子传导能力。此外,气体扩散电极技术中质子交换膜与催化层的接触不紧密,在长期运行时容易由于体积变化造成两者脱离,提升接触电阻。

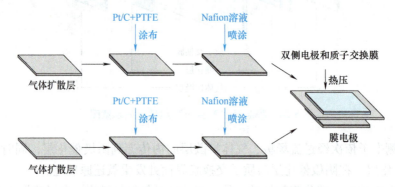

图 5-25　PEMFC 的气体扩散电极制备流程示意图

3. 催化剂覆膜催化层电极

催化剂覆膜催化层(CCM)是 20 世纪 90 年代发展起来的新型催化层结构,称为第二代膜电极结构,它与气体扩散电极最大的区别在于催化剂直接负载于质子交换膜上,热压时催化剂与质子交换膜紧密结合。如此一来,催化剂的利用率极大提升,且质子传输通道得以保障,质子传输阻力也减小。由于催化层中缺少疏水骨架,因此工作时所有的催化剂均浸泡于水中,反应物气体必须溶解到水中再扩散到催化剂表面,这要求 CCM 电极的厚度必须控制在 5μm 以下,否则靠近膜一侧的催化剂将失去气体传输通道而失活。

制备 CCM 电极的方法大体有涂覆法和转印法两类。早期制备多采用涂覆法,需将催化剂与 Nafion 树脂配成浆料,采用刮涂、喷涂等方式直接负载于干燥的 Nafion 膜两侧。由于干燥的 Nafion 膜存在较大的溶剂吸收溶胀现象,涂覆法不利于维持膜的平整。研究者提出采用红外光、基底加热等方式加速溶剂挥发,或开发基于湿膜的喷涂方法,减少因膜溶胀引起的平整度变化。为从根本解决涂覆法带来膜溶胀体积变化问题,研究者开发了转印法。将催化剂与 Nafion 树脂共同负载于惰性基底(如 PTFE)上,待催化剂干燥后与 Nafion 膜进行热压,在热压过程中将基底上的催化层转移至 Nafion 膜上得到膜电极。基于转印法制备 CCM 电极的流程示意图如图 5-26 所示。

5.4.3　有序膜电极

5.4.2 节中介绍的两类催化层结构分别代表了第一代和第二代膜电极。虽然通过从 GDE 到 CCM 的技术提升增强了催化剂与 Nafion 膜的质子传导,但 CCM 的催化层结构内部各组分分布仍杂乱无章,电极内部质子和气体传输阻力可以通过各组分有序化进一步降低,这便是第三代膜电极——有序膜电极的发展思路。

图 5-26 基于转印法 CCM 电极的流程示意图

有序膜电极的发展始于 21 世纪，研究者使用碳颗粒构成的长链均匀负载 Pt 纳米颗粒，在长链外侧包裹一层 Nafion 树脂，并首次提出膜电极的理想有序结构，其示意图如图 5-27 所示。在这类理想结构中，连接于气体扩散层的有序电子导体和连接于质子交换膜的有序质子导体提供了垂直于膜电极表面方向的电子与质子传输路径，而有序的垂直孔结构保障了反应物气体快速输运。虽然这类理想结构并不能与实际催化层中的物质运输很好地对应，但这类有序化的思路在后续膜电极开发中得以发展和延续。

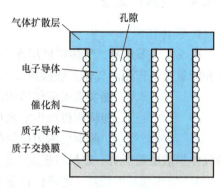

图 5-27 膜电极的理想有序结构示意图

根据处于有序状态的组分不同，目前开发的有序膜电极可以划分出三类思路：电子导体有序化、催化剂有序化、质子导体有序化。

1. 电子导体有序化

以导电载体构成的纳米线阵列作为催化剂载体，可以实现催化层内电子导体有序化。以高定向碳纳米管、导电二氧化钛纳米管阵列、导电聚合物阵列为基底，通过化学沉积或磁控溅射沉积一层 Pt 催化剂并喷上 Nafion 薄层，最终热压于 Nafion 膜即制备了有序膜电极，其结构类似于早期提出的理想有序结构。

2. 催化剂有序化

在电子导体有序化的思路下，若使用牺牲阵列作为模板，直接使催化剂生长为有序阵列结构，即可实现催化剂的有序化。有研究者使用碱式碳酸钴阵列上溅射一层 PtCo 合金，在除去牺牲模板后即得到垂直生长的 PtCo 合金纳米线阵列。

3. 质子导体有序化

与前两类有序化不同，质子导体有序化的思路是将质子交换膜由传统平面结构三维有序化形成 Nafion 阵列，再在其上进行催化剂负载。如此便增大了供质子传递的界面面积，进一步降低质子传输阻力。质子导体有序化膜电极的结构示意图如图 5-28 所示。在相同贵金属担载量时，使用三维阵列结构质子交换膜组装的膜电极相较于传统结构能实现功率密度数倍提升。有研究表明，在阴极 Pt 担载量低至 17.6μg/cm² 时 PEMFC 即可实现 1.24W/cm² 的功率密度，达到传统结构 400μg/cm² 的水平。

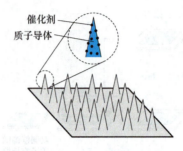

图 5-28 质子导体有序化膜电极的结构示意图

5.4.4 气体扩散层

1. 基本要求

由 5.4.2 节来看，气体扩散层作为连接催化层与流场板的中间层，起到了关键的物质输运和能量交换作用。气体扩散层需要满足以下要求：

1) 孔隙率大，能实现反应气体的流畅传递与均匀分布。
2) 疏水性强，能将阴极产生的水尽快排出电池，防止发生水淹。
3) 机械强度高。膜电极的内层结构——质子交换膜和催化层具有较强柔性，因此外层的气体扩散层需要有一定机械强度，起到支撑作用。
4) 导热和导电性好，能将内部催化层上电化学反应产生的热量和电子及时传导。
5) 化学和电化学稳定性好，能耐受燃料电池的高温、高湿、强氧化/还原、强酸环境。

2. 基本组成

气体扩散层主要由支撑层和微孔层构成。支撑层通常是经过憎水处理的高孔隙率碳纤维材料，如碳纸或碳布，主要起到机械支撑的作用，而微孔层通常由炭黑和 PTFE 构成，起到对水和气体的传输分配作用的同时，也能覆盖支撑层凹凸不平的表面，增强与催化层的电接触。

3. 性能评估

研究者提出了多种测试评估方法用于评估气体扩散层孔结构、亲疏水性、导电性、透气率、机械强度等物理性质。其中，孔隙率和透气率反映了气体扩散层分配传输气体反应物的能力；水平和垂直方向的电导率反映了对电流重新分配和在不同层之间传输的能力；拉伸强度和抗弯强度体现了气体扩散层对抗拉伸和弯曲形变的强度。

4. 衰减机制

气体扩散层的衰减来源于长期运行过程中疏水性降低。有证据表明，在气体扩散层内部，PTFE 在运行过程中会发生降解，破坏疏水网络，引发水淹，甚至有研究认为气体扩散层衰减对 PEMFC 性能的影响大过催化剂衰减。和催化剂的碳载体一样，支撑层的碳纤维和微孔层的活性炭纳米颗粒也会在高电势处发生表面含氧官能团修饰，导致亲水性提升，不利于维持气体传输通道。此外，微孔层发生腐蚀后会增加与催化层接触的阻抗，造成 PEMFC 性能下降。

5. 改性策略

据研究，在 PEMFC 以小电流工作、产水量较小时，液态水容易进入亲水的微孔，而在长期工作或大电流工作、产水量较大时，亲水孔不能满足排水需求，液态水优先渗透进入孔径 20μm 以上的疏水大孔中，而疏水的中孔可以自由进行气体运输。因此，对气体扩散层水管理层面的改性主要为孔结构的调整与优化。通过添加造孔剂可以调控微孔层中的孔径分布，以改善在大电流区间的电池性能；通过设计垂直膜电极方向梯度分布的分级孔结构可以改善气体和水的输运行为，而设计平行于膜电极方向的分级结构有助于氧气气体扩散层中均匀分布；通过调整碳纸中纤维长度、微孔层中活性炭的种类或添加碳纳米管、酚醛树脂、氧化石墨烯等成分也可以显著改善气体扩散层的孔结构。

疏水性也被研究人员用于改善气体扩散层水管理。疏水剂的比例和分布对孔结构有较大影响，因此需要根据支撑层和微孔层的结构进行优化；有研究表明，使用 PVP 作为疏水剂可以增强气体扩散层的气体渗透性，并获得更均匀的疏水性；而在传统的疏水微孔层外侧添加亲水层，可以提升在反应物低增湿环境下的水管理。

此外，气体扩散层中微孔层厚度对水管理也有影响。一般认为较薄的微孔层能减少传质和传荷阻力，并在高加湿环境中提升电池性能，而较厚的微孔层有助于保湿，更能适应低加湿环境工作，但会增大传质和传荷阻力。

5.5 PEMFC 流场板

5.5.1 流场板的要求

流场板在气体扩散层外部，主要负责将反应物气体均匀输送到气体扩散层、将气体扩散层传导的水导出电池、将电池内部电化学反应产生的电流导出到外电路并将反应热带出等。

PEMFC 流场板材料需满足以下要求：

1）**具有高导电性**，与气体扩散层的接触电阻小，降低体系的欧姆极化程度。
2）**具有较高的可加工性**，在加工供气体输运的流场时不能形成孔洞。
3）**具有高化学与电化学稳定性**，能耐受燃料电池工作的高温高湿、强氧化/还原环境，且不能与反应物和产物反应。
4）**导热性良好**，能尽快将电池中的热排出，防止热失控。
5）**具有一定的疏水性**，方便水及时排出，但疏水性不应超过气体扩散层。
6）**对反应物气体渗透有较强的阻挡。**

5.5.2 流场板的常见材料

流场板通常是由金属钛、石墨等稳定性好、导电导热性强，且加工性能好的材料构成的，但目前尚无一种完美的材料能同时满足流场板的所有要求。

石墨具有较好的导电导热性和较强的耐蚀性，加工出的双极板组装单电池测试性能良好。石墨板的一种制备方法是将石墨粉、焦炭碎屑和树脂等混合，经历长时间高温（2700℃数十小时）热处理，得到无孔或低孔隙率的石墨块，再经过机械加工得到。可见，这类石墨流场板的制备加工工序复杂，能耗高，因此制造成本高，且由于石墨块质地较脆，加工时的机械强度差,因此只能加工较厚的流场板,电池体积比功率低。另外一种制备石墨双极板的方法是模铸法,将石墨粉与树脂等材料在一定温度下冲压成型,可以大幅降低成本,但电阻率和稳定性相较于纯石墨双极板稍差。

金属流场板机械加工性好,可以制得很薄的流场板,但耐蚀性差。在阴极一侧,富氧环境下金属倾向于生成氧化层发生钝化,提升界面接触电阻;在阳极一侧则会发生电化学腐蚀,溶出的金属离子可能进入膜电极内部,污染催化剂和质子交换膜,加速膜电极各组分衰减和电池性能衰退。因此,金属极板的耐蚀性提升一直是研究关注的重点。

在石墨双极板和金属双极板之外,还有复合双极板。使用金属作为分隔层,以石墨材料作为流场,可以兼顾两者在耐蚀性、体积和质量方面的优势。

5.5.3　流场板评估方式

材料的多项物理化学性质对作为流场板的实用性十分关键,包括导电性、电化学稳定性、亲疏水性、机械强度等,这里主要介绍前两个方面。

1. 导电性

双极板的导电性通过体电阻和接触电阻衡量。体电阻率描述双极板自身的导电性,通常使用四探针法测定,其示意如图5-29所示。

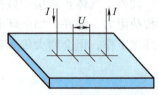

在测量设备外侧的两探针之间通入一定电流,记录中间两探针之间的电压,根据欧姆定律即可获得体电阻率,有

图5-29　四探针法测定体电阻率示意图

$$\rho = C \frac{U}{I} \tag{5-32}$$

式中,ρ为材料体电阻率($\Omega \cdot cm$);U为中间两探针记录的电压(V);I为外侧两探针间通入的电流(A);C为探针系数,与探针的排列形式有关(cm)。

接触电阻是衡量两个表面接触所带来的电阻,与接触面的结合结构、界面接触压力等有关。因此,需要测量不同压力下的接触电阻,测量装置示意图如图5-30所示。通常而言,接触电阻随压力增加而减小并趋于稳定。

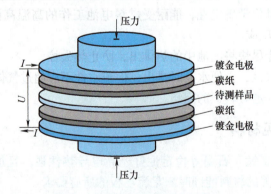

图5-30　接触电阻测量装置示意图

2. 电化学稳定性

双极板的电化学稳定性可以通过测量在模拟腐蚀环境下的开路电压、Tafel曲线和恒电

势腐蚀进行评估。

在开路时,电极表面的腐蚀反应与耦合的还原反应达到平衡,形成混合电势,称为自腐蚀电势。通常而言,自腐蚀电势越高,材料的热力学更稳定。

Tafel 曲线通过电势线性扫描获得。通过阴极和阳极 Tafel 曲线外推取交点,可以得到腐蚀电流。腐蚀电流是动力学参数,表征材料的腐蚀速率。

恒电势腐蚀试验需模拟 PEMFC 阴阳极的工作电势和工作环境,分别在高电势通入空气和低电势通入氢气的环境中进行恒电势测试,通过观察响应电流的大小可以直观了解腐蚀情况。

5.5.4 流场结构

流场板表面加工有形状各异,供反应物/产物流动的流场。理想的流场结构应该在优化气体传输的同时尽快排出液态水。最简单的燃料电池流场结构有平行、蛇形、交指等类型,如图 5-31 所示,其他类型还包括点状、多通道蛇形、仿生型等。在实际流场板中,针对不同区域可以选用不同类型的流场。

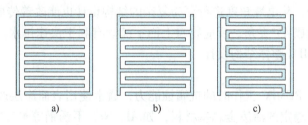

图 5-31　PEMFC 流场类型
a)平行流场　b)蛇形流场　c)交指流场

平行、蛇形和交指流场中存在明显的凹槽。如图 5-32 所示,凹槽部分称为"沟",其中进行物质输运,"沟"的形状决定了物质传输的效率,它是影响燃料电池性能的重要因素;流场凹槽以外的部分称为"脊",它因与气体扩散层直接接触主要起到导电导热作用。因此,流场板的导电性和气体运输特性取决于流场中"沟"和"脊"的比例,通常称为开孔率。显然,开孔率过高会导致流场与气体扩散层接触不佳,而开孔率过低会影响气体反应物的传质。通常流场板的开孔率在 40%~50%之间。

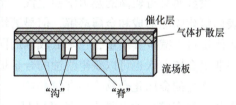

图 5-32　流场板中的"沟"/"脊"结构与气体扩散层的位置关系

5.5.5 流场板提升策略

1. 新型流场设计

流场的结构决定了有效反应面积、反应物分配情况等,显著影响了极板电流分布、极板间电压一致性、电池功率密度等重要参数,很大程度上决定了燃料电池的性能。传统的流场存在特定的问题,例如,在平行流场中,每个流道之间的阻力差异将显著影响反应物和水的分配均匀性，影响电池水热管理；单蛇形流场仅有一条气体扩散路径，需要提供的气体压力较大，且容易出现各处反应物浓度差距过大的问题，多蛇形流场则缓解了这一问题，但仍存在进口压力大、出口水聚集的问题；交指流场中气体在通道末端受压力作用下强制被压入气体扩散层，并经由气体扩散层进入出口通道，大大缩短反应物气体到达催化层表面的距离，加快传质，但传质阻力大且容易引起质子交换膜破坏。因此，具有高效运输和强化传质的新型流场开发是双极板提升的方向之一。

数值模拟结果表明，流场内沟槽的深度、宽度、圆角、角度、数量等均影响电池性能。有研究者模拟生物体内运输系统，提出各类仿生流场，如仿树叶叶脉、仿树枝分级、仿肺部气管等，此外还提出了各类分形结构流场，能显著降低传质阻力，提升电池性能。但这些仿生流场对于金属极板而言制造复杂，进一步提升了成本。近年来，商业化的金属极板流场趋于简单化，采用平行波浪形微流道流场以促进气体扩散，并在气体分配区域采用复合流场以提升分配均匀性，而石墨极板由于采用机械微加工工艺，可以采用较为复杂的 3D 流场。在流场内设置角度合理的挡板、堵块等结构可以对反应气体产生阻挡形成涡旋，引发二次流增强内部传质效果，提升峰值功率密度。

除了双极板本身，从电堆角度进行更为复杂的结构设计也能改善传质情况。有研究者表明，流道方向与重力成 45°夹角、反应物自上而下流动有利于快速排水。由此可见，对流场的优化也需考虑 PEMFC 整体结构设计。

2. 表面改性

为提升双极板在 PEMFC 工作时的抗腐蚀能力，通常使用表面涂层改性的方法。经过防护后，原本酸性下不稳定的活泼金属基材料，如 Al、Ni、不锈钢等可以在 PEMFC 中作为双极板使用，显著降低了成本。

常见的表面改性涂层有贵金属涂层、金属化合物涂层、碳涂层、导电聚合物涂层等。

贵金属具有较高的热力学稳定性，将 Pt、Au、Ru 等沉积在金属双极板上可以明显抑制表面氧化膜的形成和金属溶解，但显著增加了成本，应用受限。将贵金属以纳米颗粒形式加入涂层可以减少其用量，在降低成本的同时保留贵金属涂层的优越性能；通过合金方式将某些非贵金属引入也可以获得耐蚀的合金极板。

常见的金属化合物涂层有氮化物、碳化物和氧化物等。Ti、Cr、Nb 等金属的氮化物和碳化物具有较高的电导率，且可以显著改善界面接触，降低界面接触电阻，而高导电性的 SnO_2、IrO_2 等也被用于双极板表面涂层。

碳材料虽然热力学不稳定，但结晶性良好、缺陷少的石墨化碳腐蚀速率慢，也是合格的表面保护涂层。利用部分过渡金属可以催化生长石墨烯的性质，通过化学气相沉积等方法可以在金属双极板表面形成完整的高结晶性石墨烯包覆层，显著改善腐蚀问题，并提升疏水性。

导电聚合物也被用于对双极板的防护，如聚吡咯和聚苯胺等。通过电沉积法可以在金属极板表面直接生长导电聚合物，方法简单、成本低。多种类型的涂层还可以进行复合，共同改善双极板性能。例如通过阴极电弧离子镀的方法沉积的 CrN 涂层可以显著降低腐蚀电流，而与碳复合后可以加快涂层形成，进一步降低针孔缺陷的点蚀作用，并能提升疏水能力；将导电聚合物中混入石墨烯也能改善涂层结构，提升导电性与耐蚀性。

除了保护性涂层之外，也有部分研究表明疏水涂层的引入可以减缓腐蚀速率，这可能与疏水涂层本身具有粗糙结构，在双极板表面形成空气层，降低与腐蚀性物质接触有关，但其保护效果不如保护性涂层。

5.6 质子交换膜燃料电池运行影响因素

5.6.1 工作温度和压力的影响

对于 PEMFC，由热力学可以计算得到，当工作温度上升时电池电动势下降。但根据电化学动力学，温度升高可以极大加快电化学反应的进行速率，降低活化极化程度。此外，提高温度还能提高质子交换膜的电导率，降低欧姆极化程度，因此整体来看提高温度有利于 PEMFC 性能提升。试验表明，工作温度每上升 1℃，PEMFC 的电压上升 1.1~2.5mV。5.2 节已经介绍过，虽然全氟磺酸膜不适宜在 80℃ 以上的温度下使用，但通过改性或开发其他质子交换膜材料，可以缓解高温下膜的失水和降解，实现更高的工作温度。但更高的工作温度会加快催化剂、双极板等基础材料的衰减，也会给密封带来更大挑战。

无论根据化学热力学还是动力学，提升反应物气体压力均有利于提升 PEMFC 性能。但由于高压下电池的密封存在较大困难，当以空气为反应物时，压缩气体还将额外消耗能量，因此 PEMFC 的工作压力不能一味提升。目前 PEMFC 的工作压力一般在常压到 0.3MPa 之间。

5.6.2 PEMFC 水管理

PEMFC 平稳运行与内部水含量动态稳定密切相关。水在 PEMFC 中来源于反应物加湿和电化学反应，除部分用于膜的润湿，保证质子传输顺畅之外，大部分需经由气体扩散层、流场排出电池外。电池内水含量不足会导致膜失水，影响质子传导率，而水含量过高则会导致催化层、气体扩散层发生水淹，影响气体传输。因此，PEMFC 的水管理十分重要。

1. 水的跨膜运输

由于工作在 80℃ 左右，PEMFC 中的水主要以液态存在。液态水在质子交换膜内部的传输有以下三类形式：

1) **电迁移**：水虽然是中性分子，但由于 Nafion 膜中部分质子传输以水合形式通过车载机制进行，因此部分水分子随质子一起从阳极迁移至阴极，称为电迁移。

2) **浓差迁移**：由于阴极一侧的氧还原反应产生水，在膜两侧形成水的浓度差，因此水将在浓差作用下从阴极扩散至阳极，称为浓差迁移。

3) **压力迁移**：若阴阳极的操作压力不同存在压差，则在压力梯度作用下将引起宏观的水迁移，称为压力迁移。

考虑到膜在水中的跨膜运输行为的复杂性，在不同的操作情况下需采用不同的水管理策略。通常情况下由于 PEMFC 的阴极产生水，而电迁移作用还会导致水从阳极向阴极的迁移，因此通常需强化阴极水向阳极的运输，以缓解阳极的缺水情况。常见的措施包括提升阴极加湿程度、增加阴极阳极气体压差，促进水的浓差扩散和压力扩散。水在较厚的质子交换膜中扩散更为困难，因此使用较厚的质子交换膜时需要强化阴极向阳极的水运输。相对的，当使用较薄的质子交换膜时，可能由于阴极向阳极的水运输造成阳极水淹，此时则需要降低阴极增湿、增加阳极气体流速等，尽快将阳极水排除。

2. 增湿

反应物气体的增湿是最常见的水管理策略。增湿策略有外增湿和自增湿两类，其中外增湿需将一定量水蒸气混入反应气体中，一同通入 PEMFC 内，而自增湿需进行电极设计或特定的操作，利用反应产生的水实现增湿。前者能更加稳定可控地控制增湿效果，但依靠外部设备，增加了系统的复杂性和成本，而后者虽然能大大简化设备的复杂程度，但较难对增湿效果进行控制。最佳的增湿条件还与具体操作条件有关，一般相对湿度在 50%～80% 较为合适。

3. 排水

对于催化层而言，保持稳定的三相反应界面十分关键。随着反应进行，阴极催化剂表面将产生水，而阳极表面也存在跨膜运输的水，这部分水如果不能及时排除，则催化层的气体传输通道将会阻塞。在气体扩散层也存在水淹问题，造成气体传输不畅。影响排水的因素主要有催化层、气体扩散层的孔结构和疏水性差异、流场类型、操作方式等。

PEMFC 中水排出形式有液态和气态两类。气态排水可以随着未利用的反应物气体排出，通过影响水的蒸发冷凝平衡，可以促进水的蒸发，强化气态排水，缓解液态排水压力。影响气态排水的因素主要有操作温度、反应物气体增湿程度、空气压力等。

5.6.3 低温储存与冷启动

在低温环境中，PEMFC 内部的液态水会结冰，产生 9% 的体积膨胀。在低温启动后体积膨胀恢复，但多次的膨胀—恢复会在电池中产生不均衡应力，导致电池结构破坏，影响电池性能。此外，流场中未及时排出的水若结冰，将影响反应物气体输送引起电池衰减，甚至失效。避免低温储存造成电池衰减的关键在于停机后进行吹扫，将电池内部的液态水尽可能排出电池。有试验证实，有效吹扫后，电池可以在 -40℃ 环境下低温储存并正常启动。

由于电池反应是放热反应，原理上对于自身结构完好的 PEMFC，可以依靠自身反应放热实现冷启动。有研究表明，在低温启动初期，阴极产生的水大部分以液态留在阴极催化层内，只有启动一段时间水累计超过催化层保水量，水出现在催化层表面时才发生结冰。因此，通过增加亲水无机物等方式增加催化层的容水量可以为低温启动争取时间。

当电堆散热较快或储存温度过低时，依靠自身反应难以获得足够热量以实现冷启动。这种情况下，可以依靠外部辅助加热或氢氧催化的方式进行低温启动。其中，辅助加热可以采取加热电池、反应物气体或冷却液等；氢氧催化需将一定比例的氢气和氧气混合气体通入电池入口的燃烧器，在催化剂的作用下燃烧放热，并将尾气通入电池以实现加热。氢氧催化是一种无辅助加热的冷启动方式，该方式将氢气爆炸极限（4.0%～75.6%）之外的混合物气体通入电池一极，在 Pt 催化剂的作用下进行化学反应放热，以加热电池。

5.6.4 电堆中单电池的一致性与反极现象

PEMFC 电堆的输出能力和稳定性受到最差的单电池限制。因此，在加工过程中应尽量保证各片单电池的一致性，且在电堆的物质传输路径设计中也应保证每片单电池的物质传输阻力相同。

当电堆中某一片单电池相比于其他单电池处于不良运行状态时，虽然单片电池电压下降短期内对整体电堆电能输出影响很小，但这种不健康的运行状态是限制电堆稳定工作的关键，若受到忽视持续保持功率输出，则会加剧该单电池的性能衰减，甚至引起反极现象，对电堆造成不可逆损伤。

反极现象是指在电堆中某片单电池电压由正变负的现象。这种现象产生的原因主要是反应物供应不足。由 5.1.2 节可知，双极板两侧的电极反应直接经由双极板进行电子传输，而串联的结构使得在允许情况下电流必须在各单电池间流动。

1) 在反应物正常供应情况下，对某单电池而言，氢气在阳极一侧发生氢氧化反应（HOR），生成质子和电子，质子穿过质子交换膜，参与同一个单电池阳极一侧的氧还原反应（ORR），电子则穿过双极板用于相邻单电池阴极一侧的 ORR。对单电池而言，阴极 ORR 所需电子来自于相邻单电池阳极 HOR。每片电池都如此工作时，单电池的电压由阴极 ORR 和阳极 HOR 反应建立并维持电池的电流连续流动，这是正常状态，单电池电压在 0.7V 左右。

2) 若某片单电池阳极反应物，即氢气不足时，由于其他正常电池产生的电流流经时缺乏合适的还原剂发生氧化反应，该电极将发生正电荷积累，其电势将上升，直至引起水的氧化反应（OER）贡献电子，电子仍然穿过双极板进入相邻单电池参与阴极 ORR 以维持电流流动。此时，异常电池的电压由阴极 ORR 和阳极 OER 建立，对外输出电压为负。

3) 与 2) 中的情况相似，若某片单电池阴极反应物，即氧气不足时，由于其他正常电池产生的电流流经时没有合适的氧化剂发生还原反应，该电极的负电荷将积累，其电势将下降，直至引起水的还原反应（HER），消耗相邻单电池阳极 HOR 产生的电子以维持电流流动。此时，该异常电池的电压由阴极 HER 和阳极 HOR 反应建立，对外输出电压也为负。

正常情况和反极情况下的阴、阳极反应及单电池电压见表 5-1。

表 5-1　正常情况和反极情况下的阴、阳极反应及单电池电压

	阴极反应 及电势范围	阳极反应 及电势范围	单电池 电压范围
正常情况	$\frac{1}{2}O_2 + 2e^- + 2H^+ \longrightarrow H_2O$ 0.7~1.0V	$H_2 - 2e^- \longrightarrow 2H^+$ 0~0.2V	0.5~1.0V
氢气不足	$\frac{1}{2}O_2 + 2e^- + 2H^+ \longrightarrow H_2O$ 0.7~1.0V	$H_2O - 2e^- \longrightarrow 2H^+ + \frac{1}{2}O_2$ 1.23~1.5V	-0.8~-0.23V
氧气不足	$2H^+ + 2e^- \longrightarrow H_2$ 0~0.2V	$H_2 - 2e^- \longrightarrow 2H^+$ 0~0.2V	-0.2~0V

可以看出，当阳极反应物不足时，会在阳极产生氧气，当阴极反应物不足时，将在阴极产生氢气。反极情况下，问题单电池中将存在氢氧混合，引发剧烈反应放热，破坏电极结构，甚至烧毁 MEA。当阳极反应物不足时，阳极电势被强制提高以引起水氧化，而产生的高电势对各类碳材料（如催化剂载体、气体扩散层等）均有不可逆的损害。

5.6.5　电堆启停引发的衰减

当电池停车后，残留在电池阴阳极的反应物仍维持了电池电压，并在漏电过程中被逐渐消耗。在电堆进、出口封闭情况下，内部将产生负压，吸引空气进入电堆。当电池启动时，阴阳两极的主要成分实际都是空气。当 PEMFC 启动，阳极一侧开始通入氢气时，优先接触

氢气的位置（见图 5-33 中富氢气区）发生氢气氧化，产生的电子优先经催化层流至未接触氢气的位置（见图 5-33 中富空气区）触发氧气还原，并引起对应质子交换膜中的质子流动趋势；在质子交换膜的阴极一侧，阳极富氢气区对侧在跨膜质子流的推动下发生正常的氧气还原，所需的电子优先从催化层内部获取，因此阳极富空气区对侧的阴极区域为引发氧化反应电势升高，直至发生水氧化和碳氧化以满足电子和质子的需求。

在 PEMFC 停车时，内部反应物由于自放电逐渐消耗，空气刚进入阳极时，也会在阳极产生氢/氧界面，依据相同的机制在阴极相应区域产生高电势。启停过程产生的高电势是催化层衰减的重要因素。

这种<u>由于阳极产生氢/氧界面引发的阴极局部高电势的机制称为反向电流机制</u>，其示意图如图 5-33 所示。

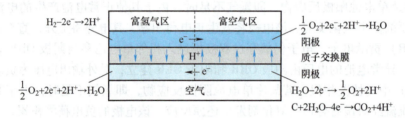

图 5-33　PEMFC 启停时产生阴极高压的反向电流机制示意图

5.6.6　开路/怠速情况下的衰减

在 PEMFC 开路或以小功率运行情况下，电池电压处于较高范围，意味着阴极电势高达 0.85V 以上，将直接加快高电势相关的衰减行为，如碳载体的腐蚀与 Pt 的团聚；同时反应物分压高，气体互窜更为严重，渗透的氢气氧气在 Pt 催化下产生自由基的速率将加快，进而造成更严重的衰减。

5.7　质子交换膜燃料电池应用实例

PEMFC 的工作温度低、发展规模大，在小型燃料电池电源应用领域，占据了 96% 的市场。室温快速启动和快速动态响应的特点使得 PEMFC 尤其适合在电动汽车、潜艇、分布式发电设备等场景中使用。通过灵活调整膜电极组件的尺寸与之间的串并联关系，可以实现燃料电池电堆功率调整以适应不同应用场合。我国多家企业已经掌握大功率 PEMFC 电堆生产的关键技术，图 5-34 所示为氢晨科技研发的 300kW 大功率 PEMFC 电堆，为截至 2022 年全球最大的燃料电池电堆。

图 5-34　氢晨科技研发的 300kW 大功率 PEMFC 电堆

5.7.1 商用/乘用车

在 21 世纪之前，国际知名的汽车制造商便开始关注 PEMFC 技术。早在 1966 年，通用汽车公司推出了全球第一款燃料电池汽车 Electrovan，该车动力系统由 32 个串联的燃料电池模块组成，持续输出功率为 32kW，峰值功率为 160kW。Ballard 公司在美国温哥华和芝加哥的公共汽车上测试了 PEMFC，并在 1993 年展示了一辆零排放、最高时速为 72km/h 的 PEMFC 汽车。进入 21 世纪后，随着工业化生产技术的不断成熟，PEMFC 在车用领域逐渐走向商业化。2001 年法兰克福车展上，通用公司展示了"HydroGen3"型燃料电池原型车，其燃料电池单元功率为 94kW，百公里加速时间为 16s，最高速度达到 160km/h，氢气储存可用-253℃低温液氢或 70MPa 高压储氢，分别能够支持 400km 和 270km 的续航里程。2007 年，本田公司的 FCX Clarity 成为第一款量产的燃料电池汽车。2014 年日本丰田推出了 Mirai，成为全球首部实际大规模生产销售的 PEMFC 汽车，其动力系统结构示意图如图 5-35 所示。Mirai 中装配的 PEMFC 单元最大功率达到 114kW，百公里加速仅需 10s，续航里程达到 644km，通过采用高性能 PtCo 合金催化剂，Pt 的用量有所降低以提升价格方面的竞争力。2018 年，韩国现代推出了中型 PEMFC 驱动的 SUV——Nexo，能装载 59L 高压氢气，支持 611km 的续航里程，其 PEMFC 使用寿命大于 5500h，全球累计销售超过 3.7 万辆，在氢燃料电池车中销量领先。

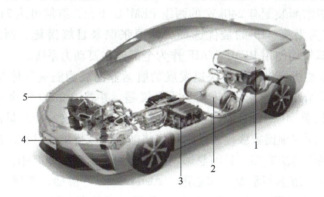

图 5-35 丰田 Mirai 动力系统结构示意图
1—锂离子电池组 2—氢气储罐 3—PEMFC 和 DC/DC 变换器 4—永磁体同步电动机 5—电子元器件

在以重型卡车、物流车、公交为代表的商用车领域，PEMFC 已有部分示范运营案例。2022 年，50 台氢能通勤车在武汉交付投入商业运行；20 量燃料电池网约车 MAXUS MIFA 在上海投入运行；17 辆环卫车在佛山交付使用。为保障 2022 年冬奥会，北京奥组委在张家口赛区使用 710 辆氢燃料电池车作为接驳交通工具，张家口市投入 444 辆燃料电池客车，覆盖城区 10 条公交线路，截至 2022 年 3 月 15 日，累计运行里程超过 2000km，累计载客量超过 6500 万人次，是世界最大规模的氢燃料电池示范。目前，我国已经掌握具

图 5-36 亿华通公司 G120 型燃料电池发动机

有完全自主知识产权的燃料电池发动机，实现了其核心零部件和关键材料的自主化、国产化，推动了国产燃料电池车的发展。图 5-36 所示为亿华通公司 G120 型燃料电池发动机。

5.7.2 潜水器和船舶

以水下机器人为代表的小型潜水器引对续航有较高要求，十分适合使用PEMFC作为动力源。2000年，日本国立海洋研究开发机构和三菱重工开发了Urashima水下机器人，由两台2kW的PEMFC驱动，续航里程达到317km，远超同期锂离子电池驱动水平。2003年德国对DeepC型水下机器人进行了试验，该机器人由3.6kW PEMFC驱动，电池容量达140kW·h。2011年以后，日本国立海洋研究开发机构还进行了基于10kW的HEML燃料电池系统的长续航水下机器人试验。美国通用公司和Cellula公司也在和美国与加拿大的海军研究部门合作开发PEMFC驱动的水下机器人。CellRobotics公司研制的Solus-LR超大型无人潜航器已经完成燃料电池系统耐久性测试，燃料电池容量达250kW·h，支持2000km的续航里程。

海军潜艇推进系统对耐久性和隐蔽性要求较高，而PEMFC具有噪声低、无红外辐射、无振动、耐久度高等优点，是潜艇"不依赖空气推进系统"（AIP）的理想技术选择。20世纪70年代，日本、美国、德国、加拿大等国家开始开发基于PEMFC的潜艇AIP，其中德国的研发最为成功。1995年，装备了210kW的PEMFC/AIP后，德国的209级潜艇以4.5kn（1kn=1.852km/h）的速度航行时，航程可达到1250n mile[⊖]，较未加时提升4倍以上。而2004年下水的214级潜艇装配有240kW的两组PEMFC单元，续航可达21d。随后，各国海军普遍将PEMFC作为潜艇AIP的最优选择。韩国张保皋Ⅲ级潜艇、西班牙S80型潜艇、日本"凰龙"号潜艇等均使用PEMFC/AIP作为全部或主要动力系统。

由于长期依赖柴油机提供动力，快速发展的航运业已成为温室气体排放的重要行业之一。国际海事组织将船舶温室气体减排列为重要议题，并要求2050年全球航运业温室气体排放总量较2008年降低50%。据计算，我国2020年航运业排放的CO_2量占交通运输业排放CO_2总量的12.6%，而多项国家级政策性文件也将航运碳减排纳入日程。研制氢动力船舶成为航运业碳减排的最优解决方案。目前氢燃料电池多用于内河小型船舶，主要发达国家均有燃料电池游船、渔船、游艇等示范，如德国"Alsterwasser"游船、美国"Water-Go-Round"渡船等，我国在2021年已开发成功"蠡湖号"游艇和"仙湖1号"游船。对于大型船舶和远洋船舶，则需要更大功率的PEMFC系统。挪威"Ulstein SX190"海上工程船和"Topeka"滚装船采用的燃料电池系统功率分别达到2MW和3MW，荷兰氢动力超级游艇Aqua则装配了功率高达4MW的PEMFC系统。装载有中国船舶第七一二研究所研制的500kW PEMFC系统的三峡氢舟1号示范船于2023年3月下水，为我国大型氢燃料电池船舶推广提供了成功的实践案例。

5.7.3 轨道交通

在轨道交通领域，氢燃料电池机车有望替代传统内燃机车，显著提高能源利用率，减少碳排放。这一升级不需要铁路电气化，能降低电气设备相关的建设与运营成本。

美国VehicleProject公司开发了世界首台PEMFC矿用机车，功率可达17.5kW，相较于蓄电池驱动的机车减重30%；美国圣菲铁路公司提出了PEMFC驱动的调车机车，装载了

⊖ 1n mile=1852m。

240kW 的 PEMFC 和 1MW 的蓄电池组；2006 年 JR 东日本公司推出了有 130kW PEMFC 和 340kW 蓄电池组成的轻轨机车，单次加氢可运行 50~100km，比内燃机车节能 50%。法国阿尔斯通在 2016 年推出了 Coradia iLint 列车，并在德国进行商业运行，丹麦、德国、英国等国家也相继推出了燃料电池轨道客车。

2013 年，西南交通大学研制出国内首台氢燃料电池机车，由 150kW PEMFC 组成的动力系统，单次加氢续航可达 24h；2016 年，清华大学和中国中车研制了氢燃料电池有轨电车，以 PEMFC 和蓄电池组混合供电，单次加氢可运行 100km；2022 年中车长客与成都轨道集团研发了氢能市域列车，最高速度可达 160km/h，单次加氢续航可达 600km；具有 400kW 功率的燃料电池系统在氢龙一号调车机车上成功验证，是当时全球功率最高的轨道交通燃料电池系统，这一纪录在 2023 年被中国中车宁东号氢动力机车（见图 5-37）打破，其装车功率高达 800kW，储氢最大容量为 270kg，最长单机不间断运行 190h。2021 年以来，内蒙古绵白铁路 700kW 燃料电池混合动力机车已经安全运行超过 20000km。

图 5-37　中国中车宁东号氢动力机车

5.7.4　飞行器

无人机有着广泛的军事和民用场景，是各国重点发展的空中体系之一。内燃机驱动产生的振动易造成精密设备损坏，因此电力驱动是中高端无人机的必然选择。目前，小型无人机多使用锂离子电池驱动，但面临着电池组质量和续航之间的矛盾，且使用温度区间有限，因此小型 PEMFC 是驱动无人机的理想动力源，可以显著提升无人机续航。

在 2003 年，美国 AeroViroment 公司推出了 Hornet2007 型小型固定翼无人机，翼展宽度仅为 38cm，在 PEMFC 的驱动下可以飞行 15min；而 NASA 与 AeroViroment 公司联合研制 Helios 无人机由 18.5kW PEMFC 驱动，翼展达到 75m。随着技术发展，无人机的飞行续航时间不断延长。2005 年，美国海军实验室的 Spider Lion 无人机使用 95W PEMFC 驱动，飞行时间超过 3h。2007 年，美国佐治亚理工学院的研究团队进行了 500W PEMFC 驱动的小型固定翼无人机试飞，可实现高功率加速、爬升，续航时间为 43min。2009 年，美国海军实验室的 Ion Tiger 无人机在 550W PEMFC 驱动下飞行了 26h，当使用液氢燃料时又在 2013 年创造了 48h 的飞行记录。在民用领域，2016 年 H3 Dynamics 公司推出了可续航 10h、飞行距离超过 500km 的 PEMFC 驱动无人机 EAV-1。

在旋翼式无人机方面，韩国 Doosan 公司于 2019 年推出了全球首个大规模制造的 PEMFC 驱动旋翼式无人机 DS30，可以飞行 2h，最高飞行速度达 80km/h，成功在美国和韩国完成了海外离岛物资运送、偏远地区太阳能发电厂检测等任务。而 MetaVista 公司制造的旋翼式无人机则以 12h 的飞行时间打破了世界纪录。2021 年，Doosan 公司还推出了世界首台垂直起降的 PEMFC 驱动旋翼式无人机 DJ25。我国在 2012 年，由同济大学研究团队展示了飞跃一号 PEMFC 驱动无人机，其装配有 1kW 的电堆，可以续航 2h。2012 年，大连化物所和辽宁通用航空研究院合作开发了雷鸟无人机，其以 10kW 的 PEMFC 作为主要动力来源，搭配了锂离子电池用于辅助。2020 年，哈工大设计了翌翔一号无人机，使用 PEMFC 和辅助锂离子电池的混合来源，续航达到 8h，2021 年开发的翌翔二号，续航时间达到 16h。

相比于无人机，对于燃料电池驱动的载人飞行器技术难度更高，研究较少。2008 年波音公司对 PEMFC 和锂离子电池混合动力系统进行了试验，其中 PEMFC 输出功率为 24kW。2009 年，德国宇航中心研制的 DLR-H2 纯氢能飞机试飞成功，该飞机由 25kW PEMFC 驱动，续航时间为 5h，飞行里程达到 750km。2020 年美国 ZeroAvia 公司研制了 M500 型飞机，续航里程达到 1800km。我国在 2017 年试飞了大连化物所和辽宁通用航空研究院联合研制的 RX1E 电动飞机，由 20kW PEMFC 和锂电池组混合驱动。

5.7.5　固定式发电

2010 年，ClearEdge 公司开发了 ClearEdge 5 燃料电池固定电站。Plug Power 公司的 GenSure 型 PEMFC 固定电站可以输出 200W～2.5kW 的功率，可作为满足多种应用场景的备用电源，截至 2022 年已经在 37 个国家安装了 3800 套。该公司的 E-200 型 PRMFC 为美国宾夕法尼亚州偏远山区的微波无线电通信站供电，一次加氢可实现 108kW·h 的电力储备，系统不间断工作 17～19d。

小型 PEMFC 也可以作为家庭热电联产系统，将能量利用效率提升至 90% 以上。由于 PEMFC 热电联产能极大减少污染并提升能量利用率，一些国家出台政策支持家庭安装该系统。在日本，预计到 2030 年将安装 530 万台，其中松下支持的 700W 系统的工作寿命可达 90000h。日本也在加速 PEMFC 热电联产系统在商业建筑的应用，松下、东芝、三浦等公司均推出了面向商业建筑的高功率热电联产系统。欧洲安装 4500 套 PEMFC 热电联产系统。巴拉德公司的 FCgen-H2PM 系统被丹麦政府选为公共安全计划的一部分，作为停电时的临时电源。

第 6 章

固体氧化物燃料电池

6.1 电池结构及工作原理

固体氧化物燃料电池（SOFC）主要使用陶瓷材料制成，具有全固态结构，不存在电解液的流失问题。SOFC 在高温（600~1000℃）运行，电极反应动力学快，因此不必使用贵金属催化剂。此外，SOFC 产生的高温尾气，非常适合热电联产，可使 SOFC 的能量转化率高达 90%。因此，SOFC 是一种非常有应用前景的清洁高效发电技术。

6.1.1 SOFC 的电池结构

SOFC 单电池主要由电解质（Electrolyte）、阳极（燃料极）（Anode, fuel Electrode）和阴极（空气极）（Cathode, Air Electrode）组成，如图 6-1 所示。电解质不仅传导离子，还起隔绝阴、阳极反应气体的作用。电解质是 SOFC 的核心部件，它的性质决定了 SOFC 的工作温度、电极反应原理及最终的应用领域。

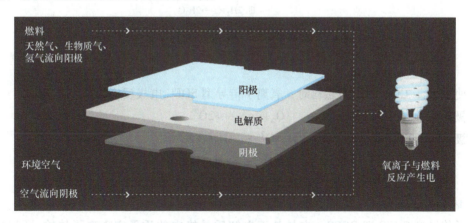

图 6-1 Bloomenergy SOFC 电池发电示意图

根据电解质传导离子的能力，可以将固体氧化物燃料电池分为高温（HT-SOFC，$T \geqslant 850℃$）、中温（IT-SOFC，$650℃ \leqslant T \leqslant 850℃$）和低温（LT-SOFC，$T \leqslant 650℃$）型 SOFC；也可根据电解质传导离子的类型——氧离子（O^{2-}）或质子（H^+，proton），将固体氧化物燃料电池分为氧离子传导型 SOFC 和质子传导型 SOFC，其中质子传导型 SOFC 也称为质子陶瓷燃料电池（Protonic Ceramic Fuel Cell，PCFC）。

6.1.2 SOFC 的工作原理

1. 氧离子传导型 SOFC 工作原理

氧离子传导型 SOFC 是基于传导氧离子的电解质实现电池内部的离子传输。SOFC 工作时，在阳极一侧持续通入燃料气，如 H_2、CH_4 等，燃气分子通过阳极的多孔结构扩散到阳极与电解质的界面，在阳极的催化作用下失去电子（e^-），然后与从电解质传导过来的氧离子（O^{2-}）反应生成 H_2O 和 CO_2，电子经外电路对负载做功后回到 SOFC 的阴极；在阴极一侧持续通入氧气或空气，在阴极的催化作用下，氧气分子在阴极表面发生吸附解离，然后得到电子变为 O^{2-}，在化学势梯度的驱动下，O^{2-} 进入电解质并扩散到固体电解质与阳极的界面，与解离的燃料气体分子发生反应，整个电化学反应过程如图 6-2 所示。

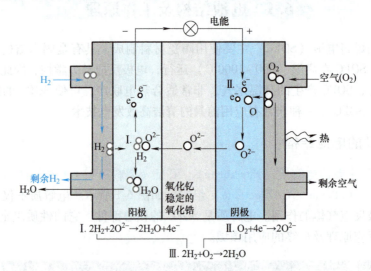

图 6-2 氧离子传导型 SOFC 工作原理示意图

当使用 H_2、CO、CH_4 为燃料时，氧离子传导型 SOFC 电极反应为

阴极：
$$O_2 + 4e^- \longrightarrow 2O^{2-} \tag{6-1}$$

阳极：
$$H_2 + O^{2-} \longrightarrow H_2O + 2e^- \tag{6-2}$$

$$CO + O^{2-} \longrightarrow CO_2 + 2e^- \tag{6-3}$$

$$CH_4 + 4O^{2-} \longrightarrow 2H_2O + CO_2 + 8e^- \tag{6-4}$$

2. 质子传导型 SOFC 工作原理

质子传导型 SOFC 即 PCFC，它是基于电解质晶格中的质子实现离子传输，因此 PCFC 的整个反应过程与氧离子传导型 SOFC 略有不同。燃料气 H_2 在阳极的催化作用下解离成质子（H^+）并释放电子，质子在化学势梯度的作用下通过阳极-电解质界面进入电解质内部并向阴极方向迁移，电子经外电路对负载做功后回到阴极；在阴极，氧气分子在阴极催化剂的作用下与电子结合变成 O^{2-}，然后与传导过来的 H^+ 结合形成 H_2O。其电化学反应过程如图 6-3 所示。

当使用氢气为燃料时,PCFC 电池电极反应为

阳极: $H_2 \longrightarrow 2H^+ + 2e^-$ (6-5)

阴极: $O_2 + 4H^+ + 4e^- \longrightarrow 2H_2O$ (6-6)

总反应: $2H_2 + O_2 \longrightarrow 2H_2O$ (6-7)

由于 PCFC 电解质传导质子(H^+),且迁移方向与氧离子正好相反,因此 PCFC 与氧离子传导型 SOFC 存在一定的差别,具体不同点在于:

1) 电解质中质子的迁移活化能(≤0.4eV)显著低于氧离子(≤0.8eV),因此 PCFC 可以将电池的工作温度降低到低温段(450℃≤T≤650℃);

2) PCFC 工作时,H_2O 在阴极侧产生,阳极燃料的利用率可以大幅提高,但阴极侧的高湿氧化气氛也会带来较严重的腐蚀问题,如阴极和连接体在高温湿润气氛下的腐蚀较为严重。

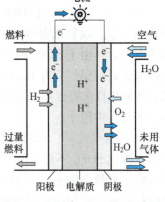

图 6-3 PCFC 工作原理示意图

3) CO 等不含氢的燃料不能被 PCFC 利用。

4) 质子导体电解质致密化温度高、机械强度较低,因此质子导体电解质及电池的制备相较于氧离子传导型 SOFC 更加困难。

氧离子传导型 SOFC 发展较早,相关技术相对成熟,并已经开始逐步商业化。而 PCFC 仍处于实验室研发阶段,近年来,随着材料研究的进步及 SOFC 低温化的需求,PCFC 又成为本领域的研究热点。由于本书中涉及氧离子传导与质子传导两种类型的 SOFC,因此,后面出现的 SOFC 一般是指 SOFC 的统称或特指氧离子传导型 SOFC,而质子传导型 SOFC 则用 PCFC 表示。

6.1.3 SOFC 的特点

SOFC 是一种具有广泛应用前景的燃料电池技术,具有能量转换效率高、全固态结构及清洁无污染的特点,被视为未来能源系统中重要的组成部分。目前,许多发达国家将这项技术视为战略性关键技术,并已经开始商业化应用。SOFC 不仅支持能源的可持续发展,还有助于增强能源安全,减少环境污染。SOFC 具有如下特点:

(1) 全固态结构 SOFC 采用全陶瓷材料,固态电解质没有液态电解质所带来的电解质流失和腐蚀的问题,有助于提高电池的长期工作稳定性。同时,全固态结构有利于模块化设计,有助于提高电池的体积能量密度,通过多个模块串联或并联的组合方式向外供电,可根据用途和容量灵活调节。此外,与大多数其他类型的燃料电池不同,全固态结构的 SOFC 可以制备成多种几何构型。除了常用的平板状结构外,SOFC 还可以设计成管状、瓦楞状、平管状等结构,甚至可以像微电子器件一样设计加工成微米尺度的微型 SOFC。

(2) 转化效率高 SOFC 工作时发电效率接近 60%,同时系统会产生高质量的余热(余热温度高达 400~600℃),适于与热汽轮机等设备联用,提高发电系统的效率,热电联用能量利用率可达 90% 以上,是一种高效的能源转化系统。

(3) 燃料适应性强 根据 SOFC 工作原理,理论上只要能被 O_2 氧化的气体均能作为 SOFC 的燃料。由于 SOFC 工作温度高,氢气、天然气以及一些低分子烃类燃料气体,如甲

烷、丙烷、丁烷等，可以在阳极内直接氧化或进行内部重整。SOFC 也可以通过外部重整部分高分子的碳氢化合物来提供燃料，如汽油、柴油、喷气燃料（JP-8）或生物燃料等。重整后可以获得含 H_2、CO、CH_4 和 CO_2 等的合成气。SOFC 系统可以通过将电化学氧化释放的热量用于碳氢气体的水蒸气重整来提高能量利用效率。此外，煤和生物质等固体燃料可通过水煤气反应气化形成合成气作为 SOFC 的燃料。

(4) 环境友好　当 SOFC 以纯氢为燃料时，电池的化学反应物仅为水，可以从根本上消除氮氧化物、硫氧化物等导致环境污染和温室效应的气体排放；当以矿物燃料制取的富氢气体为燃料时，由于 SOFC 的高转化效率，其二氧化碳的排放量比热机过程减少 40%。即使使用碳氢燃料，尾气只有 H_2O 和 CO_2，能够简单实现 CO_2 的收集和存储，从原理上讲，SOFC 结合 SOEC 技术可以实现化石类能源利用的"零碳"排放。此外，由于 SOFC 运动部件很少，工作噪声很小。

(5) 成本较低　SOFC 高的工作温度（一般在 600℃ 以上）可以有效提升电极的反应动力学，因此 SOFC 不像其他类型的低温燃料电池那样需要使用贵金属作为催化剂，一些具有高活性、低价格的金属（如 Ni）和氧化物（Co、Fe、Mn 等的氧化物）可以用来作为 SOFC 的电极材料。常用的电解质材料是价格低廉的 Y_2O_3 稳定的 ZrO_2 等。

虽然 SOFC 存在上述诸多优点，但其商业化进程仍然面临着较大挑战。由于其在高温运行，SOFC 各个组件之间的化学相容性、电池密封、金属连接体腐蚀及电池劣化等诸多问题，导致 SOFC 的运行寿命无法满足商业应用的要求；当使用纯氢作为燃料时，电池的运行成本较高，商业竞争力不足。针对这些问题，目前 SOFC 主要向中低温化和直接使用碳氢燃料方向发展。

1. SOFC 的中低温化

传统 SOFC 在 1000℃ 左右运行时，发生在 SOFC 中各种界面间的反应以及电极在高温下的烧结、退化等均会降低电池的发电效率与运行寿命。同时，较高的工作温度使电池关键材料——电极、连接体和电解质的选择受到极大限制，电池材料成本较高。若能将 SOFC 的工作温度降到 800℃ 以下，既能保持 SOFC 的优点，又能避免或缓解上述问题。因此，开发中低温 SOFC 是目前 SOFC 的主要研究方向之一。

中低温 SOFC 是指在 400~800℃ 内工作的固体氧化物燃料电池。降低工作温度将会带来以下好处：

1）材料间的化学相容性相对提高，电池的稳定性相对增加，延长了电池的使用寿命。

2）完全可以采用成本不高的不锈钢材料作为连接体及其他辅助材料设备，极大地降低了电池成本。

3）缩短了电池的启动时间，提高了启动速度，使 SOFC 在小型分布式应用领域具有非常广阔的应用前景。

4）由于其工作温度适中，可以直接使用天然气和一些碳氢气体作为燃料，还可以使用甲醇、乙醇、二甲醚、汽油、柴油等液体作为燃料。

5）可以应用于移动电源、分布式电源、辅助电源，也可以和燃气轮机联合建立大型发电站，甚至在发电的同时可以进行化工生产，形成热、电、化学品联产。

SOFC 的中低温化主要受电解质材料及其薄膜制备技术决定。随着运行温度降低，传统 YSZ 电解质电导率快速下降，通过薄膜工艺将电解质厚度减小到 5~10μm，可以将电池工作温度降低至 700~800℃。当需要继续降低 SOFC 的运行温度时，则需要开发新的电解质材料。目前有两条技术路线：①发展高氧离子电导率的电解质材料及电解质薄膜制备方法；②发展质子导体电解质材料及其电池制备工艺。

此外，随着 SOFC 运行温度的降低，阴极氧还原反应动力学过程变慢，阴极极化电阻显著增加，导致电池输出功率显著降低。因此，除了开发高性能电解质材料外，研发高催化活性的阴极材料也是推动 SOFC 中低温化的关键。

2. 使用碳氢燃料

相对于其他类型的燃料电池，SOFC 最主要的优点之一就是能够以更便利的碳氢气体（如管道天然气）作为燃料，而其他类型的燃料电池（熔融碳酸盐燃料电池除外）则需要高纯氢作为燃料。但是目前绝大部分氢气需要通过碳氢气体（天然气）或煤炭的重整获得，并需要额外的部件或设备来生产 H_2 并去除 CO，这导致整个系统效率降低，并增加了系统的复杂性和成本。同时，氢气的存储和运输问题还有待解决。由于 SOFC 的工作温度较高，碳氢气体的重整反应可以在系统内进行，通过重整器可以将燃氢燃料转化为 H_2 和 CO，从而直接供给 SOFC 电堆发电，也可以直接在电池的阳极进行内部直接重整发电，更进一步，可以直接以碳氢气体为燃料，在阳极中直接进行电化学氧化，这个过程的热力学效率理论上可以接近 100%。但在实际应用中，直接使用碳氢燃料会带来严重的碳沉积和硫中毒问题，导致电池性能快速衰退，甚至损坏电池。因此，目前主要通过系统内重整，使碳氢燃料转化为 H_2 和 CO 合成气，然后供给 SOFC 电堆发电。例如，目前已经商业运营的 Bloomenergy 公司的 SOFC 系统主要使用天然气和沼气等碳氢燃料，经脱硫重整后用作 SOFC 电堆的燃料。SOFC 在重整后的合成气燃料中表现出优异的运行稳定性。使用碳氢燃料可以利用现有管道天然气设施，极大地降低 SOFC 的运行成本，提高其商业竞争力。

6.2　SOFC 电池及电堆关键材料

SOFC 单电池主要由固体电解质、阳极和阴极组成，如图 6-4 所示，在组装 SOFC 电堆时还需要使用连接体（Interconnecter）和密封材料（Sealant）。SOFC 一般在较高的温度下工作，因此对每个 SOFC 组件的功能及属性都有较高的要求。本节将对 SOFC 电池及电堆关键材料做详细的阐述。

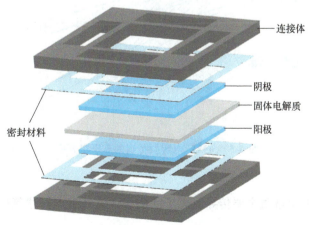

图 6-4　SOFC 电池堆组装示意图

6.2.1 SOFC 电解质

1. SOFC 电解质的特性

固体电解质作为 SOFC 的核心部件，其离子传输能力是决定 SOFC 性能的关键因素之一。电解质是电池欧姆电阻的主要来源，对电池性能影响很大。同时，电解质材料的选取很大程度上决定了 SOFC 其他部件材料的选择及电池的制备工艺。理想的 SOFC 电解质材料应该具有如下特性：

1）能够长时间保持较高的离子电导率（>0.01S/cm），不能有电子电导，从而防止内部短路。

2）从室温到工作温度范围内保证对燃料气体和氧化气体的完全隔绝，其致密度一般要高于94%，并容易制备成致密的薄膜（≤10μm）。

3）在 SOFC 工作温度下，电解质在氧化性气氛和还原性气氛中必须具有足够的化学稳定性和结构稳定性。

4）在制备和运行过程中，电解质材料必须与其他电池组件均具有良好的化学相容性，不与电极发生反应，不生成界面离子阻隔层。

5）电解质的热膨胀系数（Coefficient of Thermal Epansion，CTE）必须与电极、连接体及密封剂在室温至操作温度范围内匹配。

6）电解质材料还应具有高强度、高韧性、易加工、低成本等特点。

电解质的离子电导率决定了 SOFC 的工作温度及电池中电解质的厚度。图 6-5 给出了不同类型电解质在各个温度下的离子电导率及 SOFC 电池中对应的电解质厚度。如果电解质的离子电导率低于 0.01S/cm，为了将单电池中电解质所贡献的欧姆电阻控制在 0.15$\Omega \cdot cm^2$ 以下，以保证燃料电池具有较高的输出功率（≤1W/cm^2），则电解质的厚度需要低于 15μm。但电解质层过薄会增加电池泄露的风险，提高电池制备成本，不利于 SOFC 的商业化推广，因此需要开发高离子电导率的电解质材料。

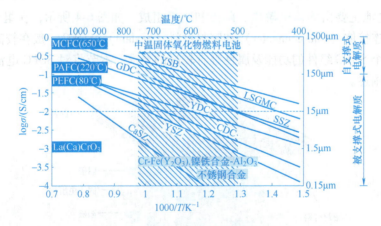

图 6-5 SOFC 电解质材料的离子电导率

2. 电解质中的离子电导

前面提到，SOFC 电解质主要传导氧离子或质子，此处重点讲述氧离子在电解质中的迁移过程，质子的传导机制将在后面详细阐述。

在传导氧离子的电解质中，氧离子可以通过晶格中的氧空位缺陷或晶格间隙位置实现迁移。目前常用的电解质主要以空位机制进行迁移（见图6-6a），例如YSZ（Y_2O_3稳定的ZrO_2）等电解质材料；少部分电解质以间隙氧离子的形式进行传输（见图6-6b），例如磷灰石型硅酸镧电解质（$La_{9.33+x}(SiO_4)_6O_{2+1.5x}$）。

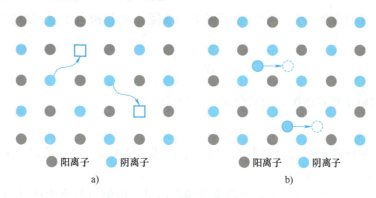

图 6-6 SOFC 电解质中氧离子的迁移机制
a）空位机制 b）间隙机制

电解质的离子电导率主要由载流子（氧空位或间隙氧离子）的浓度和迁移率决定，可用式（6-8）表示：

$$\sigma = ne\mu \tag{6-8}$$

式中，n 代表载流子的浓度；e 代表载流子带电荷数；μ 代表载流子的迁移率，μ 又受载流子迁移活化能 E_a、材料晶格结构及温度影响。

因此，通常一个材料的电导率可表示为

$$\sigma = \frac{A}{T}\exp\left(\frac{-E_a}{kT}\right) \tag{6-9}$$

式中，A 包含了材料的晶格结构、载流子浓度等信息；E_a 为载流子的迁移活化能。

从上面的公式可知，要提高电解质的离子电导率，需要从两方面考虑：①增加载流子的浓度；②降低载流子的迁移活化能，提高离子迁移率。增加载流子的浓度可以通过离子掺杂实现，例如 Y_2O_3 掺杂 ZrO_2 可以在材料晶格中引入大量氧空位，从而提高电解质的氧离子电导率。降低氧离子的迁移活化能主要通过离子掺杂调节材料的晶格结构来实现，一般来讲，材料的晶格对称性越高，晶格越松弛，氧离子的迁移活化能越低。不同种类电解质材料离子电导率的优化方法有所不同，需要根据材料的结构和组成进行具体分析，这将在后面章节详细讨论。

3. 电解质中的电子电导

在SOFC电解质的性能要求中提到，电解质需要在很宽的氧分压范围内工作，并要求其电子电导率尽可能低。由于电子电导率会导致开路电压降低，严重影响电解质的工作特性，因此有必要讨论一下电解质材料的电子电导随氧分压的变化情况。

（1）未掺杂电解质的电子电导随氧分压的变化情况

1）在高氧分压条件下，外界的氧分子 O_2 在化学势的作用下进入材料晶格，形成间隙氧离子 O''_i 和电子空穴 $h^{\cdot}$，缺陷化学方程及该反应的平衡方程可以表示如下：

$$\frac{1}{2}O_2 = O''_i + 2h^· \tag{6-10}$$

$$K_1 = [O''_i]p^2 p_{O_2}^{-\frac{1}{2}} \tag{6-11}$$

式中，p 为单位晶格体积中电子空穴（Positive Holes）的数量，即电子空穴浓度；K_1 为反应平衡常数。

根据材料电中性原则，晶格中间隙氧离子的浓度 $[O''_i]$ 跟电子空穴浓度 p 应该满足如下关系：

$$[O''_i] = \frac{1}{2}p \tag{6-12}$$

由此，可以得出电子空穴浓度 p 与氧分压 p_{O_2} 的关系：

$$p = (2K_1)^{\frac{1}{3}} p_{O_2}^{\frac{1}{6}} \tag{6-13}$$

在高氧分压下，电解质材料会出现电子空穴导电，其电导率与氧分压的对数满足 1/6 的比例关系。

2）在低氧分压和高温条件下，在化学势的作用下，电解质晶格中的氧离子会脱出，形成氧空位 $V_O^{··}$ 和电子 e'，缺陷化学方程及该反应的平衡方程可以表示如下：

$$O_O^× = \frac{1}{2}O_2 + V_O^{··} + 2e' \tag{6-14}$$

$$K_2 = [V_O^{··}]n^2 p_{O_2}^{\frac{1}{2}} \tag{6-15}$$

式中，n 为单位晶格体积中电子（Negative Electrons）的数量，即电子浓度；K_2 为反应平衡常数。

根据材料电中性原则，晶格中氧空位的浓度 $[V_O^{··}]$ 与电子浓度 n 应该满足如下关系：

$$[V_O^{··}] = \frac{1}{2}n \tag{6-16}$$

由此，可以得出电子浓度 n 与氧分压 p_{O_2} 的关系：

$$n = (2K_2)^{\frac{1}{3}} p_{O_2}^{-\frac{1}{6}} \tag{6-17}$$

在低氧分压和高温下，电解质材料会出现电子导电，其电导率与氧分压的对数满足 -1/6 的比例关系。

3）需要强调的是，在任何氧分压条件下，电解质晶格中间隙氧离子和氧空位都满足如下关系：

$$O_O^× = O''_i + V_O^{··} \tag{6-18}$$

$$K_3 = [O''_i][V_O^{··}] \tag{6-19}$$

式中，K_3 为反应平衡常数。

（2）掺杂电解质的电子电导随氧分压的变化情况

1）在高氧分压条件下，外界的氧分子 O_2 在化学势的作用下进入材料晶格，会与氧空位结合并产生电子空穴，缺陷化学方程及该反应的平衡方程可以表示如下：

$$\frac{1}{2}O_2 + V_O^{··} = O_O^× + 2h^· \tag{6-20}$$

$$K_1 = [V_O^{··}]^{-1}p^2 p_{O_2}^{-\frac{1}{2}} \tag{6-21}$$

对于掺杂体系,材料中氧空位的浓度[$V_O^{\cdot\cdot}$]主要由掺杂量决定,其浓度远远大于(高几个数量级)因热激发而产生的本征氧空位[式(6-12)],因此[$V_O^{\cdot\cdot}$]=常数(Constant)。由此,可以得出电子空穴浓度p与氧分压p_{O_2}的关系:

$$p=[V_O^{\cdot\cdot}]K_1^{\frac{1}{2}}p_{O_2}^{\frac{1}{4}} \tag{6-22}$$

掺杂电解质材料出现电子空穴导电,其电导率与氧分压的对数满足1/4的比例关系。

2) 在低氧分压和高温条件下,掺杂电解质晶格中的氧离子会脱出,形成氧空位$V_O^{\cdot\cdot}$和电子e',电解质材料会出现电子导电,缺陷化学方程和该反应的平衡方程式(6-14)和式(6-15)相同。但此时由于[$V_O^{\cdot\cdot}$]=常数(即掺杂量),电子浓度n与氧分压p_{O_2}的关系为

$$n=[V_O^{\cdot\cdot}]^{-1}K_2^{\frac{1}{2}}p_{O_2}^{-\frac{1}{4}} \tag{6-23}$$

如图6-7所示,$Sm_{0.2}Ce_{0.8}O_{2-\delta}$(SDC)电解质在低氧分压下表现出显著的电子电导,且电子电导率跟氧分压的对数符合-1/4的比例关系。

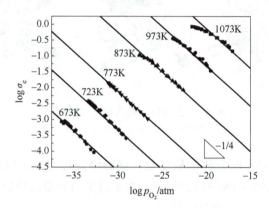

图6-7 不同温度下SDC电解质电子电导率与氧分压的关系

3) 在更低氧分压和高温条件下,随着失氧反应[式(6-14)]的深入进行,氧空位浓度不再是常数,根据电荷守恒规则,$2[V_O^{\cdot\cdot}]=[M'_{Ce}]+n$,此时材料的电子电导率跟氧分压的对数偏离-1/4的比例关系。图6-7也显示出,在高温低氧分压下,SDC电解质的电子电导率与氧分压的对数偏离-1/4的比例关系。需要指出的是,在这种情形下,由于载流子的浓度是随氧分压变化的,因此不再具有明显的线性关系。电解质中电子电导的存在会造成电池内部短路,使电池开路电压远低于理论电动势,导致能量转化效率降低,因此需要尽量避免。

4. 主要的电解质材料

目前SOFC中使用的氧离子导体电解质材料主要包括:萤石结构电解质材料、钙钛矿结构电解质材料。质子导体电解质材料主要以钙钛矿氧化物为主。

(1) 萤石结构电解质材料 如图6-8所示,萤石(Fluorite,MX_2)结构中金属阳离子M处于晶胞的顶点和面心位置,阴离子X位于阳离子所构成的四面体间隙。萤石结构中,阳离子的配位数是8,阴离子的配位数是4。萤石结构电解质材料是目前应用最广泛的SOFC电解质材料,主要包

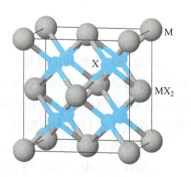

图6-8 萤石晶体结构示意图

括 ZrO_2 基电解质材料、CeO_2 基固体电解质材料及立方 Bi_2O_3 基固体电解质材料。

1) ZrO_2 基电解质材料。氧化锆（ZrO_2）具有机械强度高、化学稳定性好的特点，是最早被用作 SOFC 电解质的一类陶瓷材料。ZrO_2 有三种晶型，即<u>立方相（Cubic，c-ZrO_2）</u>、<u>四方相（Tetragonal，t-ZrO_2）</u>和<u>单斜相（Monoclinic，m-ZrO_2）</u>，如图 6-9 所示。其中，c-ZrO_2 是属于萤石结构的面心立方晶体，空间群为 $Fm\bar{3}m$，其中由 Zr^{4+} 构成的面心立方点阵占据了 1/2 的八面体空隙，O^{2-} 占据面心立方阵所围成的 4 个四面体空隙；t-ZrO_2 的结构相当于立方萤石结构沿着 c 轴伸长而发生形变的晶体结构，其空间群为 $P4_2/nmc$；m-ZrO_2 结构氧化锆可以看作 t-ZrO_2 晶体结构沿着 β 角偏转一定角度构成，其空间群为 $P2_1/c$。纯 ZrO_2 在室温下是单斜结构，随温度升高逐渐转变为四方和立方结构。

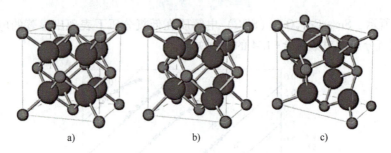

图 6-9 三种氧化锆晶型结构示意图
a) 立方结构 　b) 四方结构 　c) 单斜结构

ZrO_2 的相变过程伴随有明显的体积变化，例如降温过程中，四方相变为单斜相时存在滞后现象，并且会产生 3%~5% 的体积膨胀。为了避免因相变而导致材料开裂的问题，通常需要通过离子掺杂来稳定 ZrO_2 的晶体结构。

通过在 ZrO_2 晶格掺杂低价金属元素，既可以稳定 ZrO_2 的相结构，还可增加 ZrO_2 晶格中的氧空位浓度，提升材料的氧离子电导率，使其可以用作 SOFC 的电解质。ZrO_2 基固体电解质中常用的掺杂元素有 MgO、Y_2O_3、Sc_2O_3 以及镧系元素氧化物（Ln = Yb^{3+}、Er^{3+}、Dy^{3+}、Gd^{3+}）。根据缺陷化学理论，在 Zr 位掺杂 Mg^{2+}、Y^{3+}、Sc^{3+} 等低价离子可以形成氧空位，其缺陷化学方程如下：

$$MgO \xrightarrow{ZrO_2} Mg''_{Zr} + O^{\times}_O + V^{\cdot\cdot}_O \tag{6-24}$$

$$Y_2O_3 \xrightarrow{ZrO_2} 2Y'_{Zr} + 3O^{\times}_O + V^{\cdot\cdot}_O \tag{6-25}$$

$$Sc_2O_3 \xrightarrow{ZrO_2} 2Sc'_{Zr} + 3O^{\times}_O + V^{\cdot\cdot}_O \tag{6-26}$$

掺杂 ZrO_2 电解质的电导率受掺杂元素种类及其含量决定。图 6-10 和图 6-11 给出了不同镧系元素掺杂 ZrO_2 电解质在 1000℃ 时电导率与掺杂离子浓度和掺杂离子半径之间的关系。ZrO_2-Ln_2O_3 材料体系的离子电导率在接近立方相区的边界附近出现最大值；体系的最高电导率随掺杂离子半径增大而降低。Sc_2O_3 掺杂的 ZrO_2 具有最高的离子电导率，在 1000℃ 时，其离子电导率可以接近 0.3S/cm。

在实际应用中，YSZ（Y_2O_3 掺杂 ZrO_2）是目前研究和应用最广泛的 ZrO_2 基电解质材料。当在 ZrO_2 晶格中掺入超过 3mol%（摩尔百分比）的 Y_2O_3 后，ZrO_2 从单斜相开始转变为四方/立方相。随着掺杂量的升高，YSZ 中的立方相增多，材料的电导率不断提高，当掺杂量达到 8mol% 时，材料的电导率达到最高值。进一步提高掺杂量会使材料结构完全稳定为立方结构，但过多的氧空位会导致缺陷缔合，使电解质电导率降低。缺陷缔合是指掺杂离子（Y'_{Zr}）与氧空位（$V_O^{\cdot\cdot}$）因静电吸引力作用相互束缚（如 $Y'_{Zr}-V_O^{\cdot\cdot}$、$Y'_{Zr}-V_O^{\cdot\cdot}-Y'_{Zr}$），导致氧空位难以迁移，而使材料电导率降低。因此，8mol% Y_2O_3 稳定的 ZrO_2（8-YSZ）是目前 SOFC 常用的电解质材料。8-YSZ 电解质具有优良的机械强度和非常低的电子电导率，但其在中低温段的离子电导率较低，因此其主要用于高温 SOFC。通过减薄 8-YSZ 电解质的厚度到 10μm 左右，可以有效降低电池的欧姆电阻，提升电池输出功率，使其可以满足中温 SOFC 的应用需求。但 8-YSZ 电解质无法满足低温 SOFC 的应用要求，因此需要开发高离子电导率电解质材料。

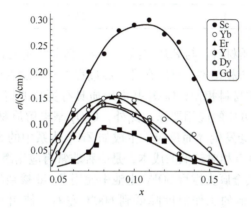

图 6-10　$(ZrO_2)_{1-x}(Ln_2O_3)_x$（Ln＝Sc^{3+}、Yb^{3+}、Er^{3+}、Y^{3+}、Dy^{3+}、Gd^{3+}）电解质体系在 1000℃ 时电导率与掺杂浓度的关系

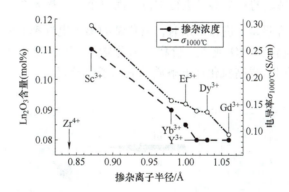

图 6-11　$(ZrO_2)_{1-x}(Ln_2O_3)_x$（Ln＝Sc^{3+}、Yb^{3+}、Er^{3+}、Y^{3+}、Dy^{3+}、Gd^{3+}）电解质体系最高离子电导率与掺杂离子半径的关系

如图 6-11 所示，由于 Sc^{3+} 与 Zr^{4+} 的离子半径相差不大，掺杂后引起的晶格畸变较小，氧离子的迁移活化能较低，因此 Sc_2O_3 稳定的 ZrO_2（SSZ）具有非常高的氧离子电导率，通常 SSZ 中 Sc_2O_3 的掺杂浓度在 10mol% 左右。表 6-1 给出了不同氧化物稳定的 ZrO_2 电解质离子电导率及活化能。SSZ 电解质氧离子迁移活化能仅为 62kJ/mol。但 SSZ 电解质存在相结构不稳定、材料成本高及加工制备困难等缺点，因此 SSZ 的实际应用受到了一定的限制。通过少量

Ce 掺杂可以有效改善 SSZ 的相结构稳定性,使其满足 SOFC 的应用要求。美国 Bloomenergy 公司使用少量 Ce 稳定的 SSZ 作为其 SOFC 的电解质。由于 SSZ 离子电导率较高,因此可以采用电解质支撑构型,简化了电池的结构和制造成本,有利于实现 SOFC 的商业化。

表 6-1 不同氧化物稳定的 ZrO_2 电解质离子电导率及活化能

掺杂物	M_2O_3 含量(mol%)	电导率(1000℃)/(10^{-2}S/cm)	活化能/(kJ/mol)
Nd_2O_3	15	1.4	104
Sm_2O_3	10	5.8	92
Y_2O_3	8	10.0	96
Yb_2O_3	10	11.0	82
Sc_2O_3	10	25.0	62

2)CeO_2 基固体电解质材料。与 ZrO_2 类似,CeO_2 基电解质也具有萤石结构,但其从室温到高温下均为稳定的立方相结构,材料在升降温过程中不会发生相变,具有良好的相结构稳定性。与 ZrO_2 基电解质材料相比,CeO_2 基电解质具有更高的离子电导率,因此 CeO_2 基电解质可以满足中低温 SOFC 的应用要求。此外,CeO_2 基电解质材料与阴极、阳极材料具有良好的化学相容性,不会发生界面反应,生成如 ZrO_2 体系中的 $SrZrO_3$、$La_2Zr_2O_7$ 等绝缘相。CeO_2 电解质材料还具有相对较低的成本,是一种非常有应用潜力的中低温电解质材料。英国 Ceres Power 公司在其金属支撑型 SOFC 电池中使用了 Gd 掺杂的 CeO_2($Gd_{0.1}Ce_{0.9}O_{1.95}$,GDC)作为电解质,使电池的工作温度降低到 600℃ 左右。使用 CeO_2 基电解质甚至能将 SOFC 的工作温度降低到 500℃,对 SOFC 的低温化具有重要意义。

如图 6-12 所示,在一个 CeO_2 晶胞中,Ce^{4+} 按面心立方排列,O^{2-} 占据所有四面体的顶点位置,每个 O^{2-} 与相邻最近的 4 个 Ce^{4+} 进行配位,而每个 Ce^{4+} 被 8 个 O^{2-} 包围,纯 CeO_2 空间群为 $Fm\bar{3}m$。在没有低价阳离子进行掺杂时,氧化铈的离子电导率非常低,在氧化铈中掺杂少量的二价碱土金属氧化物 MO 或者三价稀土氧化物 Re_2O_3,能够产生一定浓度的氧空位[式(6-27)和式 6-28)],提高氧化铈电解质的氧离子电导率。

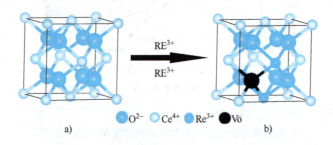

图 6-12 Re 离子掺杂前后 CeO_2 晶体结构示意图

$$MO \xrightarrow{CeO_2} M''_{Ce} + O^x_O + V^{\cdot\cdot}_O \tag{6-27}$$

$$Re_2O_3 \xrightarrow{CeO_2} 2Re'_{Ce} + 3O^x_O + V^{\cdot\cdot}_O \tag{6-28}$$

CeO$_2$ 材料的氧离子电导率与氧空位浓度密切相关。从理论上讲，掺杂浓度越大，氧空位的浓度越高，电导率越高，但是事实并非如此。首先，掺杂物在氧化铈晶格中的固溶度是有限的；其次，随着掺杂量的增大，由于缺陷缔合等因素会使氧离子电导率降低。因此，不同氧化物掺杂的氧化铈电解质材料的最佳掺杂浓度不同。总体来说，一般碱土金属氧化物在氧化铈中的固溶度比稀土金属氧化物低，二价碱土金属离子掺杂 CeO$_2$ 的离子电导率低于三价稀土金属离子掺杂体系的电导率。这是由于 Ce^{4+} 元素本身就是稀土元素，其离子半径（0.97Å，8 配位）与大多数的稀土元素半径相差较小，因此稀土元素的掺杂浓度较高。而碱土金属氧化物中，除 Ca^{2+} 的离子半径与 Ce^{4+} 较为接近外，其他碱土金属的离子半径与 Ce^{4+} 相差较大，在氧化铈晶格中的固溶度很低，掺杂效果不佳。

对于大多数的稀土金属氧化物来讲，最佳的掺杂浓度在 10mol%～20mol% 之间（见表 6-2）。掺杂效果最好的两种稀土金属离子是 Gd^{3+} 和 Sm^{3+}，当 Gd^{3+} 和 Sm^{3+} 的掺杂浓度为 20mol% 时，CeO$_2$ 电解质具有最高的电导率。当超过最佳掺杂浓度后，掺杂离子与氧空位之间的缺陷缔合效应及氧空位的有序化都会加剧，氧离子迁移需要克服额外的缺陷缔合能，导致材料的离子电导率

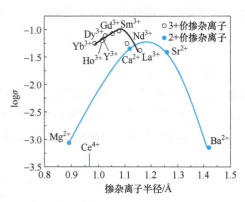

图 6-13 （CeO$_2$）$_{0.8}$（MO$_x$）$_{0.2}$ 离子导电率与掺杂金属离子半径的关系

下降。除掺杂浓度外，掺杂离子半径也会影响电解质材料的离子电导率。如图 6-13 所示，对掺杂剂含量固定的（CeO$_2$）$_{0.8}$（MO$_x$）$_{0.2}$ 材料体系，其离子电导率随着掺杂离子半径从 Yb 到 Sm 再到 La 先增加后降低，Sm$_2$O$_3$ 掺杂的 CeO$_2$ 电解质（SDC）表现出最高的离子电导率。

表 6-2 氧化铈基电解质材料在 800℃下的离子电导率

掺杂物	掺杂浓度（mol%）	电导率/（10^{-2}S/cm）
La$_2$O$_3$	10	2.0
Sm$_2$O$_3$	20	11.7
Y$_2$O$_3$	20	5.5
Gd$_2$O$_3$	20	8.3
SrO	10	5.0
CaO	10	3.5

虽然 CeO$_2$ 基电解质材料在中低温下具有较高的离子电导率，是中低温 SOFC 电解质的最佳候选材料，但该材料存在两个缺点，限制了其实际应用，具体如下：

① CeO$_2$ 基电解质的致密化温度较高，如采用固相反应法制备的 GDC 电解质往往需要在 1600℃，甚至更高的温度才能完全烧结致密。添加助烧剂促进 CeO$_2$ 基电解质烧结是一种简单并且行之有效的方法，目前常用的烧结助剂有 Li$_2$O、Fe$_2$O$_3$、CuO、CoO、Bi$_2$O$_3$ 等。这些助烧剂主要通过"液相烧结"原理实现助烧作用，促进 GDC 的烧结致密化。然而，助烧剂

的加入会影响 CeO_2 基电解质的导电性能。如 Fe、Cu、Co 等过渡金属氧化物作为助烧剂时，由于其自身较高的电子导电能力，在 GDC 之中将会引入不可忽视的电子电导，增加了电解质内部短路的风险。Bi_2O_3 具有较低的熔点，添加到 CeO_2 基电解质中可以促进电解质的致密化，但 Bi_2O_3 在还原气氛下易被还原成金属 Bi，从而产生电子导电性。此外，通过液相法制备大小均匀的纳米颗粒也可以有效降低 GDC 的致密化温度。

② 在 SOFC 阳极还原性气氛下，CeO_2 基电解质中的 Ce^{4+}（Ce_{Ce}^{x}）离子容易被还原为 Ce^{3+}（$Ce_{Ce}^{'}$），从而产生电子电导，其缺陷化学方程可用式（6-29）表示。电子电导会导致电池内部短路，降低电池的开路电压，使 SOFC 的输出功率下降，导致能量转化效率降低。

$$O_O^x + 2Ce_{Ce}^x = \frac{1}{2}O_2(g) + V_O^{\cdot\cdot} + 2Ce_{Ce}' \tag{6-29}$$

目前还没有能有效抑制 CeO_2 基电解质电子电导的方法。在实际应用中，主要通过添加额外的电子阻隔层来阻断电解质的内部短路，提高电池的开路电压。例如，英国 Ceres Power 公司为了提高其金属支撑 SOFC 电池的开路电压，在 GDC 电解质层中添加了一层很薄的 YSZ 电解质作为电子阻隔层（见图 6-14），将电池开路电压提高到 1.0V 左右。

图 6-14　Ceres Power 公司 SOFC 复合电解质结构示意图

3）Bi_2O_3 基固体电解质材料。在所有已知的氧离子导体中，高温下稳定的 δ-Bi_2O_3 电解质拥有最高的电导率，它在 800℃时的离子电导率可以达到 2.3S/cm。在 Bi_2O_3 材料晶格中天然存在 25%的氧空位，其分子式按照萤石结构通式可以表示为：$BiO_{1.5}V_{O\,0.5}^{\cdot\cdot}$。$Bi_2O_3$ 在不同的温度下，主要有 α（单斜）、β（四方）、γ（体心立方）、δ（面心立方）四种相结构。室温下 Bi_2O_3 最稳定的结构为 α 相，随温度升高，α 相向 δ 相转变，当温度升至 730℃时，完全转变为 δ 相，δ-Bi_2O_3 呈立方萤石结构（见图 6-15）。如图 6-16 所示，δ-Bi_2O_3 相只能稳定在 730~825℃温度范围，高于 825℃后 Bi_2O_3 开始融化。当温度降低时，立方结构 δ-Bi_2O_3 逐渐转变为 α 相，其中 β 相和 γ 相是亚稳相，由 δ-Bi_2O_3 相分别在 650℃和 640℃左右形成。

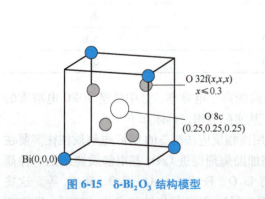

图 6-15　δ-Bi_2O_3 结构模型

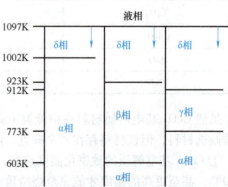

图 6-16　Bi_2O_3 材料不同温度下的相变过程

在低温下，Bi_2O_3 材料晶格中的氧空位呈有序分布，材料的氧离子电导率较低，随着温度升高，材料逐渐转变为立方结构，氧空位的有序排列被打破，氧离子的迁移扩散变得非常容易，材料的离子电导率显著提高。因此，α-Bi_2O_3 材料的离子电导率仅为 10^{-4} S/cm，而 β 相和 γ 相 Bi_2O_3 的离子电导率分别在 10^{-4}~10^{-2} S/cm 之间。

为了稳定 δ-Bi_2O_3 的高温立方结构，一般通过掺杂三价镧系稀土金属氧化物 Ln_2O_3（Ln= La、Nd、Sm、Gd、Dy、Er、Yb、Y 等）形成 Bi_2O_3+Ln_2O_3 固溶体。掺杂离子半径对 Bi_2O_3+Ln_2O_3 固溶体晶体结构有较大影响，掺杂大半径离子时，材料主要呈斜方相结构（如 Bi_2O_3+La_2O_3），随着离子半径减小，材料稳定为面心立方结构（如 Bi_2O_3+Er_2O_3 和 Bi_2O_3+Y_2O_3 体系）。立方结构电解质具有更高的离子电导率。如图 6-17 所示，在 Bi_2O_3+Ln_2O_3（Ln= Yb^{3+}、Er^{3+}、Y^{3+}、Dy^{3+}、Gd^{3+}）固溶体中，Bi_2O_3+Er_2O_3 体系电解质具有最高的离子电导率。研究表明，采用 Er_2O_3 掺杂 Bi_2O_3 可以获得较高的离子电导率，最佳的掺杂组成为 $Er_{0.4}Bi_{1.6}O_3$（ESB），其在 700℃ 和 500℃ 时的电导率可分别达到 $3.7×10^{-1}$ S/cm 和 $2.1×10^{-2}$ S/cm。此外，Bi_2O_3+Y_2O_3 体系也具有较高的离子电导率，加入 25mol%~50mol% 的 Y_2O_3 可以有效扩大立方 δ-Bi_2O_3 电解质的相稳定温度区间，在 700℃ 和 500℃ 下，$Y_{0.5}Bi_{1.5}O_3$（YSB）电解质的电导率分别达到 $1.6×10^{-1}$ S/cm 和 $1.3×10^{-2}$ S/cm。ESB 和 YSB 是两种常见的 Bi_2O_3 基电解质材料。

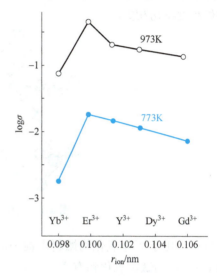

图 6-17 Bi_2O_3+Ln_2O_3（Ln= Yb^{3+}、Er^{3+}、Y^{3+}、Dy^{3+}、Gd^{3+}）固溶体离子电导率

虽然氧化铋基电解质具有非常高的离子电导率，但其结构稳定性较差，阻碍了其实际应用。Bi_2O_3 容易被阳极侧的燃料气还原成金属铋，因此该类电解质无法单独作为电解质使用。采用双层电解质结构，在阳极侧添加一层更稳定的电解质，如 GDC 或 SDC，可以在一定程度上改善这一问题。此外，Bi_2O_3 电解质容易与常见的阴极材料反应，化学稳定性有待提高。但是，具有高离子电导率的 Bi_2O_3 基电解质在低温 SOFC 仍然具有非常大的应用潜力。

(2) 钙钛矿结构电解质材料　钙钛矿的分子通式为 ABO_3，其中 A 位阳离子可以是镧系元素、碱金属和碱土金属元素，而 B 位阳离子通常是过渡金属元素。理想的钙钛矿通常是简单立方结构，对应的空间群为 $Pm\bar{3}m$。如图 6-18 所示，A 位阳离子处在立方体的中心，B 位阳离子占据立方体的顶角处，而氧离子位于立方体的中心处。从配位环境来分析，B 位阳离子和周围 6 个氧离子构成 BO_6 八面体结构，B 位离子的配位数是 6，A 位阳离子位于由 8 个八面体围成的十四面体的中心，A 位离子的配位数是 12。钙钛矿晶体结构可以容纳多种离子进入其 A 位、B 位，甚至 O 位晶格，因此可以通过调节 A 位、B 位或氧离子组成来调控钙钛矿材料的各种物理化学性质。立方钙钛矿结构的稳定性主要取决于八面体和十四面体之间的几何匹配性。通常钙钛矿的结构稳定性可以用 Goldschmidt 容差因子 t（Tolerance Factor）来评价，其中 t 的数值可以用式 (6-30) 计算：

$$t = \frac{r_A + r_O}{\sqrt{2}(r_B + r_O)} \tag{6-30}$$

式中，r_A 为 A 位阳离子的平均离子半径；r_B 为 B 位阳离子的平均离子半径；r_O 为氧离子的离子半径。当容差因子 t 等于 1 时，钙钛矿的晶体结构为理想的立方结构；一般 t 值为 0.75~1.0 左右时，可以形成较为稳定性的钙钛矿结构，而绝大多数立方钙钛矿的容差因子在 0.8~1.0 之间；当 t 超过 1 较多时，钙钛矿会向六方结构转变；而 t 过小时，钙钛矿则会向四方、正交以及单斜结构转变。钙钛矿类电解质材料的离子导电能力与材料的晶体结构和氧空位浓度密切相关。

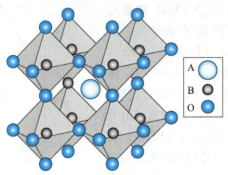

图 6-18 ABO_3 钙钛矿材料的晶体结构

目前，用于固体氧化物燃料电池中的钙钛矿结构电解质材料主要是 $LaGaO_3$ 基电解质。纯的 $LaGaO_3$ 钙钛矿氧化物有六方（Hexagonal）和正交（Orthorhombic）两种晶型，它的离子电导率较低，不适合直接用作 SOFC 电解质。理论计算研究发现，Sr^{2+} 和 Mg^{2+} 掺杂时的固溶能最低，是 La^{3+} 和 Ga^{3+} 位的最佳掺杂元素。通过在 $LaGaO_3$ 的 La 位和 Ga 位掺杂 Sr 和 Mg 等低价态元素，既可以将材料的晶格结构稳定成立方相，还能引入大量的氧空位［式（6-31）和式（6-32）］，提升 $LaGaO_3$ 电解质传导氧离子的能力。掺杂后的 $La_{1-x}Sr_xGa_{1-y}Mg_yO_{3-\delta}$（LSGM）具有较高的离子电导率，仅次于 Bi_2O_3 基电解质，是一种性能优异的电解质材料。

La 位： $$2SrO \xrightarrow{La_2O_3} 2Sr'_{La} + V''_O + 2O^\times_O \tag{6-31}$$

Ga 位： $$2MgO \xrightarrow{Ga_2O_3} 2Mg'_{Ga} + V''_O + 2O^\times_O \tag{6-32}$$

LSGM 电解质在中低温下具有很高的氧离子电导率，800℃ 时的离子电导率超过 0.1S/cm（见表 6-3）。LSGM 具有良好的结构稳定性，在强还原气氛中不发生结构分解，且在较宽的氧分压范围内电导率保持稳定，没有电子电导（见图 6-19）。LSGM 电解质不仅具有高离子电导率、良好的热化学稳定性，还与常用的阴极材料［如 $La_{1-x}Sr_xMnO_3$（LSM）、$La_{1-x}Sr_xCo_{1-y}Fe_yO_{3-\delta}$（LSCF）等］有优异的热膨胀匹配性和化学相容性，是一种非常理想的中低温 SOFC 电解质材料。

但 LSGM 电解质材料也存在一些缺点：

1）**制备困难，不容易获得纯相材料**。如图 6-20 所示，LSGM 的纯相区间非常狭窄，在材料制备过程中非常容易产生 $LaSrGa_3O_7$（237 相）和 $LaSrGaO_4$（214 相）杂质相，高纯度 LSGM 的制备是一项技术难题。目前常用的 LSGM 电解质的组成比例为 $La_{0.9}Sr_{0.1}Ga_{0.8}Mg_{0.2}$-

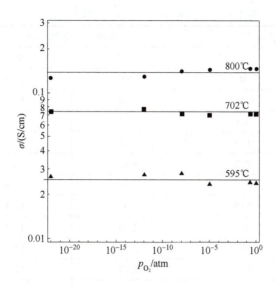

图 6-19　$La_{0.8}Sr_{0.2}Ga_{0.85}Mg_{0.15}O_{3-\delta}$ 电解质不同氧分压下的电导率

$O_{3-\delta}$（LSGM9182）和 $La_{0.8}Sr_{0.2}Ga_{0.8}Mg_{0.2}O_{3-\delta}$（LSGM8282）。

2）与 Ni 基阳极的化学相容性差，在电池制备过程中 LSGM 容易与阳极中的 NiO 反应，导致界面劣化，因此在实际使用时通常需要添加 $La_{0.4}Ce_{0.6}O_{2-\delta}$（LDC）作为阳极与电解质间的隔离层，以防止界面反应的发生。

3）与 YSZ 电解质相比，LSGM 电解质的机械强度较低，大面积单电池的强度无法满足实际应用要求。

4）原料 Ga_2O_3 价格昂贵，材料成本高。

因此，目前 LSGM 电解质主要用于高校和科研院所的基础研究，其商业应用仍面临诸多挑战。

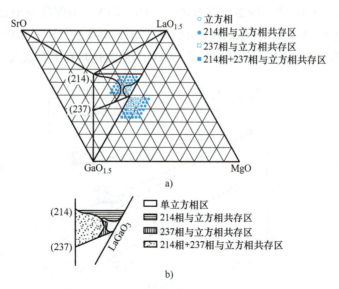

图 6-20　La_2O_3-SrO-Ga_2O_3-MgO 体系四元相图

表 6-3 $La_{1-x}Sr_xGa_{1-y}Mg_yO_{3-\delta}$ 电解质的电导率

$La_{1-x}Sr_xGa_{1-y}Mg_yO_{3-\delta}$		电导率/(10^{-2}S/cm)		活化能/eV
x	y	600℃	800℃	
0.1	0	0.897	3.65	0.81
	0.05	2.20	8.85	0.87
	0.1	2.53	10.7	1.02
	0.15	2.20	11.7	1.06
	0.2	1.98	12.1	1.13
	0.25	1.92	12.6	1.17
0.15	0.05	1.93	8.11	0.92
	0.1	2.80	12.1	0.98
	0.15	2.59	13.1	1.03
	0.2	2.11	12.4	1.09
0.2	0.05	2.12	9.13	0.87
	0.1	2.92	12.8	0.95
	0.15	2.85	14.0	1.06
	0.2	2.21	13.7	1.15
0.25	0.1	1.72	4.48	1.02
	0.15	1.97	10.4	1.12

(3) **质子导体电解质材料** 质子导体电解质是一类可以传导质子（H^+）的陶瓷材料，与传统的高温氧离子导体电解质相比，质子导体中质子的迁移活化能（≤0.4eV）比氧离子的迁移活化能（≤0.8eV）低，因此在中低温段，质子导体电解质具有更高的离子电导率。目前已发现的具有质子传导特性的电解质材料有 $SrCeO_3$、$BaCeO_3$、$BaZrO_3$ 等钙钛矿氧化物材料。如图 6-21 所示，Y_2O_3 掺杂的锆酸钡 $BaZr_{1-x}Y_xO_3$（BZY）电解质在中温区（450~700℃）的电导率可以超过 10^{-2}S/cm。在低温区，BZY 的离子电导率比 YSZ、SDC、LSGM 等电解质都高。开发高性能的质子导体电解质对推进 SOFC 的低温化具有重要意义。

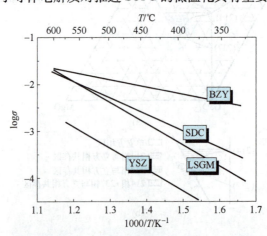

图 6-21 几种典型电解质的离子电导率对比图

质子导体电解质的离子电导率主要由质子缺陷浓度和质子迁移率决定。在质子导体的晶格中，质子 H^+ 通常与晶格氧 O_O^x 结合形成 $OH_O^·$ 质子缺陷。$OH_O^·$ 的含量决定了电解质晶格中可发生迁移的质子浓度，是影响电解质离子电导率高低的重要因素之一。质子在电解质材料晶格中迁移的快慢则受迁移率 μ 影响，μ 受质子迁移活化能（E_a）、材料晶格结构及温度影响。由于质子导体中质子缺陷及质子的迁移对材料离子电导率有重要影响，且质子的迁移方式与传统氧离子电解质有所不同，因此本书将对这两个过程进行详细阐述。

① 质子缺陷的产生。如图 6-22 所示，在潮湿还原性气氛中，H_2O 分子与材料晶格中的氧空位 $V_O^{··}$ 以及晶格氧 O_O^x 结合生成 $OH_O^·$，形成可以移动的质子缺陷 [（式 6-33）]。材料晶格中氧空位的多少决定了晶格中 $OH_O^·$ 的含量。该反应为放热反应，随着温度升高，反应逆向进行，质子浓度降低，导致质子电导率下降，而氧离子电导率升高。因此，质子导体电解质通常是在中低温下工作。

$$O_O^x + V_O^{··} + H_2O \leftrightarrow 2OH_O^· \tag{6-33}$$

而当材料晶格中的氧空位含量很低时，环境中的 H_2O 分子可与材料晶格中的晶格氧 O_O^x 和电子空穴结合生成 $OH_O^·$ 和氧气分子，实现质子化。具体反应方程如式（6-34）所示：

$$2O_O^x + 2h^· + H_2O \leftrightarrow 2OH_O^· + \frac{1}{2}O_2 \tag{6-34}$$

而在干燥氢气气氛中，环境中的 H_2 也可通过与晶格氧直接发生氧化还原反应形成质子缺陷 [式（6-35）]。但此时，材料中除了具有质子电导，还存在部分的电子电导。因此，为了避免电子电导的产生，在使用质子电解质时，通常都会通入一定量的水蒸气，促使电解质按照式（6-33）进行质子化，并保证电解质晶格中含有足够量的质子缺陷。

$$2O_O^x + H_2 \leftrightarrow 2OH_O^· + 2e' \tag{6-35}$$

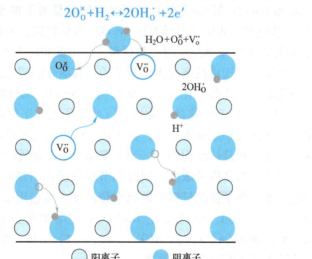

图 6-22 质子电解中质子缺陷的形成与迁移示意图

② 质子缺陷的迁移。虽然研究者对质子导体电解质做了大量研究工作，但是质子在材料晶格中的传输是一个复杂的过程，目前还没有统一的理论能清楚地解释质子在材料晶格中的传输机制。早期，大家倾向于用 Vehicle 机制来解释质子的传导过程，根据这种机制，质子的传导需要借助 $OH_O^·$ 作为载体，即 $OH_O^·$ 像出租车一样承载着质子，然后通过氧空位进行

整体迁移，这要求材料中的 $OH_O^·$ 能稳定存在，并且有充足的氧空位缺陷。但后来的研究结果显示，质子的传导是单纯的 H^+ 自由迁移过程，而非借助 $OH_O^·$ 载体，即遵循 Grotthuss 机制。如图 6-23 所示，这种机制认为，晶格中的质子围绕氧离子旋转振动，在高温下质子的热运动加强，处于热激发状态的质子从一个晶格氧位点跳跃到另一个晶格氧位点，然后继续围绕新的晶格氧旋转振动，直到下一次跳跃发生。质子以这种方式在电解质晶格中进行跳跃迁移扩散，因此该机制也叫旋转跳跃机制。

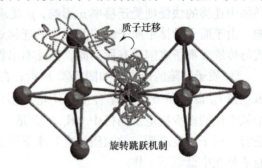

图 6-23 质子传导的迁移跃迁机制

质子的迁移扩散受钙钛矿材料晶格结构、化学组成、缺陷浓度等因素共同影响。开发高性能质子导体电解质材料是目前的研究热点之一。钙钛矿结构质子导体作为一种新型 SOFC 电解质材料受到研究者的广泛关注，目前常用的质子导体电解质材料主要有以下几类：Ce 基钙钛矿电解质材料、Zr 基钙钛矿电解质材料和 Ce-Zr 基钙钛矿固溶体电解质材料。

1）Ce 基钙钛矿电解质材料。1981 年，Iwahara 等人首次发现 ABO_3 型 $SrCeO_3$ 基氧化物在含氢气气氛中表现出明显的质子传导现象，并通过研究气体电池的电动势，验证了质子传导机制。随着对 ABO_3 型钙钛矿材料的探索不断深入，一系列新型质子导体被开发出来，如 $SrZrO_3$、$BaCeO_3$、$BaZrO_3$、$CaZrO_3$、$LaYO_3$、$LaScO_3$ 等。经过几十年的深入研究，钙钛矿型质子导体材料体系逐渐趋于成熟。

其中，$SrCeO_3$ 和 $BaCeO_3$ 等 Ce 基钙钛矿氧化物因在低温下展现出较高的质子电导率而备受关注。$BaCeO_3$ 基电解质的质子电导率比 $SrCeO_3$ 基材料高，可以达到 0.1S/cm，是所有 Ce 基质子导体材料体系中电导率是高的一类材料。这可能是因为 $BaCeO_3$ 的晶胞参数要比其他材料体系更大，可供质子迁移的空间大，质子的迁移活化能较低。材料晶体结构的对称性越高，越有利于降低质子的迁移活化能，正交结构的 $SrCeO_3$ 基材料晶格畸变较大，质子迁移困难，而 $BaCeO_3$ 基材料具有更高的对称性，因此质子电导率更高。前面提到，质子电解质的离子电导率受质子浓度和迁移率影响，其中质子浓度与质子化反应有关，受氧空位浓度影响；质子迁移率则受材料晶体结构影响。为了提高质子电解质的离子电导率，往往通过掺杂稀土元素引入氧空位，提高质子浓度，同时调节材料的晶格结构，降低质子迁移活化能，提升材料的质子电导率。为了提高材料中的氧空位浓度，常选用镧系稀土元素对 $BaCeO_3$ 材料进行掺杂改性。其中 Y、Gd、Sm 掺杂的 $BaCeO_3$ 的电导率明显要高于 La、Nd、Yb 和 Tb 等元素掺杂体系。Y 掺杂 $BaCe_{1-x}Y_xO_3$（BCY，$x=0$，0.1，0.15，0.20）具有最高的电导率，当 $x=0.15$ 时，材料获得最高的质子电导率。

研究发现，$BaCeO_3$ 基材料在低温下以质子传导为主，当温度升高至 750℃时，材料表现出氧离子传导特性，这是因为随着温度升高，材料开始发生去水化反应 [式（6-33）的逆过程]，材料晶格中质子浓度降低，氧空位含量上升，因此材料表现出氧离子电导。例如，BCY10（$x=0.1$）电解质在 500~750℃范围内质子电导占据主导地位，但当温度高于 750℃时，材料会出现质子和氧离子的混合传导。对于高含量 Y 掺杂的 BCY25（$x=0.25$）电解质而言，其在 550℃以上就表现出质子和氧离子的混合离子电导特征。因此，$BaCeO_3$

基电解质的使用温度一般不会高于750℃。

虽然掺杂的$BaCeO_3$和$SrCeO_3$具有较高的质子导电特性和烧结活性，但是它们在含有H_2O和CO_2气氛中的化学稳定性较差，限制了其在PCFC中的应用。Ce基电解质很容易与H_2O和CO_2发生反应[式(6-36)~式(6-39)]，生成碳酸盐和氢氧化物，导致电解质分解。

$$BaCeO_3+H_2O \longrightarrow Ba(OH)_2+CeO_2 \tag{6-36}$$

$$BaCeO_3+CO_2 \longrightarrow BaCO_3+CeO_2 \tag{6-37}$$

$$SrCeO_3+CO_2 \longrightarrow SrCO_3+CeO_2 \tag{6-38}$$

$$SrCeO_3+H_2O \longrightarrow Sr(OH)_2+CeO_2 \tag{6-39}$$

因此，目前研究者开展了大量的工作，旨在提升Ce基电解质材料在酸性气体（CO_2）和高水蒸气环境中的结构稳定性。选择具有高金属氧键强的金属离子Zr、Sn、Nb和Ti等取代部分Ce离子，可以提升材料的化学稳定性，但同时会降低材料的质子导电能力。在保证材料优良电导率的前提下，寻找合适的方法来提升Ce基电解质材料的化学稳定性是实现其实际应用的前提。

2）Zr基钙钛矿电解质材料。碱土金属锆酸盐材料，如$SrZrO_3$和$BaZrO_3$等，具有非常优异的化学稳定性，明显优于Ce基钙钛矿电解质材料。在Zr基钙钛矿电解质材料中，掺杂的$BaZrO_3$表现出了巨大的应用潜力。$BaZrO_3$材料具有高稳定性的Zr—O键，因此具有非常优异的机械强度和化学稳定性。Zr基钙钛矿电解质的部分Zr元素被Y^{3+}等三价离子取代后，电解质会表现出较高的质子缺陷溶度和质子导电性。虽然$BaZrO_3$电解质的晶内离子电导率很高，但晶界处的电导率非常低，导致其总电导率无法满足应用要求。此外，$BaZrO_3$电解质的烧结活性非常差，例如，$BaZr_{0.8}Y_{0.2}O_3$（BZY20）需要在1700℃的高温下烧结致密，这极大地限制了它的实际应用。

高温致密化会造成$BaZrO_3$电解质材料中Ba元素的挥发，导致材料化学组成偏离设计的化学计量比，进而影响材料的离子电导率。较高的致密化温度给电池的制备也带来了极大的挑战，因此需要尽可能提高该类电解质的烧结活性。与CeO_2基电解质类似，添加烧结助剂可以有效降低$BaZrO_3$基电解质材料的致密化温度，常见的烧结助剂有ZnO、Li_2O、CuO、NiO、CaO、Bi_2O_3、In_2O_3等氧化物。例如，ZnO的加入可以将BZY电解质的烧结温度从1700℃降低到1300℃。研究发现NiO会与BZY电解质形成一种具有助烧作用的第二相BaY_2NiO_5，促进Zr基钙钛电解质在低温下的致密化。但是上述烧结助剂容易残留在电解质的晶界处，影响质子的迁移传输；Ni、Cu、Bi等元素在还原气氛下易被还原成金属，增加了电解质内部短路的风险。因此，纯Zr基电解质在实际电池中的应用面临较大的挑战。由于Ce基电解质具有较好的烧结活性和较高的离子电导率，研究者将目光聚焦到Ce-Zr钙钛矿固溶体电解质材料。

3）Ce-Zr基钙钛矿固溶体电解质材料。在质子导体电解质领域中，$BaCeO_3$-$BaZrO_3$是目前研究最广泛的质子导体电解质材料体系。$BaCeO_3$-$BaZrO_3$固溶体电解质结合了铈基和锆基电解质的优点。提升混合体系中Zr的比例可以提升电解质的热力学稳定性和机械强度，但离子传导性能和烧结活性将会有所降低。通过调节体系中Ce/Zr的比例，可以平衡材料的质子电导率、化学稳定性以及烧结活性，获得综合性能最优的电解质材料。目前，最常见的电解质材料组成有$BaZr_{0.1}Ce_{0.7}Y_{0.1}Yb_{0.1}O_{3-\delta}$（BZCYYb1711）、$BaZr_{0.4}Ce_{0.4}Y_{0.1}Yb_{0.1}O_{3-\delta}$（BZCYYb4411）等。

$BaZr_{0.1}Ce_{0.7}Y_{0.2-x}Yb_xO_{3-\delta}$（$x=0\sim0.2$）在700℃时的电导率高达0.06S/cm，且在一些常见的燃料气体中均体现了足够的稳定性。而高Zr含量体系BZCYYb4411材料的化学稳定性到了显著提高，材料在纯CO_2气氛中也表现出优异的稳定性。

质子导体电解质对推进SOFC的低温化具有重要意义，电解质材料的研究仍然是本领域的研究热点，开发出综合性能优异的电解质材料仍然是研究者们追求的目标。

6.2.2 SOFC阳极材料

1. SOFC阳极的特性

阳极是SOFC的核心组成部件，是燃料气体发生电化学氧化反应的场所，其主要作用包括导入燃料气体、催化燃料反应、传导反应释放的电子到外电路及排出生成废气。为实现这些功能，SOFC阳极材料应具备以下特性：

1）阳极材料在还原气氛中要具有足够高的电子电导率，以降低阳极的欧姆电阻，还需具备高的氧离子电导率，以降低阳极的极化电阻。

2）在燃料气氛中，阳极必须具有良好的化学稳定性和结构稳定性。

3）阳极材料必须对燃料的电化学氧化反应具有足够高的催化活性，且具备抗积炭和抗硫中毒能力。

4）阳极必须具有足够高的孔隙率，以确保燃料的供应及反应产物的排出。

5）阳极需具备良好的化学相容性和热膨胀匹配性，在电池制备和运行温度范围内不与其他组件反应，不发生变形、开裂等。

6）阳极也需要具有机械强度高、制备容易、成本低等特点。

2. SOFC阳极材料

目前可用作氧离子传导型SOFC阳极的材料主要有金属陶瓷复合阳极材料和陶瓷氧化物阳极材料。

（1）金属陶瓷复合阳极材料　SOFC阳极通入的是高还原性的燃料气体，氧分压很低，使得金属用作阳极催化材料成为可能。但SOFC的操作温度较高，因此合适的金属催化剂主要限于Fe、Co、Ni、Pt等贵金属材料。金属Co具有较好的电化学催化活性，但资源稀缺且价格较贵，一般很少在SOFC的阳极中使用；Fe的价格便宜，但容易被氧化成Fe_2O_3，失去催化活性和导电能力；虽然Pt、Pd等贵金属的催化活性优异，但价格昂贵，且储量稀少。相比之下，金属Ni在催化活性、电导性能、化学稳定性、材料成本等方面具有较好的综合优势，因而被广泛应用于SOFC的阳极材料中。但是Ni金属阳极不能传导氧离子，电化学反应区域只存在于阳极和电解质的两相界面处。此外，金属阳极与电解质的热膨胀匹配性差，容易导致电极剥落，这些问题都限制了金属阳极在SOFC中的应用。

针对金属电极存在的上述问题，人们开发出了金属陶瓷复合阳极材料，即通过在阳极金属Ni催化剂中添加一定量的电解质材料（YSZ、SSZ、GDC等）构成金属陶瓷复合阳极。金属陶瓷复合阳极保持了金属阳极的高电子电导率和催化活性，还引入了离子电导，并改善了阳极与电解质之间的热膨胀匹配性。电解质的加入增加了电化学反应活性区域的有效面积，提高了阳极的电化学性能。复合阳极中的电解质还可以抑制电池制备过程中及高温运行条件下Ni金属催化颗粒的烧结团聚，提高了电极的结构稳定性。Ni基金属陶瓷复合阳极是目前应用最广泛的SOFC阳极之一，代表性的材料有Ni/YSZ和Ni/GDC。

1）金属陶瓷复合阳极的结构特点。如图 6-24 所示，阳极是燃料电化学氧化反应发生的场所，也是加速该反应的催化剂。具体来讲，H_2 燃气分子通过阳极的孔道扩散到阳极与电解质的界面反应区，并在 Ni 金属颗粒的表面吸附解离成吸附 H_{ad} 原子（吸附解离过程，Adsorption and Dissociation Process），解离的 H_{ad} 原子移动到 Ni 与 YSZ 的界面处与通过电解质构成的离子传导网络扩散过来的 O^{2-} 离子结合，生成 H_2O 并释放出电子（电荷转移反应，Charge Transfer Reaction），电子通过 Ni 颗粒形成的电子导通网络传导到外电路，而 H_2O 分子脱附后通过阳极孔道排出。可以发现，在整个电化学反应过程中，阳极需要为电化学反应提供电子通路、离子通路、气体扩散通路及电化学反应所需的活性区域。金属陶瓷复合阳极的组成和微观结构决定了阳极的电学和电化学活性，以及电极反应动力学的快慢，同时影响阳极的结构和性能稳定性。此外，在阳极支撑型 SOFC 中，阳极的组成和结构还决定了电池的机械强度，影响电池堆的组装。

复合阳极中 Ni 和 YSZ 两相比例决定了阳极的导电特性。其中，Ni 提供电子导电，YSZ 提供离子导电，当阳极中 Ni 的体积分数超过 30% 时，可以形成电子导通网络，阳极的电子电导率显著提高。一般要求阳极材料的电导率大于 100S/cm，以降低电池的欧姆电阻。特别是阳极支撑型电池，较厚的阳极支撑体会带来较大的欧姆损失，因此要求 Ni/YSZ 阳极具有良好的电子导电能力。燃料的电化学氧化反应活性区域主要集中在 Ni、YSZ 和气相的三相界线（Triple Phase Boundary，TPB）处（见图 6-24），Ni/YSZ 阳极中两相的比例、颗粒大小、孔隙结构等共同决定了 TPB 的长度，进而影响阳极的电化学反应活性。阳极的组成和结构及 TPB 长度等信息可以通过装备有聚焦离子束的扫描电镜（FIB-SEM）结合三维重构技术（3D Reconstruction）获得（见图 6-25），有助于帮助研究者建立材料组成结构与性能之间的构效关系。但该技术只能获取阳极非常局部（20μm×20μm×20μm）的信息，因此一般主要用于解析阳极与电解质界面局部区域的结构变化。目前最先进的 FIB-SEM 设备可以实现 ≤5nm 的分辨率，对研究电池微结构具有非常大的帮助。

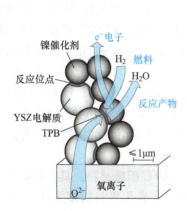

图 6-24 Ni/YSZ 阳极反应模型示意图

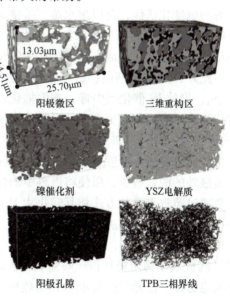

图 6-25 Ni/YSZ 阳极三维重构图

图 6-26 给出了典型的 Ni/YSZ 阳极支撑型 SOFC 的微观结构。阳极与电解质的界面反应活性区域也被称作阳极功能层（Anode Functional Layer，AFL），AFL 的厚度一般在 $20\mu m$ 左右，通常使用亚微米尺寸的 Ni 和 YSZ 颗粒制成，Ni 与 YSZ 的两相比例在 50:50 左右，这样可以在该区域获得高浓度的 TPB，以提高电极反应活性。AFL 中 YSZ 使用的是具有高离子电导率的 8YSZ，它与电解质层的组成一致，可以有效扩展氧离子的传导区域。在阳极支撑型 SOFC 中，AFL 的外侧还有一层起支撑作用的支撑层（Anode Support Layer，ASL），支撑层主要起力学支撑作用，同时还起传导电子、反应气体和排出废气的功能。因此，在支撑层中通常使用具有良好力学强度的 3YSZ 作为陶瓷骨架，3YSZ 和 Ni 颗粒的尺寸较大，一般在几个微米左右。支撑层需要良好的电子电导，因此 Ni 与 3YSZ 两相比例一般控制在 60:40 左右。

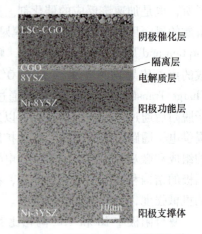

图 6-26 DTU Energy 研发的阳极支撑型 SOFC 电池微观结构图

阳极的孔隙结构对电化学反应及传质过程也有重要影响，孔隙率会影响燃料的传输和分布，以及反应产物的排出，进而影响电池的输出功率。一般人们希望在 AFL 中，孔隙较小且分布均匀；而在 ASL 中，则具有较大的通孔，以方便燃气的进入以及废气的排出。由于在电池制备过程中催化剂 Ni 是以 NiO 的形式存在，NiO 被燃料还原成金属 Ni 的过程中会产生体积收缩，从而形成一定的孔隙，因此在 AFL 中一般无须额外添加造孔剂。但在支撑层中，则需要较大比例的孔隙（30%，体积分数），以满足燃气的快速传输。支撑层中的孔隙一般通过造孔剂获得，常用的造孔剂有石墨、淀粉及一些有机高分子材料。

2）金属陶瓷复合阳极存在的问题。Ni 基金属陶瓷复合阳极对 H_2、CO 等小分子的氧化具有良好的电催化活性，对甲烷水蒸气重整具有较高的催化活性。但直接使用烃类或醇类作为燃料时，Ni 颗粒很容易催化碳氢化合物形成积炭，导致 Ni 催化颗粒失活。积炭不仅会使阳极的活性迅速降低，造成电池输出功率的衰减，还会堵塞燃料的传输通道，使电池不能正常运行。此外，Ni 催化剂很容易与硫（天然气中常见的杂质主要以 H_2S 的形式存在）反应生成 Ni_3S_2，导致 Ni 催化剂中毒，丧失催化活性。因此，需要进一步优化 Ni 基金属陶瓷阳极，以增强其对炭沉积和硫中毒的耐受性。研究发现，通过与其他过渡金属形成合金可以抑制 Ni 表面积炭的发生，如 Mo、Fe、Cu、Pd 和 Sn 等金属可以有效抑制 Ni 金属颗粒表面积炭的产生。但目前还没有能有效抑制 Ni 金属硫中毒的方法。因此，在 SOFC 的实际运行中，需要安装额外的脱硫装置，以便将燃料中的硫去除，避免阳极 Ni 的毒化。针对碳氢燃料而言，主要通过蒸汽重整的方式将其转化为 H_2、CO 等小分子燃料，然后供给 SOFC 发电，以减少阳极积炭。另一种解决 Ni 基金属阳极上述问题的途径是开发耐炭沉积和硫中毒的新型阳极材料。

（2）陶瓷氧化物阳极材料　陶瓷氧化物是一类新型的 SOFC 阳极材料，具有较好的氧化还原结构稳定性，优异的抗炭沉积和耐硫中毒性能。此外，陶瓷阳极材料多为离子-电子混合导体（Mixed Ion-Electron Conductor，MIEC）。如图 6-27 所示，Ni/YSZ 阳极中电化学反应主要集中在 TPB 区域，而 MIEC 作为阳极时，可以将燃料的电化学氧化反应扩展到整个阳极的表面,极大地扩展了电极反应活性区域,有助于提高电极的活性。陶瓷氧化物阳极的上述特性为 SOFC 直接使用碳氢燃料奠定了基础。因此,陶瓷氧化物阳极是一类非常有发展前景的阳极替代材料。

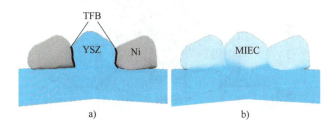

图 6-27 Ni/YSZ 阳极与混合导体阳极电极结构示意图
a) Ni/YSZ 阳极 b) 混合导体阳极

目前,陶瓷阳极材料中研究最为广泛的是钙钛矿氧化物阳极。前面讲到,钙钛矿材料的结构简单,具有较强的结构容忍性,通过调节元素组成可以有效调控材料的物理化学特性,增强材料的电催化活性,以满足 SOFC 阳极的性能要求。目前已报道的钙钛矿阳极材料主要有 ABO_3 单钙钛矿型阳极、$AA'BB'O_6$ 双钙钛矿型阳极,以及 RP 类钙钛矿型阳极 [Ruddles-den-Popper Phase,化学通式为 $A_{n+1}B_nO_{3n+1}$ 或 $(AO)(ABO_3)_n$]。下面将对上述阳极材料的典型结构和性能进行阐述。

1) $LaCrO_3$ 基阳极。$LaCrO_3$ 最初被用作高温 SOFC 的陶瓷连接体材料,因其在还原气氛中的结构稳定性较高,且具有一定的抗积炭性能,早期也被当作阳极材料研究。但其本身的离子电导率较低,催化活性较差。通过在 $LaCrO_3$ 的 La 位掺杂碱土金属,在 Cr 位掺杂过渡金属,可显著提升材料的离子电导率和催化活性。Sr 和 Mn 共掺杂的 $La_{0.75}Sr_{0.25}Cr_{0.5}Mn_{0.5}O_{3-\delta}$(LSCM)阳极材料具有非常优异的氧化还原结构稳定性,在高温下具有较好的电催化活性。此外,LSCM 阳极在纯 CH_4 燃料中具有良好的抗炭沉积性能,长时间运行,电池性能衰减较少。但 LSCM 的电子导率较低(≤1S/cm),且对燃气的催化活性不足,电池性能无法满足 SOFC 的实际应用要求。常通过与电解质复合、表面浸渍纳米催化颗粒等措施提高 LSCM 阳极的催化活性。

此外,由于 LSCM 对氧分子的还原反应也有一定的催化活性,因此 LSCM 可以同时用作 SOFC 的阴极和阳极,即一种材料同时作为阳极和阴极使用,这样可以构建出一种具有对称结构的 SOFC(Symmetric SOFC,SSOFC)。如图 6-28 所示,传统 SOFC 的阴极和阳极采用的是不同类型的材料,电池的制备需要分步进行,电极与电解质的界面相容性和热匹配性问题多。而具有对称结构的 SOFC 只使用一种电极材料,可以简化电池的结构和电池制备过程,降低电池制造成本,还简化了电极与电解质的界面问题。因此,发展对称型 SOFC 对简化电池结构具有重要意义,但开发可同时用作 SOFC 阴极和阳极的电极材料是一项重大挑战。

2) $SrTiO_3$ 基阳极。$SrTiO_3$ 材料在氧化还原气氛中具有良好的结构稳定性,也是较早被研究的钙钛矿陶瓷阳极材料之一。纯的 $SrTiO_3$ 是绝缘体,虽然在阳极还原气氛下因晶格失氧可以产生少量的电子电导,但电导率很低,无法满足应用要求。通过在 Sr 位掺杂 La^{3+} 和 Y^{3+},或在 Ti 位掺杂 Nb^{5+} 可以提高材料的电子电导率。根据缺陷化学方程[式(6-40)和式(6-41)]可知,在阳极还原气氛下,高价离子掺杂可以在材料中产生大量自由电子,从而提升材料的电导能力。掺杂后的 $La_{0.3}Sr_{0.7}TiO_{3-\delta}$(LST)阳极的电导率可以达到 400S/cm,

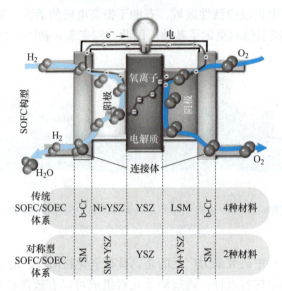

图 6-28 对称结构的 SOFC 示意图

由于其较高的电子电导率，LST 也被研究用作陶瓷连接体材料。

$$La_2O_3 \xrightarrow{2SrO} 2La_{Sr}^{\cdot} + 2e' + 2O_0^{\times} + \frac{1}{2}O_2 \tag{6-40}$$

$$Nb_2O_5 \xrightarrow{2TiO_2} 2Nb_{Ti}^{\cdot} + 2e' + 4O_0^{\times} + \frac{1}{2}O_2 \tag{6-41}$$

虽然掺杂改性后的 $SrTiO_3$ 具有较高的电子电导率，但其离子电导率很低，通过在 Ti 位掺杂过渡金属 Sc^{3+}、Mn^{3+}、Fe^{3+}、Co^{3+} 等低价元素，可以引入一定量的氧空位 [式 (6-42)]，从而改善材料的离子导电能力。此外，Mn^{3+}、Fe^{3+}、Co^{3+} 等可变价元素掺杂还能提高材料的电化学催化活性。

$$Sc_2O_3 \xrightarrow{2TiO_2} 2Sc'_{Ti} + 3O_0^{\times} + V_O^{\cdot\cdot} \tag{6-42}$$

$SrTiO_3$ 基陶瓷阳极材料的电化学催化活性较差，与传统金属陶瓷阳极差距较大，因此电池的输出功率很低，不能满足实际应用要求。目前，提高 $SrTiO_3$ 基阳极催化活性的措施主要有：①在 Ti 位掺杂可变价过渡金属元素，提高材料的催化性能；②与具有一定催化活性的 CeO_2 基电解质复合，提高材料的离子电导率和催化活性；③浸渍纳米催化颗粒（Pd、Pt、Ru、Ni、CeO_2 等）提高材料的催化性能；④在钙钛矿表面原位析出 Fe、Co、Ni、Ru 等纳米金属催化颗粒，提升材料的催化活性（见图 6-29）。

原位析出纳米金属催化颗粒可以显著改善陶瓷阳极的催化活性。与通过化学浸渍法制备的纳米颗粒相比，原位析出的纳米颗粒钉扎在陶瓷阳极的表面，能够有效抑制纳米颗粒的烧结长大，极大地提高纳米金属颗粒的结构稳定性。即使在 800℃ 高温下，原位析出的纳米金属颗粒的尺寸仍然能够维持在 100nm 以下。此外，钉扎在陶瓷氧化物表面的金属催化颗粒能够有效抑制积碳的产生。原位析出的纳米金属颗粒还能在氧化气氛下再次固溶进钙钛矿阳极晶格，并在还原气氛下重新溶出，能够实现纳米金属颗粒的"再生"。因此，原位析出技术已被广泛应用于 SOFC 和催化等领域。

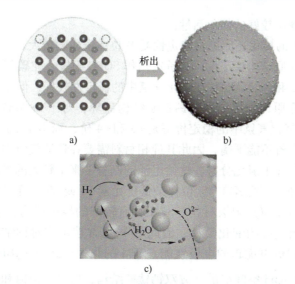

图6-29　SrTiO₃基阳极表面原位析出金属纳米催化颗粒示意图
a）A位缺位钙钛矿　b）纳米颗粒修饰的钙钛矿　c）纳米催化剂增强氢的氧化反应

3）B位双钙钛矿阳极。B位双钙钛矿由ABO_3单钙钛矿衍变而来，其化学通式为$A_2BB'O_6$，晶体结构如图6-30所示。双钙钛矿阳极中A位通常是半径较大的碱土金属（Ba^{2+}、Sr^{2+}、Ca^{2+}）或稀土（Ln^{3+}）金属离子，B位通常是价态较低的金属离子（Mg^{2+}、Mn^{2+}、Fe^{2+}、Co^{2+}、Ni^{2+}等），B'位主要是高价态的过渡金属元素（Nb^{5+}、Mo^{6+}、W^{6+}等）。在$A_2BB'O_6$晶体结构中，B'位高价态离子之间存在较大的静电斥力，如果高价态离子相邻排列，会显著增大材料的晶格内能，材料体系不稳定。而B位金属离子的价态较低，与B'位离子的价态相差较大，通过B位与B'位离子交替有序排列，可以避免B'位高价态离子的相邻接触，从而降低材料晶格中高价离子之间的强静电排斥作用，使体系的能量处于最低状态。如图6-30所示，由B与B'位金属离子构成的氧八面体呈交替排列，形成独特的B位有序结构，B和B'离子通过B—O—B'相互连通，为电子的传输提供传导路径。

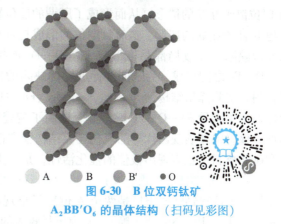

图6-30　B位双钙钛矿$A_2BB'O_6$的晶体结构（扫码见彩图）

在$A_2BB'O_6$结构中，由于B与B'离子的物理和化学性质差别较大，B和B'位离子间存在相互牵制作用，因此B位双钙钛矿材料通常具有较小的热膨胀系数，与电解质有较好的热膨胀匹配性。B位双钙钛矿阳极的电学和电化学活性与B和B'位金属离子的种类有很大关系。由于B与B'位离子的外层电子轨道差异较大，电子在B—O—B'路径上的跃迁较为困难，因此B位双钙钛矿阳极的电导率普遍较低。例如，Sr_2MMoO_6（M = Mg、Mn、Co、Ni）等材料的电导率较低，但Sr_2FeMoO_6（SFMO）阳极除外，这是由于Fe的3d轨道与Mo的4d轨道有较大重叠，电子的跃迁非常容易，因此SFMO的电导率非常高，可以达到1000S/cm。当B位金属离子为可变价的3d过渡族元素，如Mn、Fe、Co、Ni，而B'位为过渡金属Mo

时，双钙钛矿材料展现出较好的催化活性。

B 位双钙钛矿阳极的氧化还原结构稳定性受 B 位离子影响较大。其中，Sr_2MgMoO_6 阳极具有非常优异的氧化还原结构稳定性，被首次用作 SOFC 阳极，在碳氢燃料中展现出较好的稳定性。而 Sr_2CoMoO_6 和 Sr_2NiMoO_6 在氧化气氛中的稳定性较好，但在还原气氛中会发生分解，大量 Co 和 Ni 被还原成金属，导致钙钛矿结构破坏；对于 Sr_2MnMoO_6 和 Sr_2FeMoO_6 阳极，由于 Mn 和 Fe 在氧化气氛中的稳定价态是+3 和+4 价，而 B′位的 Mo 为+6 价，材料在空气中合成时，正负电价不能平衡，因此其纯相材料需要在还原气氛中合成。在高温氧化气氛下，这类阳极很容易发生氧化分解，这给电池的制备带来了较大的挑战。

为了解决这个问题，研究者在 Mo 位掺杂低价元素 Fe 或 Mg，开发出了氧化还原结构稳定的 $Sr_2Fe_{1.5}Mo_{0.5}O_{6-\delta}$（SFM）阳极材料。SFM 具有较好的导电能力，对燃料的氧化以及氧气分子的还原均表现出良好的催化活性，因此 SFM 也常被用作对称结构的 SOFC 的电极材料，表现出比 LSCM 阳极更优越的电极性能。SFM 的化学通式与 $A_2BB'O_6$ 相似，起初研究者认为该材料是属于 $Fm\overline{3}m$ 空间群的立方双钙钛矿结构，但中子衍射和第一性原理计算研究表明，该材料的准确结构应为 Pnma 正交结构单钙钛矿（ABO_3）。此外，SFM 在高温纯 H_2 气氛中，晶格中的 Fe 会被还原并在表面析出形成纳米金属颗粒，部分基体则转变为具有 RP 结构的 $Sr_3FeMoO_{6.5}$。SFM 因其优越的性能被认为是极具应用潜力的阳极候选材料，也是目前研究较多的 SOFC 陶瓷阳极材料之一。

前面提到，B 位双钙钛矿中 B 和 B′位离子通常呈交替有序排列，但有时也存在个别 B 和 B′位离子互换的情形，从而形成了所谓的反位缺陷。反位缺陷的存在会造成局部 B 与 B、B′与 B′离子相邻的情形，这对氧空位的形成是有利的。例如，Sr_2FeMoO_6 阳极中会出现少量的反位缺陷，导致局部晶格形成 Fe—O—Fe 连接，在阳极还原气氛下，氧空位更容易在 Fe—O—Fe 之间形成。为了能够促进反位缺陷的形成，研究者开发出 $Sr_2FeMo_{2/3}Mg_{1/3}O_{6-\delta}$ 阳极材料，实际晶格结构为 $Sr_2Mg_{1/3}Fe_{2/3}Mo_{2/3}Fe_{1/3}O_{6-\delta}$，其利用不同离子的占位优势，在晶格中创造出了大量 Fe—O—Fe 键，显著提高了陶瓷阳极的氧空位浓度，改善了材料的电化学活性。该材料还表现出优异的氧化还原结构稳定性，在高温还原气氛中也不发生分解，在氢气和碳氢燃料中也表现出极佳的催化活性，是一类非常有应用前景的阳极候选材料。

4）**A 位双钙钛矿阳极。** A 位双钙钛矿阳极的化学通式为 $AA'B_2O_{5+\delta}$，与 B 位双钙钛阳极不同，A 位双钙钛矿阳极是两个 A 位离子呈现有序排列结构。通常 A 为半径较小的镧系元素（如 La、Pr、Nd、Sm 等），A′为半径较大的碱土金属元素 Ba，而 B 位则是具有可变价态的过渡金属元素（如 Mn、Fe 等）。A 位双钙钛矿的形成机制与 B 位双钙钛阳极不同，由于 A 位与 A′位元素的离子半径差异较大，A 与 A′离子相邻排列时会产生极大的晶格扭曲，较大的晶格应力导致晶格内能上升，增加晶格结构的不稳定性。为了释放因晶格扭曲而产生的晶格应力，降低晶格内能，A 与 A′位离子倾向形成层状有序结构，即沿 c 轴呈现—[AO]—[BO]—[A'O]—[BO]—[AO]—交替排列（见图 6-31）。在形成层状结构的同时，由于 [AO] 层与 [A'O] 层离子半径存在差异，在半径较小的 [AO] 层会出现大量的氧空位，使晶格膨胀，以此释放两层之间的晶格应力。根据材料制备或使用环境中氧分压的不同，[AO] 层中的氧离子可以全占据（$\delta=1$）、半占据（$\delta=0.5$），甚至完全不占据（$\delta=0$）。[AO] 层内大量的氧空位可为氧离子的传输提供快速迁移通道，因此 A 位双钙钛矿阳极表现为二维氧离子导体，并且材料的膨胀系数也具有各向异性的特点。

A位双钙钛矿阳极在还原气氛中的结构稳定性与B位元素有很大关系,当B位为Mn、Fe时,可以在阳极工作条件下保持稳定,因此$LnBaMn_2O_{5+\delta}$与$LnBaFe_2O_{5+\delta}$是两种研究较多的A位双钙钛阳极材料。$LnBaMn_2O_{5+\delta}$(Ln=La、Pr、Nd、Sm、Gd)阳极材料因其良好的耐炭沉积和电化学性能而受到广泛的关注。$PrBaMn_2O_{5+\delta}$首先被提出可作为SOFC的阳极材料,并表现出可观的电化学性能,是目前性能最佳的A位双钙钛矿阳极材料。由于Mn—O键较强,该类材料在空气气氛中制备时形成$Pr_{0.5}Ba_{0.5}MnO_{3-\delta}$单钙钛矿相,该材料需要在还原气氛中进一步处理,使其转变为A位有序结构。PBMO在氧化还原气氛中的晶型转变对其性能有重要影响。在空气中制备得到的$Pr_{0.5}Ba_{0.5}MnO_{3-\delta}$为立方钙钛矿结构。在氢气中还原后,其A位原子发生重排,[PrO_x]层中的氧原子全部失去,与[BaO]层交替排布,转变为层状结构PBMO(图6-32)。将PBMO在800℃的空气中再次高温氧化后,依旧保持A位有序结构,但[PrO_x]层间氧离子的数量发生变化,可表示为$PrBaMn_2O_6$。在还原过程中,因为晶格氧的失去,氧空位浓度增加,BO_6八面体中Mn离子的价态也随之改变,从$Mn^{3+/4+}$离子向$Mn^{2+/3+}$转变,离子半径显著增大。材料在氧化还原过程中会产生较大晶格尺寸的变化,因此该类材料的化学膨胀较大,容易导致电极与电解质的界面发生剥离。

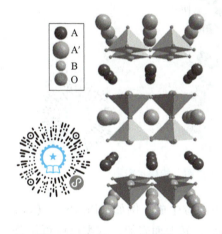

图6-31 $AA'B_2O_{5+\delta}$双钙钛矿阳极晶体结构示意图(扫码见彩图)

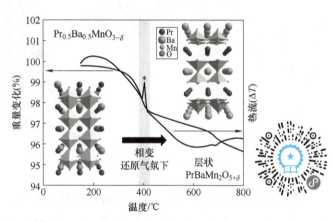

图6-32 $PrBaMn_2O_{5+\delta}$有序结构的形成过程(扫码见彩图)

$LnBaMn_2O_{5+\delta}$双钙钛矿材料的催化活性可以通过表面浸渍或原位析出纳米金属催化颗粒等方式得到进一步提升高,以改善电池的输出功率。例如采用Co、Ni掺杂的$PrBaMn_{1.8}(Co/Ni)_{0.2}O_{5+\delta}$阳极在850℃的氢气中,Co、Ni元素会析出到电极的表面,形成Co、Ni纳米级金属催化颗粒,显著提升电极的催化活性,800℃下电池的峰值功率密度可达$1W/cm^2$。

此外,A位双钙钛矿阳极中存在大量的Ba元素,它与目前广泛使用的YSZ电解质的化学相容性较差。PBMO与YSZ电解质在高温下会反应生成$BaZrO_3$绝缘相,导致电池的性能劣化。在空气气氛下,A位双钙钛矿阳极与GDC电解质的化学相容性较好,但在还原气氛中其容易与GDC反应。例如,$SmBaMn_2O_{5+\delta}$材料在还原气氛下会与GDC反应生成$BaCeO_3$、Sm_2O_3、MnO,导致电池界面劣化。因此,目前$LnBaMn_2O_{5+\delta}$阳极主要使用LSGM作为电解质。

5)RP结构阳极。RP结构陶瓷阳极材料的化学通式为$A_{n+1}B_nO_{3n+1}$(n=1,2,3,4,…,∞),其晶体结构由n个ABO_3钙钛矿层和1个AO岩盐层组成,图6-33给出了n=

1，2，3 时 RP 阳极材料的晶体结构。在 $A_{n+1}B_nO_{3n+1}$ 结构中，A 位通常为碱土金属离子（Ba^{2+}、Sr^{2+}、Ca^{2+}）或镧系稀土金属离子（La^{3+}、Pr^{3+}等），B 位多为过渡金属离子。当 B 位主要为 Co、Ni、Cu 等过渡金属离子时，是较好的 SOFC 阴极材料；当 B 位主要为 Mn、Fe 离子时，则可用作 SOFC 阳极材料。典型的 RP 结构阳极材料有 $La_{1.4}Sr_{0.6}MnO_4$、$LaSrFeO_4$、$Pr_{0.8}Sr_{1.2}(Co,Fe)_{0.8}Nb_{0.2}O_{4+\delta}$、$Sr_3Fe_2O_7$ 等。$La_{1.4}Sr_{0.6}MnO_4$ 和 $LaSrFeO_4$ 等阳极在还原气氛中的电子电导率较低，催化活性较差，单独使用无法满足 SOFC 的性能要求，需要通过表现浸渍或原位析出纳米催化剂等方式提升其电化学性能。

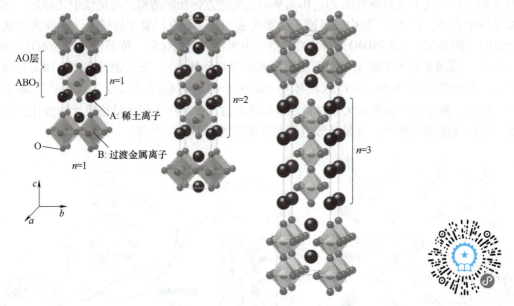

图 6-33　$A_{n+1}B_nO_{3n+1}$ RP 结构阳极材料晶体结构示意图（扫码见彩图）

RP 结构阳极也可由 ABO_3 结构材料在阳极还原条件下原位生成。例如，$Pr_{0.8}Sr_{1.2}(Co,Fe)_{0.8}Nb_{0.2}O_{4+\delta}$ 是由 $Pr_{0.4}Sr_{0.6}Co_{0.2}Fe_{0.7}Nb_{0.1}O_{3-\delta}$ 钙钛矿材料原位转变而来的，这类反应可用公式表示为

$$(n+1)ABO_3 \xrightarrow{还原} A_{n+1}B_nO_{3n+1}+B+O_2 \tag{6-43}$$

在该反应中，Co、Fe 等 B 位过渡金属离子将被还原成纳米金属催化颗粒，析出于阳极表面，提升阳极的电化学活性。而钙钛矿基体因失去大量 B 位元素而转变为 RP 结构。需要指出的是，由于整个反应伴随较大的结构相变，体积变化较大，阳极与电解质界面可能存在剥离的问题，电池界面的结构稳定性有待深入研究。

(3) **PCFC 阳极材料**　与氧离子传导型 SOFC 阳极类似，目前 PCFC 阳极材料主要使用金属陶瓷复合阳极，即将质子导体电解质与 NiO 复合而得。复合阳极中质子电解质与 Ni 的两相比例及颗粒尺寸对阳极的导电能力、催化活性及结构稳定性有显著影响。在长期工作中，Ni 催化颗粒会烧结粗化，从而降低阳极的催化活性。因此，阳极组成和微结构的调控是目前 PCFC 的阳极材料的研究重点。此外，不同的制备方法也会影响阳极材料的微观结构，进而影响电池的性能和稳定性。例如，通过硝酸盐燃烧法可以获得复合纳米阳极材料，从而提高阳极的反应活性。另外，通过在阳极支撑层和电解质层之间增加一层孔隙率较小的阳极功能层可以优化阳极的结构和性能。采用改进的燃烧法合成高活性阳极功能层可以显著提高电池在低温（550~650℃）下的性能。

为了提升 PCFC 的电池性能，通常采用阳极支撑型电池结构，以尽可能降低电解质的厚度（见图 6-34），减小电池欧姆阻抗。但大面积阳极支撑型 PCFC 电池的制备仍然是一项技术难题。目前，PCFC 电池的制备仍主要借鉴氧离子传导型 SOFC 电池的制备方法，主要通过流延共烧方法制备阳极支撑型电池。PCFC 阳极的性质对大面积单电池的制备有较大影响，通过调节 PCFC 阳极的组成和结构，使阳极与电解质的烧结收缩相匹配，可以获得较为平整的大面积单电池。

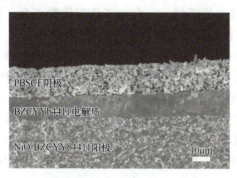

图 6-34　阳极支撑型 PCFC 电池的显微结构图（扫码见彩图）

6.2.3　SOFC 阴极材料

SOFC 的阴极是催化氧分子还原成氧离子的场所和催化剂。如图 6-35 所示，氧分子在阴极表面解离成吸附氧原子，然后吸附氧原子得到电子，被还原成氧离子，氧离子在阴极晶格内部扩散穿过阴极-电解质界面进入电解质。SOFC 阴极表面氧还原反应过程可简单表示如下：

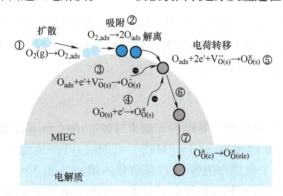

图 6-35　阴极氧还原反应过程示意图

1）氧气分子在阴极表面吸附反应：　　　$O_2(g) \Leftrightarrow O_{2,ads}$　（$m=1$）
2）氧表面吸附-解离反应：　　　　　　　$O_{2,ads} \Leftrightarrow 2O_{ads}$　（$m=0.5$）
3）第一电荷转移反应：　　　　　　$O_{ads} + e' + V_{O(s)}^{\cdot\cdot} \Leftrightarrow O_{O(s)}^{\cdot}$　（$m=0.375$）
4）第二电荷转移反应：　　　　　　　　$O_{O(s)}^{\cdot} + e' \Leftrightarrow O_{O(s)}^{\times}$　（$m=0.125$）
5）总电荷转移反应：　　　　　$O_{ads} + 2e' + V_{O(s)}^{\cdot\cdot} \Leftrightarrow O_{O(s)}^{\times}$　（$m=0.25$）

6）表面氧离子向阴极内部迁移：$O_{O(s)}^{x}+V_{O(c)}^{..}\Leftrightarrow V_{O(s)}^{..}+O_{O(c)}^{x}$ （$m=0$）

7）阴极与电解质界面的氧离子迁移反应：$O_{O(c)}^{x}\Leftrightarrow O_{O(ele)}^{x}$ （$m=0$）

上述各基元反应对应的极化电阻（R_p）与氧分压（P_{O_2}）之间满足如下关系：

$$\frac{1}{R_p}\propto (P_{O_2})^m \tag{6-44}$$

通过在不同氧分压下测试阴极的极化阻抗，通过拟合可以解析出阴极各个基元反应，确定反应限速步骤，从而为阴极的性能改进研究指明方向。对于大多数阴极材料而言，氧分子的吸附解离反应和电荷转移反应是整个阴极反应的控速步骤。阴极氧分子还原反应的活化能通常在1eV左右，阴极反应需要消耗较大的能量。当电池工作温度降低后，阴极的极化电阻会急剧增加，因此SOFC要求阴极材料需要具有非常优异的催化活性。

为了能有效催化氧分子的电化学氧化反应，通常要求SOFC的阴极材料满足以下性能：

1）阴极材料必须具有足够高的电子电导率（大约为100S/cm），以降低阴极的欧姆极化。

2）阴极还必须具有较高的离子导电能力，以降低阴极极化电阻。

3）阴极材料必须在SOFC操作温度下，对氧化还原反应具有足够高的催化活性，以降低阴极电化学活化极化，提高电池的输出性能。

4）在氧化气氛中，阴极材料必须具有足够高的化学稳定性，阴极材料的微观结构在长期运行过程中不能发生明显变化。

5）阴极应具有足够的比表面积和孔隙率，以扩大有效反应面积，加快气体扩散，降低浓差极化损失。

6）在工作温度或者制备温度下，阴极材料与相邻电池组件（如电解质和连接材料）间具有良好的化学相容性和热膨胀匹配性。

7）材料容易制备且价格低廉。

目前，常用的SOFC阴极材料以钙钛矿和类钙钛矿氧化物材料为主。

1. 掺杂的锰酸盐

具有钙钛矿结构的$La_{1-x}Sr_xMnO_3$（LSM）阴极在高温下具有良好的结构稳定性，较好的催化活性，以及与广泛使用的YSZ电解质有着很好的化学相容性和热膨胀匹配性等优点，是目前高温SOFC广泛使用的阴极材料。

$$\frac{1}{2}O_2+2SrO+2Mn_{Mn}^{x}\xrightarrow{La_2O_3}2Sr_{La}'+2Mn_{Mn}^{.}+3O_O^{x} \tag{6-45}$$

LSM阴极是一种基于电子空穴导电的p型半导体。通过Sr掺杂会使Mn^{3+}转变为Mn^{4+}，增加了材料中电子空穴h的浓度p（$p=[Mn^{4+}]=[Mn_{Mn}^{.}]$），从而提升材料的电子电导率[式（6-45）]。LSM的电子电导率随着Sr掺杂含量的增加（至50%）而增加，电导率可以达到100S/cm。研究表明LSM阴极是纯电子导体，其离子电导率非常低，单独作为阴极时，电极的极化电阻很大，因此需要复合YSZ、GDC等电解质以提高阴极的离子电导率，增强电极反应活性。YSZ、GDC的引入可以明显降低LSM基复合阴极的极化阻抗，表6-4给出了不同温度下LSM基复合阴极的极化电阻。可以看出，通过复合电解质材料可以有效降低阴极的极化电阻，电解质离子电导率越高，复合电极的极化阻抗越小。需要指出的是，高温下LSM会和YSZ相互反应，生成$La_2Zr_2O_7$杂质相，因此在电池制备过程中，LSM-YSZ阴极的煅烧温度不能超过1200℃。LSM-YSZ阴极一般用作高温SOFC阴极，在中低温条件下，LSM

阴极极化电阻会迅速增加，不能满足中低温 SOFC 的使用要求。一般通过添加离子电导率较高的 GDC 和 Bi_2O_3 基电解质材料来提高 LSM 阴极在中温下的电极活性。

表 6-4 不同温度下 LSM 基复合阴极的极化电阻

电解质材料	阴极材料	极化电阻/$(\Omega \cdot cm^2)$			
		750℃	700℃	650℃	600℃
YSZ	LSM-GDC50	0.49	1.06	2.51	6.81
	LSM-YSZ50	1.31	2.49	4.92	11.37
	LSM	3.5	7.82	20.58	51.03
GDC	LSM-GDC50	0.34	0.75	1.74	4.44
	LSM	1.13	2.67	6.38	16.32

除复合具有高氧离子电导率的电解质外，La 位掺杂也可以改善 LSM 阴极的电极反应活性。在不同镧系元素掺杂的 $Ln_{1-x}Sr_xMnO_3$（Ln = La、Pr、Nd、Sm、Gd、Yb、Y）材料中，$Pr_{1-x}Sr_xMnO_3$ 材料有着最高的电导率，而且随着电池工作温度降低，$Pr_{1-x}Sr_xMnO_3$ 电极的过电势也维持在较低的水平；以 Bi 元素取代镧系元素，可以提高材料中低温的电化学活性，$Bi_{0.5}Sr_{0.5}MnO_3$ 电极的极化阻抗小于 LSM 阴极。过渡金属元素（Sc、Fe、Co、Ni、Cu）取代 Mn 也可以提高 LSM 的电极反应活性。价态较低的 Sc^{3+} 掺杂可以在 LSM 中引入氧空穴，从而提高 LSM 的氧离子传导能力，但 Sc 在 LSM 晶格中的固溶极限较低。使用 Co 取代部分 Mn，可以显著提升 LSM 的电化学性，$La_{0.6}Sr_{0.4}Co_{0.8}Mn_{0.2}O_3$ 材料的电导率高达 1400S/cm，在中温下的过电势远小于 LSM。然而随 Co 掺杂量的升高，LSCM 材料的 TEC 变大，结构稳定性以及与电解质的化学相容性随之下降。

2. 掺杂的钴酸盐

钴酸盐阴极材料主要以 Co 作为活性元素的一类阴极材料。该类材料有着较高的电子和离子混合电导能力，还具有较高的电催化活性。按照材料结构主要分为单钙钛矿钴酸盐和双钙钛矿钴酸盐。

（1）单钙钛矿钴酸盐 将 LSM 阴极中的 Mn 完全替换成 Co 时，材料则转变为单钙钛矿钴酸盐 $Ln_{1-x}Sr_xCoO_3$，具有代表性的单钙钛矿钴酸盐阴极材料主要有 $La_{0.6}Sr_{0.4}CoO_3$（LSC）、$Sm_{0.5}Sr_{0.5}CoO_3$（SSC）、$Ba_{0.5}Sr_{0.5}Co_{0.8}Fe_{0.2}O_3$（BSCF）、$SrCo_{0.9}Nb_{0.1}O_3$（SCN）等。与 LSM 阴极材料相比，这类材料具有较高的催化活性，是理想的中低温 SOFC 的阴极材料。

LSC 阴极具有高的电子和离子导电性及高的氧还原反应活性，但 LSC 在高温下容易与 YSZ 反应生成绝缘相的 $La_2Zr_2O_7$ 和 $SrZrO_3$。少量 Fe 掺杂可以缓和 $La_{0.6}Sr_{0.4}Co_{0.8}Fe_{0.2}O_3$（LSCF6482）阴极材料与 YSZ 之间的相反应，但高温下的界面反应依然无法避免。目前主要使用 CeO_2 基电解质作为阻隔层来避免钴酸盐阴极与 YSZ 电解质的界面反应，或者直接使用 GDC、LSGM 等电解质。钴酸盐阴极的 TEC 一般大于 $20 \times 10^{-6} K^{-1}$，与常用电解质的热膨胀匹配性较差。为降低钴基阴极的 TEC，通常会向其中添加具有高氧离子电导率的电解质材料，提高复合阴极与电解质的热膨胀匹配性；也可添加一些具有负热膨胀系数的材料，降低复合阴极的热膨胀系数，提高钴基阴极与电解质的热膨胀匹配性。此外，钴基阴极材料的稳定性较差是限制其应用的另一个主要原因。例如，BSCF 阴极在长时间使用时会发生结构相变，丧失立方对称结构，导致性能衰减。此外，其表面容易产生 A 位离子偏析，表面生成惰性相，阻碍材料表面氧还原反应的进行，导致材料性能衰退。

(2) 双钙钛矿钴酸盐 A 位双钙钛矿 $LnBaCo_2O_{5+\delta}$ 阴极是另一类具有代表性的钴基阴极材料。它的结构与 $LnBaMn_2O_{5+\delta}$ 材料类似（见图 6-31），在 $LnBaCo_2O_{5+\delta}$ 阴极晶格的 Ln—O 层中存在大量的氧空位，氧离子在 Ln—O 层内的迁移扩散势垒很低，这为氧离子的迁移提供了快速传输通道，材料表现出较高的氧离子电导率。由于 B 位为易变价 Co 元素，这类材料具有非常高的电子电导率（大约为 1000S/cm）和氧还原反应催化活性，是一类性能非常优异的中低温阴极材料。在 $LnBaCo_2O_{5+\delta}$ 阴极体系中，$PrBaCo_2O_{5+\delta}$ 阴极的综合性能最佳，是目前研究最多的一种中低温阴极材料。但该类材料也存在 TEC 较大的问题，需要与 CeO_2 基电解质复合使用。此外，该类阴极在长时间工作后，表面会产生 Ba 偏析，生成 $BaCO_3$、$BaSO_4$ 等杂质，使电极表面性能劣化。

钴基阴极材料因其良好的离子-电子混合传导性能和高催化活性，使其成为中低温 SOFC 阴极的首选材料，但其热膨胀匹配性和表面结构稳定性仍有待进一步提高。

3. 掺杂的铁酸盐

铁基钙钛矿阴极 $La_{1-x}Sr_xFeO_3$（LSF）有着与电解质材料接近的 TEC（约为 $12\times10^{-6}K^{-1}$）和高电子电导率（750℃时的电导率为 155S/cm），材料的成本较低，因此 LSF 材料也常被用作 SOFC 阴极材料。LSF 与 YSZ 之间的化学相容性好，即使在 1400℃ 煅烧也没有 $La_2Zr_2O_7$ 和 $SrZrO_3$ 相生成。但 LSF 阴极的中低温催化活性不足，通过少量 Co 掺杂可以显著提高 $La_{0.6}Sr_{0.4}Co_{0.2}Fe_{0.8}O_3$（LSCF6428）阴极材料的电导率和催化活性，LSCF6428 阴极是目前综合性能最优的阴极材料之一，并已在众多商业电池中得到应用。但是 LSCF 阴极会与 YSZ 发生界面反应生成 $SrZrO_3$，因此在商业电池中需添加 GDC 隔离层，防止发生界面反应。此外，LSCF 阴极表面容易发生 Sr 偏析，导致材料性能衰减，提高其表面结构稳定性是目前研究者需要解决的主要问题之一。

除 LSF 和 LSCF6428 之外，$Bi_{0.5}Sr_{0.5}FeO_3$、$SrFe_{1-x}Ti_xO_3$、$SrFe_{1-x}Mo_xO_3$ 等铁基阴极材料对氧还原反应也具有较好的催化性能。这些阴极材料具有较好的结构稳定性、较低的热膨胀系数，是非常有发展潜力的 SOFC 阴极材料。

4. Ruddlesden-Popper 型阴极材料

Ruddlesden-Popper（R-P）氧化物具有相对较高的氧离子扩散率、快速的氧表面交换性能、与常用电解质相容的 TEC 及在氧化条件下的高电催化活性，因而被作为潜在的 SOFC 阴极材料来研究。R-P 型材料通常可以表达为 $A_{n+1}B_nO_{3n+1}$（$n=1,2,3$），当 B 为 Co、Ni、Cu 时，可用作 SOFC 阴极，其中 $Ln_2NiO_{4+\delta}$（LNO）是典型的 RP 结构阴极，也是目前研究较为广泛的阴极材料之一。

如图 6-36 所示，R-P 材料具有特殊层状结构，LnO 盐岩层可以容纳间隙氧离子，从而使其盐岩层具备传导氧离子的能力。LNO 的电子电导率接近 100S/cm，满足阴极材料的要求。但 LNO 与 A 位层状钙钛矿类似，间隙氧离子主要在 LnO 盐岩层间以推填子机制进行迁移，迁移活化能较低，并具有明显的二维传导特性。研究表明，LNO 盐岩层的 ac 和 bc 平面具有较快的氧离子传输能力和较高的表

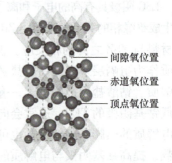

图 6-36 $La_2NiO_{4+\delta}$ 阴极的晶格示意图（扫码见彩图）

—— 间隙氧位置
—— 赤道氧位置
—— 顶点氧位置

● La ● Ni ● O

面交换特性。通过外延生长的 Nd_2NiO_4 薄膜使 NdO 盐岩层垂直暴露于表面，该电极表现出非常优异的氧化还原反应活性。但在实际应用中，R-P 型材料的电化学性能要比钙钛矿型材料的电化学性能差。这是由于在实际电池中，阴极为多晶颗粒烧结而成的多孔结构，颗粒之间随机取向，这导致具有明显的二维传导特性的 LNO 颗粒之间的离子传输受到严重制约，无法实现离子的三维传导，因此其电化学活性较差。如果能够实现 LNO 阴极活性表面的特定生长，则可以充分发挥该结构材料的催化性能。在 LNO 阴极中，复合 SDC 可以改善该类材料的电化学性能，但性能的提升依然不能满足中低温 SOFC 的要求。

在 $Ln_2NiO_{4+\delta}$（LNO，Ln = La、Pr、Nd）材料中，$Pr_2NiO_{4+\delta}$ 具有较高的离子电导率，在中低温下其氧离子电导率高于 LSCF6428 等阴极材料，并具有较高的氧体扩散系数和表面交换系数。采用 $Pr_2NiO_{4+\delta}$ 阴极的 SOFC 单电池在 750℃、0.8V 输出电压下的功率密接近 $0.7W/cm^2$，电池表现出了良好的稳定性，运行 1000h 后的衰减速率仅为 3%。在 Ln 位掺杂碱土金属元素（Ba、Sr、Ca）可以提高材料的电子电导率，在 Ni 位掺杂过渡金属元素 Co、Cu 等可以改善材料催化活性，优化材料的 TEC。

除 $Ln_2NiO_{4+\delta}$ 外，高阶 $A_{n+1}B_nO_{3n+1}$（n = 2，3 …）氧化物 $La_3Ni_2O_{7-\delta}$、$La_4Ni_3O_{10-\delta}$、$Pr_4Ni_3O_{10-\delta}$ 等材料也常被研究用作 SOFC 的阴极。随着 n 增加，材料的氧表面交换系数变化不大，但的氧体扩散系数有所降低，材料的离子电导率下降。与 $Ln_2NiO_{4+\delta}$ 相比，高阶 RP 型材料表现出有更好的相稳定性、更高的电导率和较低的 TEC。

5. PCFC 阴极材料

目前，PCFC 绝大部分阴极材料都是将氧离子传导型 SOFC 阴极直接迁移过来使用。但当没有质子传导能力的材料用作 PCFC 阴极时，电池的电化学性能会受到很大的限制。其原因在于，当质子 H^+ 通过质子电解质传导至阴极和电解质的界面时，由于阴极缺乏传导质子的能力，阴极的反应被限制在电解质与阴极的三相界面处，大量质子积压在界面处，无法迅速扩散至阴极表面参与反应（见图 6-37a）。由于电极反应仅在界面处发生，质子与氧离子结合生成的水长期聚集在界面附近区域，无法及时排出，容易导致电极与电解质的界面分层脱落。因此，为了使 PCFC 电池能够高效运行，PCFC 阴极不仅需要传导电子，还需要能够传导质子 H^+，从而使电极反应扩展到阴极的表面（见图 6-37b），增加电极反应活性，提升电池的功率密度。

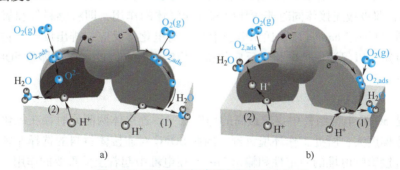

图 6-37 PCFC 阴极表面氧还原反应机理
a）氧离子/电子导体 b）质子/电子导体

$Ba_{0.5}Sr_{0.5}Co_{0.8}Fe_{0.2}O_{3-\delta}$（BSCF）、$PrBaCo_2O_{5+\delta}$（PBCO）、$Pr_2NiO_{4+\delta}$（PNO）等钙钛矿材料均可用作质子导体阴极。其中，氧空位浓度较高的氧化物（BSCF 和 PBCO 等）相比于低

氧空位的氧化物（LSCF 等）往往具有更好的水合特性，这是因为氧空位在电极的质子化反应中起到了关键性的作用（$V_O^{\cdot\cdot}+O_O^{\times}+H_2O \longrightarrow 2OH_O^{\cdot}$）。对 PBCO、BSCF 和 PNO 而言，提高水蒸气的浓度分压可以提升电极性能，这也印证了 PCFC 电极过程中存在与 O^{2-} 和 H^+ 相关的电极反应过程。

许多研究者借鉴氧离子传导型 SOFC 阴极的优化策略，将上述 MIEC 阴极与质子导体电解质复合，以此来拓展 PCFC 阴极的 TPB 反应活性区域，提高阴极反应催化活性。研究表明，LSCF-$BaCe_{0.9}Yb_{0.1}O_{3-\delta}$ 复合阴极的电化学性能要明显优于 LSCF 阴极。Ni-BZCYYb/BZCYYb/BZCY-LSCF 单电池的最大功率密度在 650℃ 时可以达到 600mW/cm^2。但需要说明的是，MIEC 和质子导体电解质材料复合存在最佳混合比例，两种材料的颗粒尺寸和结合方式对 TPB 有较大的影响，复合电极微观形貌对阴极反应活性的影响值得深入探究。

为了开发出高性能的新型 PCFC 阴极材料，研究者使用过渡金属元素 Co 和 Fe 对质子导体电解质材料如 $BaZrO_{3-\delta}$（BZO）和 $BaCeO_{3-\delta}$（BCO）等进行高含量掺杂，使其具备质子和电子混合传导能力。例如，$BaCo_{0.4}Fe_{0.4}Zr_{0.2}O_{3-\delta}$（BCFZ）、$BaCo_{0.4}Fe_{0.4}Zr_{0.1}Y_{0.1}O_{3-\delta}$（BCFZY）作为 PCFC 阴极时，电池表现出了良好的电极活性。这类阴极晶格含有大量的氧空位，有利于电极吸收水分子发生质子化反应，从而实现质子传导能力。研究表明，降低阴极材料中阳离子的电负性有助于增加阴极的质子浓度，提高阴极传导质子的能力。

除了提高 PCFC 阴极的电化学活性，阴极的表面结构稳定性也需要重点关注。这是因为 PCFC 的阴极会生成大量的水蒸气，水蒸气的存在会加快阴极表面 A 位离子的偏析，从而导致阴极催化活性快速衰退。开发高活性高稳定性的阴极材料是本领域研究的热点。其次，PCFC 阴极与质子电解质的界面结合性较差，导致电池欧姆阻抗和极化阻抗较大，影响质子燃料电池性能的发挥。通过对电解质表面进行酸洗或修饰第二相等方式可以改善阴极/电解质界面的结合，提高电池功率密度和运行稳定性。

6.2.4 SOFC 连接体材料

SOFC 单体电池的开路电压仅为 1V 左右，需要将若干个单电池以串联的方式组装成电池组，以满足高输出功率的应用需求，单电池之间的串联则需要采用连接体来实现。由于连接体两端分别接触 SOFC 的阳极和阴极，因此<u>将连接体称作双极板</u>。如图 6-38 所示，对于平板式 SOFC，双极板连接体同时兼顾导电和分配气体的作用，即将燃料气和氧化气通过连接体上的流道（Flow Channel）输送到电极中去参与电化学反应，排出反应产物，并将电子顺利导出外电路，以保证电池电化学反应的持续稳定进行。因此，连接体是 SOFC 电堆中的关键组件之一。

1. SOFC 连接体的性能要求

连接体是 SOFC 电池组件中要求最高的部件之一。连接体两侧同时存在氧化气氛和还原气氛，化学势梯度大，所处工作环境苛刻，因此 SOFC 对连接体材料的选择非常严苛。连接体的性能将直接影响电堆的稳定性和输出功率，在电堆中起着至关重要的作用。此外，连接体的成本是 SOFC 各个部件中成本最高的，其制备成本占 SOFC 电池成本的一半，甚至更高。因此，对于高性能、低成本连接材料的研究开发将是 SOFC 实现商业应用的关键。

为了得到期望的性能，连接体材料必须具有以下特性：

1) 在 SOFC 的工作温度和环境（阴极的氧化气氛和阳极的还原气氛）下，<u>连接体必须</u>

具有极好的导电性能，且其电导率在预期寿命（40000h）内没有很大的变化，从而将连接体贡献的欧姆损失降低到最小。

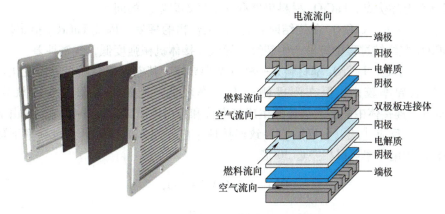

图 6-38　SOFC 连接体及电池堆示意图

2）连接体一侧为氧化气氛，一侧为还原气氛，连接体两侧存在着巨大的氧分压梯度，这就要求连接材料不受氧分压变化影响，要在 SOFC 的高工作温度下具有很高的化学和物理稳定性，包括尺寸、微观结构、化学组成、相结构等方面均保持稳定，同时与邻近电极之间没有化学反应和元素互扩散。

3）在工作温度范围内，连接材料与电池其他组件具有良好的热膨胀匹配性，以保证连接体与电极的良好接触，防止因温度变化而产生内部应力。

4）连接体材料需要具有致密结构，从室温到工作温度范围内保证对燃料气体和氧化气体的完全隔绝，避免两侧气体混合产生化学反应而导致电堆性能衰减，甚至爆炸。

5）连接体必须具有非常好的热导率，一般认为其热导率不能小于 $5W/(m \cdot K)$，尤其是在平板式结构中。连接体的高热导率有助于均化电池温度场，缓解 SOFC 电堆中由热温度梯度产生的热应力积累对电极和电解质的破坏。

6）连接体的成本低廉，在高温下要具有良好的综合力学性能，且易加工。

目前主要有两类材料能够满足 SOFC 连接材料的要求，一类是陶瓷连接体材料，另一类是不锈钢合金连接体材料。传统的高温 SOFC 工作温度一般在 1000℃ 左右。只有少数具有钙钛矿结构的陶瓷氧化物材料能够满足上述条件要求，如 $LaCrO_3$ 基连接体材料。随着 SOFC 技术的不断发展，SOFC 的操作温度从 1000℃ 左右降低到 600~800℃，这使金属材料取代传统陶瓷材料作为连接体成为可能。与陶瓷材料相比，金属连接体材料具有低成本、易加工、良好的电子电导率和热导率及优异的力学性能等优点。目前，不锈钢金属连接体材料已经成为主流的 SOFC 主流连接体材料，广泛应用在平板式 SOFC 电堆组装中。

2. SOFC 陶瓷连接体材料

陶瓷氧化物连接体具有良好的化学稳定性和耐热蚀性能，适用于 800℃ 以上的高温 SOFC，但其电导率相对较低、机械加工性能较差、制造成本较高。目前主要有掺杂铬酸盐连接体材料和掺杂钛酸盐连接体材料。

（1）掺杂铬酸盐连接体材料　由于 $LaCrO_3$ 在还原和氧化性环境下均表现出比较高的化学稳定性，以及与 SOFC 相邻组件之间良好的化学相容性，因此成为最合适的高温 SOFC 连接体材料。LaCrO$_3$ 属于 ABO$_3$ 钙钛矿型氧化物，熔点为 2490℃，室温下为正交晶型（Pbmn 空间群），在 240~280℃时由正交结构向菱方结构转变，并在 1650℃转变为立方结构。

尽管具有上述优点，LaCrO$_3$ 材料仍然存在下述难以解决的问题。

1）**烧结性能差**。LaCrO$_3$ 在烧结时存在 Cr 化合物的挥发，因此 LaCrO$_3$ 很难烧结致密。此外，LaCrO$_3$ 在烧结过程中极易产生裂纹，导致连接体机械强度低，气密性差。

2）**导电性不足**。LaCrO$_3$ 基材料是一种 p 型半导体，其电导率会随氧分压变化。连接体在阴极侧的电导率较高，但在阳极侧的电导率较低。这是因为阳极侧的氧分压很低（$\leq 10^{-20}$ atm），连接体中晶格氧被还原生成氧空位和自由电子 [式（6-46）]，自由电子与电子空穴发生湮灭反应 [式（6-47）]，导致连接体中电子空穴浓度降低，电导率下降，其阳极侧和阴极侧的电导率可以相差近 30 倍。

$$O_O^\times \longrightarrow 2e' + V_O^{\cdot\cdot} + \frac{1}{2}O_2 \tag{6-46}$$

$$e' + h^\cdot \longrightarrow nil \tag{6-47}$$

LaCrO$_3$ 材料在中低温下的导电性较低，因此常在 La 位置掺杂 Sr 或 Ca 等二价阳离子，以提高材料电子空穴浓度和连接体的电导率。Sr 和 Ca 掺杂不但能够提高 LaCrO$_3$ 的电导率，而且能改善 LaCrO$_3$ 的烧结性能。这是因为在烧结过程中会生成低熔点的液相 CaCrO$_4$ 和 SrCrO$_4$，可以促进连接体的烧结，提高致密度。

（2）**掺杂钛酸盐连接体材料** La$_x$Ca$_{1-x}$TiO$_3$（LCT）、La$_x$Sr$_{1-x}$TiO$_3$（LST）等钙钛矿材料在较大氧分压范围内具有良好的结构稳定性，在高温还原气氛下具有高的电导率，且与 Ni/YSZ 阳极具有良好的化学兼容性，因此受到研究人员的广泛关注。但其在阴极氧化气氛中，电导率会迅速下降，因此只适合在阳极侧作为连接体材料。在 Ti 位掺杂一定比例的 Mn 或 Cr 等离子，可以提高 LCT、LST 材料在阴极高氧分压下的电导率和稳定性，如 La$_{0.4}$Ca$_{0.6}$Ti$_{0.4}$Mn$_{0.6}$O$_{3-\delta}$ 材料在氧化和还原条件下的电导率分别达到 12.2S/cm 和 2.7S/cm，其 TEC 值为 10.8×10^{-6}K^{-1}，与 8-YSZ 也非常接近，因此在 SOFC 连接体上具有一定的应用潜力。

3. SOFC 金属连接体材料

随着 SOFC 工作温度降低至 600~800℃，具有高抗氧化性的金属合金材料被用来取代传统的陶瓷连接体。在材料成本、机械强度、导电性和可加工性等方面，金属连接体都要优于陶瓷连接体（见图 6-39）。

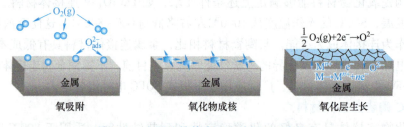

图 6-39 金属连接体表面腐蚀机理示意图

但金属连接体材料在 SOFC 阴极高温氧化气氛下容易在表面形成氧化物层，导致连接体的电阻急剧增大。通常使用面比电阻（Area Specific Resistance，ASR）来衡量生成有氧化物层的金属连接体的总面比电阻。连接体的面电阻通常采用如图 6-40 所示的方式测量。

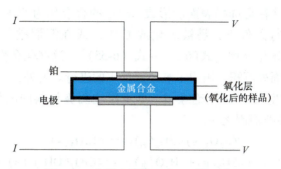

图 6-40　金属连接体面电阻测量示意图

金属连接体的总面电阻可用式（6-48）表示，它主要由两部分构成，一是金属合金本身的电阻，二是连接体表面生成的氧化物层的电阻。

$$ASR = \tau_s l_s + 2\tau_o l_o \tag{6-48}$$

式中，τ_s 为连接体合金的电阻率；l_s 为连接体合金的厚度；τ_o 为氧化物层的电阻率；l_o 为氧化物层的厚度。在 SOFC 高温长时间运行条件下，金属连接体的 ASR 会随氧化层厚度的增加而增加。在恒定温度下，氧化物层的厚度随时间的变化规律可用公式表示为

$$l_o^n = K_p t \tag{6-49}$$

式中，n 为代表氧化层厚度变化的指数，与氧化层氧化机理相关，通常情况下 $n=2$；K_p 为氧化层的生长速率常数，它是绝对温度 T 和氧化扩散活化能 E_{ox} 的函数，可用公式表示，见式（6-50）。

$$K_p = K_0 \exp \frac{-E_{ox}}{kT} \tag{6-50}$$

式中，K_0 为氧化速率常数；k 为玻尔兹曼常数。

金属连接体表面的氧化物一般遵循小极化子导电机制，因此氧化物层的电阻率可以用公式表示：

$$\tau_o = \frac{1}{\sigma} = \frac{T}{\sigma_0 \exp(-E_a/kT)} = \frac{T}{\sigma_0} \exp \frac{E_a}{kT} \tag{6-51}$$

式中，σ 为电导率；σ_0 为与氧化物层电导率相关的常数；E_a 为氧化物层中电子或电子空穴迁移所需的活化能。

一般而言，能形成致密氧化膜的合金连接体在高温下的氧化反应通常遵循抛物线规律，生成的氧化物层的 ASR 可以用公式表示：

$$ASR = 2\frac{\sqrt{K_0 t}}{\sigma_0} T \exp \frac{-0.5 E_{ox} + E_a}{kT} \tag{6-52}$$

由此可见，在一定的温度和时间下，合金连接体表面生成的氧化层的 ASR 不仅与氧化层的氧化速率 K_0 及氧化活化能 E_{ox} 有关，还与氧化膜的电导率常数 σ_0 和活化能 E_a 有关。因此，在选择 SOFC 合金连接体材料时，应尽量选择 K_0 足够小和 σ_0 足够大材料。

为了提高合金连接体的耐高温氧化性，合金材料中通常会含有一定量的 Al、Si 和 Cr 等抗氧化元素。在 SOFC 工作条件下，合金表面会生成 Al_2O_3、SiO_2 或 Cr_2O_3 等致密氧化物保护膜，其氧化速率常数 K_0 较小，但 Al_2O_3 和 SiO_2 的电导率常数 σ_0 非常低，不能同时满足

上述的两个条件,因此往往会选择表面能形成 Cr_2O_3 的合金作为 SOFC 的金属连接体材料。但 Cr_2O_3 在 SOFC 的运行条件下,易被氧化成 CrO_3,或在湿润空气中生成 $CrO_2(OH)_2$、CrO_2OH 等多种形式的 Cr 化合物[式(6-53)~式(6-55)]。这些化合物挥发后,在阴极材料表面以及与电解质的界面处沉积,阻碍了氧还原反应的进行。另外,Cr_2O_3 易和 LSM、LSCF 等阴极材料发生反应,生成 $SrCrO_4$ 绝缘相,严重影响阴极材料的电化学性能,Cr 中毒是 SOFC 电池性能下降的主要原因之一。

$$2Cr_2O_3(s) + 3O_2(g) \rightleftharpoons 4CrO_3(s) \tag{6-53}$$

$$2Cr_2O_3(s) + 3O_2(g) + 4H_2O(g) \rightleftharpoons 4CrO_2(OH)_2(s) \tag{6-54}$$

$$Cr_2O_3(s) + O_2(g) + H_2O(g) \rightleftharpoons 2CrO_2OH(s) \tag{6-55}$$

一般主要通过以下几个性质来衡量合金材料作为 SOFC 连接体的适用性,这些性质主要包括:①热膨胀系数 TEC;②抗氧化和耐蚀性;③面比电阻 ASR;④材料成本及可加工性。

目前,常用的合金连接体材料主要有 Cr 基合金、Ni 基合金和 Fe 基合金三种,这些合金在热膨胀系数、机械强度、可加工性及材料成本等方面都各具特色(见表6-5),需要根据实际条件和性质进行选择。

表 6-5 三类合金连接体材料的基本性质对照表

合金种类	点阵结构	TEC×10⁻⁶K⁻¹ (RT-800℃)	机械强度	可加工性	成本
Cr 基合金	bcc	11~12.5	高	难	很高
Ni 基合金	fcc	14~19	高	易	高
Fe 基合金	bcc	11.5~14	一般	易	低

(1) Cr 基合金材料　由于 Cr 基合金具有良好的高温抗氧化性、耐蚀性、与 YSZ 电解质相匹配的 TEC,以及在高温下能形成具有较高电导率的 Cr_2O_3 氧化膜,因此被开发用作 SOFC 的连接体候选材料(见图6-41)。但随着电池工作温度的升高,Cr 的扩散会迅速增大,氧化速率升高,连接体导电性能降低,同时铬氧化物层在多次热循环后会产生剥落现象。此外,Cr 的挥发会导致 SOFC 阴极的 Cr 沉积和中毒,降低电池的性能。因而 Cr 基合金的研发主要集中在增加 Cr_2O_3 氧化层的黏附性和降低氧化膜的生长速度上。在合金中加入 La、Ce、Zr、Y 等稀土元素或其氧化物获得所谓的氧化物弥散强化(Oxide Desperation Strengthened,ODS)合金,可提高氧化物层与基体的结合力,同时可以明显降低氧化物层的生长速率。

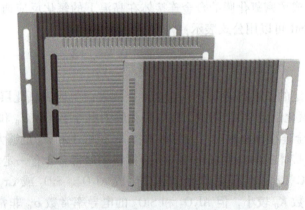

图 6-41　Cr 基不锈钢合金连接体(CFY)

目前用作 SOFC 金属连接体的 Cr 基合金主要是 Plansee 和 Siemens 公司用粉末冶金法制备的 ODS 合金 $Cr_5Fe_1Y_2O_3$（CFY），以及 Sanyo Electric 公司和 Sulzer Hexis 公司开发的 $Cr_{0.4}La_2O_3$ 和 Cr_3Co 合金。通过对这些合金的热膨胀性和抗氧化性进行研究，发现 CFY 和 $Cr_{0.4}La_2O_3$ 的 TEC 与 YSZ 较接近，而 Cr_3Co 合金的 TEC 远大于 YSZ。同时，Cr_3Co 合金在 950℃下氧化 1500h 以后，氧化层开始脱落，质量锐减。CFY 在空气气氛下，质量一直减小，可见其氧化层也在存在剥离现象。CFY 在湿氢气气氛下氧化层增加速度大于在空气气氛下的增加速度，加入 Co 会加剧氧化层的增长。此外，CFY 在 900℃以上长期工作时氧化层过厚，ASR 很大，不能满足 SOFC 的要求。但当用等离子喷涂法在 CFY 表面涂覆 $La_{0.9}Sr_{0.1}CrO_3$ 和 $La_{0.8}Sr_{0.2}CoO_3$ 功能层后，连接体与 LSM 阴极之间的接触电阻变化很小，10000h 以后 ASR 约为 $0.066\Omega\cdot cm^2$；而在 CFY 表面涂覆 $MnCr_2O_4$ 尖晶石层和 $La_{0.8}Sr_{0.2}CoO_3$ 功能层后，连接体与 LSM 阴极之间的接触电阻变化更小，10000h 以后 ASR 仅为 $0.04\sim0.06\Omega\cdot cm^2$。但是，由于 CFY 的制备工艺复杂、成本很高，限制了其广泛应用。

总体来讲，Cr 基合金连接体仍然存在三方面的不足：①合金中 Cr 挥发的问题较为严重，大量 Cr 挥发很容易造成阴极 Cr 中毒，降低电池性能；②当温度高于 700℃后，Cr 的扩散速度显著增大，从而导致氧化层的快速增长，电池内阻增大，无法保证 SOFC 的长期稳定性；③Cr 基合金制备工艺复杂，价格较高，限制了其在 SOFC 中的应用。为了解决上述问题，目前常通过在连接体表面涂覆氧化物来抑制氧化层增厚，降低 ASR 的增长速率，还能缓解 Cr 氧化物的挥发，降低阴极的毒化问题。因此，连接体表面涂覆层及其涂覆工艺是目前连接体的重点研究方向。

（2）Ni 基合金材料　与 Cr 基合金相比，Ni 基合金材料具有更高的耐热温度（高达 1200℃）和高温强度。Ni-Cr 系合金发生氧化后的产物 NiO 和 Cr_2O_3 都具有显著降低氧扩散速度的作用，能够形成良好的抗氧化保护层，同时氧化层具有良好的导电性。为了获得连续的铬氧化层，合金中仅需 15% 的铬就可以建立合理的耐热蚀性能。此外，Ni 基合金的机械强度更高。可用于 SOFC 的 Ni 基合金连接体材料中除 Ni 以外的元素含量见表 6-6。

表 6-6　可用于 SOFC 的 Ni 基合金连接体材料中除 Ni 以外的元素含量

Ni 基合金	组成元素含量（质量分数,%）								
	Cr	Fe	Co	Mn	Mo	Nb	Ti	Si	Al
Inconel 600	14~16	6~9	—	0.4~1	—	—	0.2~0.4	0.2~0.5	0.2
ASL 528	16	7.1	—	0.3	—	—	0.3	0.2	—
Haynes R-41	19	5	11	0.1	10	—	3.1	0.5	1.5
Inconel 718	22	18	1	0.4	1.9	—	—	—	—
Haynes 230	22~26	3	5	0.5~0.7	1~2	—	—	0.3	—
Haynes 242	8	—	1	0.8	25	—	—	0.8	0.5
Hastelloy X	24	19	1.5	1.0	5.3	—	—	—	—
Inconel 625	25	5.4	1.5	0.6	5.7	—	—	—	—
Nicrofer 6025HT	25	9.5	—	0.1	0.5	—	—	0.5	0.5
Hastelloy G-30	30	1.5	5	1.5	5.5	1.5	1.8	1.0	—

大多数 Ni 基合金在阳极湿氢气中表现出优异的抗氧化性，可以生成以 Cr_2O_3 为主的含有（Mn，Cr，Ni）$_3O_4$ 尖晶石的氧化物薄层。在阴极侧氧化过程中，高铬 Ni 基合金（如 Haynes 230 和 Hastelloy X）表面形成一个主要由 Cr_2O_3 和（Mn，Cr，Ni）$_3O_4$ 尖晶石组成的氧化物；而低铬 Ni 基合金（如 Haynes 242）的基板上方主要形成含 NiO 外层的厚双层氧化层。

Ni 基合金最主要的问题是其 TEC 与 SOFC 组件不匹配，电池在热循环过程中连接体与电极的界面会产生热应力，导致界面出现裂缝，使 SOFC 性能下降。加入 W、Mo、Al、Ti 等元素可以调控 Ni 基合金的 TEC，合金中较高含量的 Mo（6%，质量分数）和 W（12%，质量分数）有助于形成拓扑闭合填充相（Topologically Closed Packed，TCP），TCP 相的形成有助于降低合金的 TEC，并提高合金的高温稳定性。含有 TCP 相结构的 Ni 基合金具有较低的 TEC、ASR 和较高的抗铬毒化的能力。

在 Ni 基合金中，Haynes 242 是目前为数较少的具有低 TEC 的合金材料，其 TEC 与 LSM 阴极及 Ni/YSZ 阳极兼容性好，并具有较好的抗氧化能力和导电性能。Haynes 242 合金含有较低的 Cr 含量，在 SOFC 阴极环境下会生成保护性的 NiO 外层和 Cr_2O_3 内层，可以明显降低 Cr 的挥发。同时，在 SOFC 工作条件下，由于 Mn 的存在有助于在合金中形成亚稳态的 Ni_3（Mn，Cr）金属间化合物，该金属间化合物的形成虽然不会影响合金的抗氧化能力及导电性能，但有助于 NiO 的形成以减少 Cr 的挥发。但考虑到 MnO_3 在 700℃ 以上具有高挥发性，为了避免其挥发造成的潜在危害，最好在较低的温度（500~700℃）下使用 Haynes 242 合金作为 SOFC 的连接体材料（见图 6-42）。

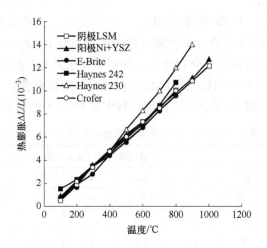

图 6-42　Haynes 242 合金与典型 SOFC 组件的 TEC 值比较

Ni 基合金的价格较为昂贵，加工困难，目前多用在航空、核工业等领域。在 SOFC 连接体材料中，Ni 基合金的使用相对较少。

（3）Fe 基合金材料　用作 SOFC 连接体的 Fe 基合金通常是指以 Fe 和 Cr 为主的铁素体（Ferritic）合金材料。Fe-Cr 铁素体合金中 Cr 的含量一般控制在 17%~26%（质量分数，后同）。这是因为要生成稳定的 Cr_2O_3 氧化膜，合金中的 Cr 含量至少需要达到 17%，同时考虑到连接体的 TEC 要与电池的其他组件相匹配，Cr 的含量一般不能超过 26%。此外，在合金中添加 Mn、Ti、Si、Al 和一些稀土元素，有利于控制合金表面氧化膜的生长机制，即通过控制氧化膜的构成、与基体的黏附性和生长速率来改善合金的抗氧化性和导电性。

在 700~1000℃温度范围内，Fe 基合金表面氧化层主要由 Fe 的氧化物以及少量 Cr_2O_3 和 $FeCr_2O_4$ 尖晶石组成。随着 Cr 含量的增加，后两种氧化物的含量增多，氧化层的增长速率降低。向合金中加入 Mn、Ti、Si 和 Al 等微量元素可以增加材料的加抗氧化特性。在高温下，Mn 和 Ti 融合在氧化层中，Ti 以氧化钛形式存在，在低氧分压时，氧化钛分散在氧化铬中，在高氧分压时重新沉淀，出现在氧化层/气体界面处。Mn 则以 $MnCr_2O_4$ 铬锰尖晶石形式存在于氧化层表面。Si 和 Al 的氧化物比氧化铬有更好的热力学稳定性，一般 Si 和 Al 只在基体内部生成氧化物而不迁移到氧化层表面。但当 Si 和 Al 的含量增大到 1%时，其氧化物就会在氧化层表面出现，这样可以增强抗氧化性，阻止材料的进一步氧化。Si 和 Al 在合金中的作用与工作温度、Cr 含量、其他微量元素含量、表面处理工艺等有关。Si 和 Al 的加入会增强材料的抗氧化性，但生成的 SiO_2 和 Al_2O_3 也会降低氧化层的导电性能，因此 Si、Al 的加入量有一个最佳比例。

与 Ni 基合金和 Cr 基合金相比，Fe 基铁素体合金具有更强的化学稳定性。在 800℃左右时，其 TEC 和 YSZ 相近，材料及其制造成本更低、气密性好、加工容易，因此 SOFC 金属连接体材料倾向于使用铁素体不锈钢合金。目前研究较多的铁素体不锈钢连接体主要有 Crofer22 APU、SUS430、X10CrAl18 和 ZMG232 等四种，不同铁素体中除 Fe 以外的组成元素的含量见表 6-7。其中，Crofer22 APU 和 ZMG232 分别是 Thyssen Krupp 公司和 Hitachi Metals 公司开发的 Fe-Cr 铁素体合金。这四种合金在 800~1000℃时的 TEC 为 $10\times10^{-6}\sim12\times10^{-6}K^{-1}$，与 YSZ 电解质的 TEC 很接近。但相对其他三种合金，X10CrAl18 与涂层之间的接触电阻较高，表面涂层在氧化性气氛下运行一段时间后会生成杂相，不能满足 SOFC 系统运行 40000h 的目标，因此不适合用作 SOFC 连接体材料。对于 Crofer22 APU 和 ZMG232 而言，ZMG232 的 ASR 比同等条件下的 Crofer22 APU 高 3~4 倍。分析合金氧化层的组成结构发现，Crofer22 APU 的氧化层结构最上层为 $MnCr_2O_4$，相邻层富含 Cr_2O_3，有利于提高电导率。ZMG232 所含的 Si 元素会在氧化层和基底之间形成 SiO_2 层，降低了氧化层的电导率。SUS430 表面会形成致密的 Cr_2O_3 层，包含 $MnCr_2O_4$ 及少量的 $FeCr_2O_4$ 两种尖晶石相，且氧化层结构基本不受氧分压影响，因此也具有较好的导电性。

表 6-7 不同铁素体中除 Fe 以外的组成元素的含量

铁素体不锈钢	组成元素含量（质量分数,%）								
	Cr	Mn	Si	Ti	Al	C	P	S	其他
Crofer22 APU	22.0	0.5	0.1	0.08	0.11	0.005	0.016	0.002	La：0.1
SUS430	16.0~18.0	1.0	≤1.0	—	—	≤0.12	—	0.03	Ni：0.6
SUS441	17.5-18.5	≤1.0	≤1.0	—	—	≤0.03	—	≤0.015	Ni：0.6 Nb≥0.3 Ti：0.1~0.6
X10CrAl18	17.0	0.38	1.09	—	1.13	—	—	—	Ni：0.19
ZMG232	22.0	0.5	0.40	—	0.21	0.02	—	—	W：2 La：0.07 Zr：0.25

在铁素体合金中添加少量的活性元素如 Y、La、Ce、Hf 等或其弥散氧化物可以有效降低合金的高温氧化速率,并改善合金表面的 Cr_2O_3 和 Al_2O_3 氧化层与基底的黏附性。研究表明,Fe 基合金材料中杂质(如 S)的存在会导致金属与氧化物层界面的分离,从而影响氧化层与金属的黏附性。高熔点的活性元素可以与 S 形成稳定的化合物,从而阻止 S 向界面迁移。在 SUS430 中上添加 Nb 和 Ti 可以得到 SUS441 不锈钢,由于 Nb 束缚了 Si,可以防止在氧化层/金属界面上形成 SiO_2 层。此外,活性元素离子具有很强的亲氧性,可以阻碍氧离子穿过氧化层边界到达合金基底表面。含有活性元素的合金可以有效地改善氧化层和金属的黏附性,同时降低了氧化层的厚度,从而降低了金属连接体的 ASR。

460FC 是一种新型的 Fe 基不锈钢合金,该合金不含稀土元素,仅添加了少量的 Nb 和微量的 Mo,因此成本低廉。460FC 在 800℃下经过 500h 的氧化后,在合金的表面形成了致密的氧化层,从图 6-43 中可以看出,该氧化层与基体结合紧密,由柱状大晶粒和等轴状细晶粒两层组成。经 XRD 和 EDX 分析表明柱状大晶粒层和等轴状细晶粒层分别由 $(Mn,Cr)_3O_4$ 和 Cr_2O_3 组成。双层氧化物结构的形成使合金显示出了较好的导电性和抑制 Cr 挥发能力。此外,合金中的 Nb 氧化后在基体和氧化物之间形成了 Nb_2O_5,也有助于抑制 Cr 的挥发和扩散。在相同的测试条件下,460FC 合金的 Cr 挥发速率要低于 Crofer22 APU 合金。

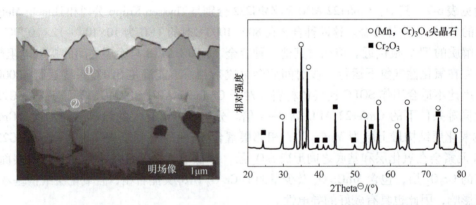

图 6-43　460FC 在 800℃下经过 500h 的氧化后,合金表面氧化层的 TEM 截面图和 XRD 谱图

虽然上述三种合金都具有较好的抗氧化能力,但是长期在 SOFC 高温下工作,不锈钢连接体表面 Cr 化物的挥发仍然不可避免,进而引起阴极 Cr 中毒以及连接体导电性能降低,导致电池性能劣化。此外,挥发的铬化物还会与玻璃密封材料发生反应,增加了电池的泄漏概率。因此,合金连接体表面仍然需要添加涂覆层进行保护,以提高整个 SOFC 的运行寿命。

4. 金属连接体防护涂层

目前常采用在合金连接体的表面涂覆防护涂层,以抑制合金连接体的氧化,增加氧化物层的导电性,改善氧化物层与合金的附着力,降低连接体的界面电阻,并阻止 Cr 向氧化物表面的迁移扩散,降低对阴极的毒化。因此,作为合金连接体保护涂层的材料应具备以下条件:

⊖　XRD 衍射中的布拉格衍射角。

1) 能有效降低合金在高温下的氧化速率。
2) 具有良好的高温导电性（高于 50S/cm）。
3) 与合金基底具有良好的结合性并具有良好的热膨胀匹配性。
4) 与 SOFC 相邻组件的材料具有良好的化学相容性。
5) 具有高的致密度，以抑制 Cr 迁移扩散。
6) 在氧化和还原气氛下具有优异稳定性。
7) 涂层制备工艺简单，成本低廉。

目前，常用的合金连接体防护涂层材料主要有活性元素氧化物（Reactive Elements Oxides，REOs）、钙钛矿氧化物和尖晶石氧化物。

（1）活性元素氧化物　活性元素氧化物一般指含 Y、La、Ce、Hf 等元素的氧化物，将这些活性元素或其氧化物涂覆到合金材料的表面可有效降低合金材料的高温氧化速率和接触电阻，并防止氧化层剥落。例如，Y_2O_3 中的 Y^{3+} 离子容易扩散到氧化层晶界处或氧化层-合金界面处，能够有效阻断 Cr 的扩散路径，抑制连接体表面氧化层的生长。此外，活性元素氧化物涂层有助于形成高导电性钙钛矿或尖晶石结构的氧化物，从而提高了氧化层的整体导电性。在 Fe30Cr 合金上沉积 Y_2O_3 层可与 Cr 形成高导电性的 $YCrO_3$，并能有效地降低合金的氧化速率；在 AISI-SAE430 不锈钢表面沉积 Co 涂层，可以与氧化层反应生成具有高导电特性的 $CoCr_2O_4$ 尖晶石相，从而降低涂层的 ASR。需要注意的是，此类物质的保护效果与活性元素氧化物的种类和合金的组成有关，不同成分会影响氧化层的厚度以及高导电相的形成等。如图 6-44 所示，在各类合金材料表面沉积不同（La_2O_3、Nd_2O_3 和 Y_2O_3）涂层，在 800℃下空气中处理 100h 后的 ASR 数值差异会非常大。因此，采用不同类型的金属连接体时，需要选用合适的保护涂层材料。

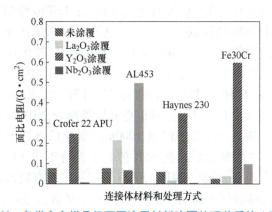

图 6-44　各类合金样品经不同涂层材料涂覆处理前后的 ASR 值

（2）钙钛矿氧化物　用作 SOFC 金属连接体涂层的钙钛矿氧化物主要是一些阴极材料或高温陶瓷连接体材料，如 $La_{1-x}Sr_xCrO_3$、$La_{1-x}Sr_xMnO_3$、$La_{1-x}Sr_xFeO_3$、$LaNi_{0.6}Fe_{0.4}O_{3-\delta}$ 等。这些钙钛矿氧化物涂层具有较高的电子电导率，并能够提高合金的抗氧化性能，降低 ASR 值。对钙钛矿氧化物进行适当的掺杂或组分优化，可以降低氧化膜的生长速率、提高电导率，并改善 TEC。但 $La_{1-x}Sr_xFeO_3$ 等材料具有较高的氧离子导电能力，因此存在氧的内部扩散问题。连接体中 Cr 的扩散容易跟 Sr 掺杂阴极材料反应生成 $SrCrO_4$，导致涂层的电导率降低。

钙钛矿氧化物涂层一般需要在 1000℃ 左右才能致密化，传统高温制备过程会加剧金属连接体的氧化，因此需要采用磁控溅射、激光脉冲沉积等涂层加工工艺。常用的钙钛矿氧化物涂层的优缺点见表 6-8。

表 6-8　常用的钙钛矿氧化物涂层的优缺点

涂层材料	优点	缺点
$La_{1-x}Sr_xCrO_3$	热膨胀匹配性和抗氧化性好	存在 Cr 的挥发和中毒问题
$La_{1-x}Sr_xMnO_3$	热膨胀匹配性和导电性高	抗氧化性不足
$La_{1-x}Sr_xFeO_3$	抗氧化性好和导电性高	抗氧化性不足
$LaNi_{0.6}Fe_{0.4}O_{3-\delta}$	抑制铬沉积、导电性高	涂层附着力差
$La_{0.6}Sr_{0.4}Co_{0.2}Fe_{0.8}O_3$	抑制铬沉积、导电性高	O^{2-} 易扩散，抗氧化性不足

作为 SOFC 典型的陶瓷连接体材料，$LaCrO_3$、$La_{1-x}Sr_xCrO_3$ 被广泛用做金属连接体的涂层材料。采用提拉法在 SUS430 不锈钢表面制备的 $LaCrO_3$ 涂层具有较高的电导率，涂层可以抑制 Cr_2O_3 的形成，减少 $MnCr_2O_4$ 的生成，使合金的氧化速率降低了将近 2 个数量级，在 750℃ 下循环氧化 850h 后合金连接体的 ASR 值只有 $0.003\Omega \cdot cm^2$。采用旋涂法在 Crofer22 APU 基板上沉积的 $La_{0.8}Sr_{0.2}CrO_3$ 涂层在 800℃ 下老化 1600h 后，虽然样品表面也有 $(Mn,Cr)_3O_4$ 尖晶石相的生成，但其 ASR 值仅为 $0.0026\Omega \cdot cm^2$。虽然含 Cr 的钙钛矿氧化物涂层能够提高合金连接体的抗氧化性和导电性，但是 Cr 的存在很难避免 Cr 的挥发和毒化问题。

此外，$La_{0.8}Sr_{0.2}MnO_{3-\delta}$（LSM20）和 $La_{0.8}Sr_{0.2}FeO_{3-\delta}$（LSF20）也是比较好的涂层材料，利用喷涂法在 SUS430 合金表面沉积 LSM20 和 LSF20 涂层，发现 LSM20 涂层与合金基体结合紧密，涂层内部存在明显的气孔，但没有连续的通孔；LSF20 涂层连续、厚度均匀，与合金基体结合较紧密。在 LSM20 喷涂的合金中，虽然没有检测到富含 $(Mn,Cr)_3O_4$ 的尖晶石相，但能谱（EDS）分析结果表明，LSM20 涂层/合金界面处存在 O、Mn、Sr 等元素向金属晶体的内扩散，以及合金基体中 Cr 向涂层的外扩散，扩散层厚度大约为 $10\mu m$。对于 LSF20 喷涂的合金，只存在 O 向内的扩散和 Cr 向外的扩散。LSF20 涂层合金中的 Cr 向外的扩散量比 LSM20 涂层合金要少得多，LSF20 涂层可以更好地抑制合金中 Cr 从基体向外的扩散。此外，LSM20 涂层合金的 ASR 在 800℃ 下经过 1000h 的氧化后迅速上升到 $0.024\Omega \cdot cm^2$，而 LSF20 涂层合金经相同条件的氧化后，其 ASR 值基本保持不变，仅为 $0.001\Omega \cdot cm^2$。氧化后 LSF20 涂层的表面未发现 Cr 元素，说明 LSF20 涂层不仅具有较高的电导率，能有效地降低合金的氧化速率，还能够较好地抑制合金中 Cr 元素的扩散，进而大大地减小了阴极 Cr 的毒化作用。因此，LSF20 是一种很有潜力的 SOFC 合金连接体保护涂层材料。

常用的 $La_{0.6}Sr_{0.4}Co_{0.2}Fe_{0.8}O_3$（LSCF）阴极也可用作连接体的防护涂层，利用脉冲激光沉积（Pulsed Laser Deposition，PLD）在 Crofer22 APU 上沉积 LSCF 保护层，在 800℃ 下氧化 2400h 后，LSCF 涂层合金的 ASR 值为 $0.019\Omega \cdot cm^2$。LSCF 涂层在 Crofer22 APU 表面可以形成的连续的 $CoFe_2O_4$ 尖晶石层，可以显著抑制 Cr 扩散。此外，研究发现 Cu、Ag 掺杂可以明显改善钙钛矿涂层的质量。利用喷涂法在 SUS430 上涂覆 Cu 掺杂的 LSM20 涂层，Cu 的加入改善了氧化膜与基体的黏附性，提高了涂层的致密度。Ag 掺杂可以明显减少 LSCF 涂层中的气孔和裂缝。但 LSCF 具有优异的氧离子扩散性能，因此无法有效抑制金属合金的氧化。

$LaNi_{0.6}Fe_{0.4}O_{3-\delta}$ 材料用作合金保护涂层时,在界面会生成高导电相 $NiMn_2O_4$,可以使连接体的 ASR 保持在极低的水平,还能有效抑制 Cr 的挥发扩散。

(3) 尖晶石氧化物 目前 SOFC 金属连接体涂层主要使用具有尖晶石结构的氧化物材料。尖晶石氧化物的通式为 AB_2O_4,其中 A 和 B 为过渡金属元素,如图 6-45 所示,A 为四面体位置的二价或三价阳离子,B 为八面体位置的四价阳离子,且四面体和八面体的数量比为 1∶2。

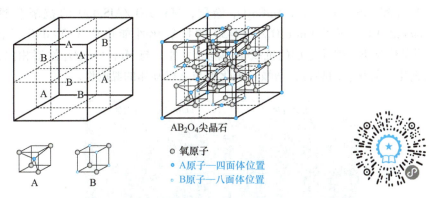

图 6-45　AB_2O_4 尖晶石氧化物晶体结构图(扫码见彩图)

通过调节 A、B 位阳离子的种类和配比,可以调控尖晶石材料的烧结、导电和热膨胀特性。与活性元素氧化物涂层和钙钛矿氧化物涂层相比,尖晶石涂层在降低接触电阻和防止 Cr 扩散等方面具有更好的性能。

目前常用的尖晶石涂层有 Mn-Co 涂层、Mn-Cu 涂层和 Ni-Fe 涂层等,其中 Mn-Co 涂层因其具有较高导电性和高抗氧化性,得到了广泛的研究。利用喷浆法在 SUS430 表面制备的致密的 $(Mn,Co)_3O_4$ 涂层可以显著降低 SUS430 基体的氧化速率,氧化膜的电导率也有所增加。而采用等离子喷涂技术制备的均匀致密的 $MnCo_2O_4$ 涂层,经长时间氧化后,具有该涂层合金的 ASR 低至 $0.05\Omega \cdot cm^2$,有减小 Cr 在阴极的毒化作用。在 Crofer22 APU 合金表面上制备出厚度大约为 $0.5\mu m$ 的 $Mn_{1.5}Co_{1.5}O_4$ 涂层,涂层致密性好,经长时间氧化循环后未出现脱落现象,表面未检测到 Cr 元素的存在且 ASR 较低,说明 $Mn_{1.5}Co_{1.5}O_4$ 尖晶石涂层可以在 SOFC 复杂气氛下长时间工作过程中抑制 Cr 的迁移。

$MnCo_2O_4$ 在 800℃ 下的电导率为 60S/cm,高于绝大部分尖晶石的电导率,但与 $Cu_{1.3}Mn_{1.7}O_4$(750℃时,电导率为 225S/cm)相比,仍有较大差距。通过在尖晶石涂层中掺杂过渡金属元素或稀土元素,可以进一步提高其导电性能。Mn-Co 尖晶石涂层的电导率与过渡金属离子(Co^{2+}/Co^{3+} 和 Mn^{3+}/Mn^{4+})之间的电子跳跃有关,适量 Cu 的掺入可以增加 Co^{2+}/Co^{3+} 和 Mn^{3+}/Mn^{4+} 混合离子对的浓度,促进 Co、Mn 不同价态之间的电子跳跃,从而增加涂层的电导率。但 Cu 在 Mn-Co 尖晶石中的固溶度有限,过量的 Cu 掺杂会生成 CuO 等氧化物,从而降低了整个涂层的电导率。除增加电导率外,掺杂 Cu 可以改善 Mn-Co 尖晶石的烧结性能,并进一步增大 TEC,但 Cu 会促进 Cr 在尖晶石中的扩散,降低抑制 Cr 向外扩散的效果。

稀土元素 La、Ce、Y 掺杂 Mn-Co 尖晶石涂层可以增强氧化膜的附着力,改善氧化膜与金属界面的稳定性,提高其导电性能。但是,稀土元素的掺杂效果与涂层和基体的种类有关。采用物理气相沉积在 SUS441 合金材料上制备 $MnCo_2O_4$、$La\text{-}MnCo_2O_4$ 和 $Ce\text{-}MnCo_2O_4$ 涂层，在800℃、湿度为3%的空气中氧化5600h后，发现$MnCo_2O_4$和$Ce-MnCo_2O_4$涂层与基体界面结合处存在裂纹并脱落，而$La-MnCo_2O_4$涂层与基体依然结合紧密，涂层平整、无裂纹。而且$La-MnCo_2O_4$涂层/SUS441的ASR值仅为$0.0045\Omega \cdot cm^2$，低于$MnCo_2O_4$涂层/SUS441的ASR值为$7.5m\Omega \cdot cm^2$和$Ce-MnCo_2O_4$涂层/SUS441的ASR值为$0.010\Omega \cdot cm^2$。如图6-46所示，未添加涂层的SUS441的表面经过5600h热处理后发生严重氧化并产生表面褶皱，在未涂覆侧的不同位置均有氧化膜的剥落。采用离子增强磁控溅射在Crofer22 APU和AISI430上沉积$MnCo_2O_4$和$Y-MnCo_2O_4$涂层，$MnCo_2O_4$/AISI430的抗氧化性能优于$MnCo_2O_4$/Crofer22APU，而$Y-MnCo_2O_4$/AISI430的抗氧化性能也优于$Y-MnCo_2O_4$/Crofer22 APU，这表明基体种类会影响涂层的抗氧化性能。另外，与$Mn_{1.5}Co_{1.5}O_4$涂层相比，稀土元素Y的掺杂细化了氧化膜的晶粒，增强了氧化膜与金属基体的黏附性。

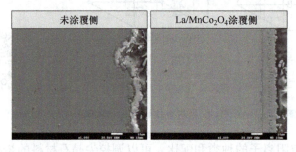

图6-46 氧化后SUS441钢未涂覆侧和涂覆$La-MnCo_2O_4$涂层侧的微观形貌

两种元素共掺杂Mn-Co涂层能提高涂层的电导率、改善连接体的抗氧化性能，其导电机理是通过促进八面体位置上不同价态Mn离子之间的电子跳跃，从而增强电导率（见图6-47）。Cu、Y共掺杂使$Mn_{1.35}Co_{1.35}Cu_{0.2}Y_{0.1}O_4$材料的电导率在800℃时达到93S/cm，相比$Mn_{1.5}Co_{1.5}O_4$的43S/cm提高了一倍多。研究发现，Cu/Y掺杂不仅会在八面体位置上形成混合价态离子Cu^+/Cu^{2+}，还会促使八面体中Mn^{3+}/Mn^{4+}离子重新排布，提高了电子的传导能力，此外Cu的掺杂可以有效提高涂层的致密，从而提高涂层的导电能力。采用流延法在SUS441不锈钢上沉积$Mn_{1.35}Co_{1.35}Cu_{0.2}Y_{0.1}O_4$尖晶石涂层，与未掺杂的$Mn_{1.5}Co_{1.5}O_4$涂层相比，Cu、Y共掺杂涂层使连接体的ASR值和氧化膜的生长速率均降低了1个数量级。

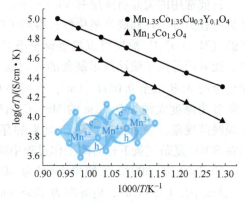

图6-47 $Mn_{1.5}Co_{1.5}O_4$掺杂前后电导率的Arrhenius图

除了Mn-Co尖晶石及其掺杂氧化物外，近些年，Cu-Mn尖晶石因其较高的电导率也受到了广泛的关注。$Cu_xMn_{3-x}O_4$（$x=1.0, 1.2, 1.4, 1.5$）尖晶石的导电性能随着x的增加逐渐提高，$x=1.3$时，材料的电导率可以达到140S/cm，满足涂层材料电导率高于50S/cm的要求，对应的$Cu_xMn_{3-x}O_4$/Crofer22APU的ASR值也逐渐降低。Y的掺杂有效地提高了$CuMn_2O_4$涂层的高温抗氧化性能和导电性能，使$CuMn_2O_4$尖晶石涂层结构更加致密，在氧化过程中能有效阻挡合金连接体中 Cr 和 O 元素的扩散，抑制含铬过渡层的增厚，对基体起到较好的保护作用。

（4）保护涂层制备方法　除涂层材料本身的性质外，不同的涂层制备方法获得的涂层微观结构和与合金的界面结合状态不同，从而会显著影响涂层的导电和抗金属氧化的能力。目前常用的涂层制备方法有：

1）物理气相沉积（PVD）：该方法通过物理过程将材料从固态或液态源转变为气相，再沉积到基体表面上。PVD 技术包括磁控溅射、蒸发等，能够形成均匀且致密的涂层。

2）化学气相沉积（CVD）：该方法在高温下 CVD 利用化学反应在基材表面生成固态薄膜材料。这种方法可以生产出化学成分均匀、结合力强的涂层，适用于生产耐高温和耐蚀的涂层。

3）等离子喷涂：等离子喷涂是一种利用等离子体作为热源将材料加热至熔融或半熔融状态并喷射到基体表面形成涂层的工艺。常见的有大气等离子喷涂（Atmospheric Plasma Spraying，APS）和真空等离子喷涂（Vacuum Plasma Spraying，VPS）。APS 因其成熟的工艺，常被用于 SOFC 金属连接体表面涂层的制备中，所制备的涂层具有非常优异的抗氧化特性，但制备成本较高。

4）电化学沉积（电镀）：该方法通过电化学反应在金属表面沉积金属或合金层。电沉积制备的涂层与基体结合较好、致密度较高，对于形状复杂的基体具有更好的覆盖率，但在后续热处理过程中容易出现因金属涂层中元素的内扩散而导致的破裂氧化，且难以精确控制化学计量比。

5）热喷涂：热喷涂包括火焰喷涂、电弧喷涂等，该方法通过高温将材料熔化后喷射到基体上形成涂层。热喷涂能够处理多种材料，制备厚涂层，适用于需要增强耐磨和耐蚀性好的场合。等离子喷涂具有焰流温度较高，喷涂材料适应面较广（特别适合喷涂高熔点材料），涂层密度较高，易于自动化，成本较低等优点，因而在 SOFC 领域得到了广泛的应用。

6）湿粉末喷涂：湿粉末喷涂（Wet Powder Spraying）是传统粉末涂装工艺的一种变体，其中粉末颗粒在施加到基材之前与液体介质（通常是水）混合。这种工艺用于增强粉末对基材的附着力，对于在复杂几何形状上实现均匀覆盖尤其有用。喷涂所得的涂层经干燥后，还需要通过高温热处理使涂层烧结，以提高的结构稳定性，增加与金属基体的界面结合力。湿粉末喷涂具有工艺简单、成本低廉的特点，因此近年来被用于 SOFC 领域。

在 SOFC 的发展过程中，连接体材料及其加工工艺在电堆制造成本和长期稳定性方面起着举足轻重的作用。从陶瓷连接体到金属连接体，再到连接体表面涂层，所有的研究工作都在向材料来源更广泛、加工成本更低廉、结构更合理、使用寿命更长的方向发展。金属连接体在满足 SOFC 的电导率、TEC、热导率等基本要求之外，还需要提高其高温抗氧化能力。在合金表面制备保护涂层，改善合金的抗氧化性，抑制 Cr 的挥发扩散，是目前的主要研究方向。此外，也需要继续发展适用于 SOFC 工作环境的新型连接体材料体系。

6.2.5　SOFC 密封剂材料

SOFC 单体电池主要分为平板式和管式两种构型。管式结构 SOFC 可以在冷端密封，因此管式电池的密封相对容易。平板式 SOFC 是目前 SOFC 领域的主流构型。图 6-48 给出了平板式 SOFC 电堆的密封位置横截面示意图。平板式 SOFC 单电池（陶瓷）与金属连接体之间、金属连接体与金属连接体之间及基座与金属连接体之间均需要密封，一旦密封失效存在巨大的安全隐患，如燃料气将与空气接触，引发爆炸。SOFC 电堆在高温长期运行过程中也会面临密封失效的问题，导致电堆性能的急剧衰减，因此平板式 SOFC 电堆的高温密封难度非常大，电堆密封是决定 SOFC 大规模商业化应用的关键技术之一。

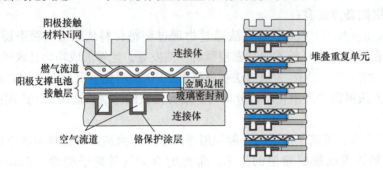

图 6-48　平板式 SOFC 电堆的密封位置横截面示意图

1. SOFC 密封剂的性能要求

密封材料是电堆密封件的核心，密封材料的性能直接影响电堆密封特性，进而影响电堆的发电性能和运行稳定性。因此，好的密封材料必须满足以下几点要求：

(1) **良好的气密性**　密封材料要保证能够对燃料气室和氧化剂气室进行有效的隔离，一般要求密封材料的泄漏率低于 0.04sccm/cm❑。

(2) **高温电绝缘性**　密封材料需要具有良好的绝缘特性，电阻需要大于 $10^4\Omega\cdot cm$。

(3) **良好的化学相容性和稳定性**　密封材料直接接触高温氧化性气氛（阴极侧）和高温潮湿还原性气氛（阳极侧），因此密封材料不仅需要在很宽的氧分压下保持化学稳定，自身不发生分解扩散，还要与相邻组件不发生反应。

(4) **良好的热匹配性和机械强度**　与相邻电池组件具有相匹配的热膨胀系数，并有一定的机械强度，高温下结构坍塌。

(5) **优异的热循环稳定性**　密封材料在电池冷热循环过程中不发生泄漏或损坏，热循环次数不低于 3000 次。

(6) **高温长期稳定性好**　密封材料的工作寿命不低于电池的寿命 40000h。

目前 SOFC 的密封主要包括硬密封（Rigidly Bonded Seal）、压密封（Compressive Seal）和自适应密封（Compliant Seal）三种密封方式，不同密封类型的优缺点见表 6-9。

目前，平板式 SOFC 用密封材料主要有玻璃和玻璃-陶瓷材料、金属材料及云母材料三大类。密封材料按在使用过程中是否施加载荷可分为硬密封材料和压密封材料。其中，硬密封材料主要包括玻璃及玻璃-陶瓷基密封材料和耐热金属材料；压密封材料包括金、银等延性金属材料和云母基密封材料。而自适应密封材料要求在其操作温度下具有一定的塑形变形能力，这种密封材料对其化学相容性及黏度控制要求非常高，自适应密封材料尚处于研究探索阶段。本书主要介绍硬密封材料和压密封材料。

❑ sccm 是标准立方厘米每分钟为体积流量单位，表示标准状态下单位时间内输送管道中流过的气体体积。密封材料的泄漏率通常使用 sccm/cm 来表征。

表 6-9 不同密封类型的优缺点

密封类型	优点	缺点
硬密封	密封好、高电阻率、组件设计灵活	低温下易碎、耐热性差、会与其他电池组件发生化学反应
压密封	耐热循环、易更换维修	需要外部荷载、设计复杂和成本高、气体泄漏率高、稳定性差、绝缘性差
自适应密封	热应力低	与电池组件不浸湿、抗氧化性差、结构稳定性、绝缘性差

2. 硬密封材料

硬密封材料使用过程中不需要外加载荷,而是依靠密封材料和相邻电池组件之间形成紧密连接达到密封效果。相对来讲,硬密封材料的气密性要普遍优于压密封材料。硬密封常选择玻璃基、玻璃-陶瓷基密封材料。

玻璃基和玻璃-陶瓷基密封材料(见图 6-49)具有易规模化制备、封接简单、成本低廉等优点,是最常见的 SOFC 用密封材料。玻璃基密封材料安装完成后,电堆会升温到在特定的温度并保温,在该温度下玻璃开始软化,但不会完全融化,软化的玻璃会流动并填充电堆界面的微小缝隙和不规则表面,形成连续的密封层,然后电堆开始缓慢冷却,玻璃基密封材料重新固化,形成坚固的、气密的密封层,从而阻止气体的泄漏,达到电池密封的效果。玻璃基和玻璃-陶瓷基材料会与电池组件形成化学键,黏附在电池上提供密封。一般来说,为了实现 SOFC 电堆良好的密封效果,希望玻璃基密封材料处于一种不完全软化,且有一定弹性和支撑能力,与相邻组件润湿黏结比较好的状态。

图 6-49 玻璃-陶瓷基密封材料及其在 SOFC 中的应用

玻璃基密封材料有几个重要的热性质,即玻璃化转变温度(Glass Transition Temperature)T_g、玻璃软化温度(Glass Softening Temperature)T_s、玻璃半球温度(Glass Hemisphere Temperature)T_h、玻璃流动温度(Glass Flowing Temperature)T_f,它们决定了玻璃密封材料的密封工艺参数和密封性能。

(1)玻璃化转变温度 T_g 玻璃化转变温度是指非晶材料(如玻璃或某些聚合物)从硬而脆的玻璃态向柔软的高弹态过渡的温度。在玻璃化转变时,材料内部的分子运动由非常受限逐渐变为相对自由,但材料仍保持非晶态。但与熔化不同,玻璃化转变不涉及从固态到液态的清晰相变,而是一种非晶态材料的黏弹性行为的改变。一般 T_g 低于 SOFC 的运行温度。

(2)玻璃软化温度 T_s 玻璃软化温度也称为软化点,是指玻璃或类似非晶固体在加热过程中由硬而脆的状态变为足够柔软以承受形变的温度。在这一温度下，玻璃可以在外力作用下发生变形而不断裂。一般 T_s 大于 T_g，处于软化状态的玻璃具有较高的黏性和一定的变形能力，因此可以实现电堆的密封。

（3）玻璃半球温度 T_h　玻璃半球温度是指玻璃加热到某个特定温度时，其形态能从刚性变为柔软，足以下沉形成一个半球形状时的温度。这个温度是测量玻璃材料在热态下的流动性和变形能力的一个重要指标。对于玻璃基密封材料来说，该温度确保密封材料在电池运行期间保持一定的机械稳定性，同时能够适应温度变化带来的热膨胀或收缩。T_h 一般大于 T_s。电池的密封温度一般取半球温度 T_h 为 50℃，高于玻璃的软化温度 T_s。在实际应用过程中，将电堆升温至高于实际运行温度，使玻璃达到半球温度，使其跟连接体和电池片润湿、黏结，再降温至电堆运行温度下用。

（4）玻璃流动温度 T_f　玻璃的流动温度通常指的是玻璃开始从固态转变为黏流态的温度，这是一个高于玻璃化转变温度（T_g）但低于熔点的温度。在这个温度下，玻璃会变得更加流动，可以被塑形和加工。对于 SOFC 的玻璃基密封材料来说，解流动温度是很重要的，因为它决定了在什么温度下密封剂可以提供足够的流动性来实现初始的密封过程，或者在维修期间重新塑形密封。在 SOFC 操作温度下，密封剂不应流动过多，以避免密封失败，但又足够软化以维持密封性和适应热膨胀。通常情况下，SOFC 的运行温度会低于 T_f。

玻璃基和玻璃-陶瓷基密封材料主要包括碱土硅酸盐或硼硅酸盐玻璃体系，如 BaO-La_2O_3-Al_2O_3-B_2O_3-SiO_2、SrO-La_2O_3-Al_2O_3-B_2O_3-SiO_2 和 MgO-CaO-Al_2O_3-SiO_2 等。玻璃基密封材料主要由三种组分构成：网络成型体、中间体和改性体。图 6-50 给出了玻璃网络结构示意图。

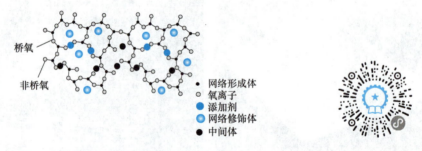

图 6-50　玻璃网络结构示意图（扫码见彩图）

常见的玻璃网络成型体为 SiO_2、B_2O_3 或 SiO_2 和 B_2O_3 的组合。成型体的阳离子充当玻璃多面体单元的中心，包括四面体（SiO_2）和三角体（B_2O_3）。多面体单元通过桥氧（Bridging Oxygen）连接，而结构中不参与成链的多面体的氧称为非桥氧。非桥氧的数量决定了玻璃网络结构的完整性，随着非桥氧的数量的增多，玻璃网络结构从三维网架状结构向链状和岛状过渡，进而决定了玻璃的黏度和热膨胀系数。

通过添加改性体可以调节玻璃体系中非桥氧的数量，从而改善玻璃的上述性质。常见的改性体包括 Li_2O、Na_2O 和 K_2O 等碱金属氧化物，以及 BaO、SrO、CaO 和 MgO 等碱土金属氧化物。改性体占据多面体之间的随机位置，并提供额外的氧离子来调整网络结构、局域电荷中心和玻璃特性。由于玻璃基密封材料的热膨胀系数通常低于相邻 SOFC 电堆组件，改性剂的加入可以破坏 SiO_2、B_2O_3 的网络结构，降低玻璃的黏度，改善润湿性，并提高玻璃体系的 TEC。其中，碱土金属氧化物主要与 SiO_2 结晶形成硅酸盐结晶相，从而提高密封材料的 TEC，如 $BaSiO_3$、$Ba_3CaSi_2O_8$ 等。但碱金属或碱土金属氧化物非常容易与相邻电堆组件发生反应，影响电堆性能。例如，碱金属和碱土金属氧化物与金属连接体中的铬反应并形成铬酸盐（如 $BaCrO_4$、$SrCrO_4$、Na_2CrO_4 和 K_2CrO_4），这些铬酸盐的形成会破坏密封材料。

中间体有 Al_2O_3、TiO_2、ZrO_2。中间体中结余网络形成体和改性体之间，它们可能参与玻璃网络的形成，有时也充当网络改性体的角色。由于具有较高的阳离子场强和较大的配位数，稀土金属氧化物也可作为网络改性体，调节玻璃的热膨胀系数、玻璃化转变温度和结晶行为等性质。稀土金属氧化物（如 La_2O_3 和 Nd_2O_3）和过渡金属氧化物（如 TiO_2、ZnO 和 Y_2O_3）都是玻璃基密封材料中常见的网络改性添加剂。当添加剂的用量不大于 10%（摩尔分数）时，又被称为成核剂，可以通过影响玻璃析晶来调节密封性能。过渡金属氧化物如 ZnO、NiO、TiO_2、Cr_2O_3 和 ZrO_2 是常见的成核剂。表 6-10 给出了玻璃基密封材料中不同氧化物组分的功能。

表 6-10 玻璃基密封材料中不同氧化物组分的功能

玻璃组分	氧化物	功能
网络成型剂	SiO_2、B_2O_3	形成玻璃网络结构，确定玻璃的 T_g、T_s、T_f，确定 TEC，确定与其他电池组件的附着力/润湿性
改性剂	Li_2O、Na_2O、K_2O、BaO、SrO、CaO、MgO	维持电荷中心；创造非桥氧；调整玻璃性能，如 T_g、T_s、T_f 和 TEC
中间体	Al_2O_3、Ga_2O_3	调整玻璃黏度
添加剂	La_2O_3、Nd_2O_3、Y_2O_3	调整玻璃黏度，增加 TEC，提高玻璃流动性，提高密封玻璃与其他电池组件的附着力
成核剂	ZnO、PbO、NiO、CuO、MnO、Cr_2O_3、V_2O_5、TiO_2、ZrO_2	诱导析晶

根据材料的热力学稳定性，玻璃基和玻璃-陶瓷基密封材料分为稳态玻璃材料和微晶玻璃材料。稳态玻璃指的是稳定性较好的玻璃。微晶玻璃又称玻璃陶瓷，包含至少一种的结晶相和一种玻璃相，不同结晶相的 TEC 差别较大，调控结晶相的类型及含量可以调整陶瓷-陶瓷基密封材料的热膨胀系数，改善密封性能。

仅通过设计玻璃基密封材料的组分，往往很难同时满足 T_g、T_s、TEC、热稳定性及机械强度等性能的要求，在玻璃基密封材料中添加陶瓷相、云母、玻璃纤维等组成复合材料，可以提高密封材料的综合性能。云母材料加入到玻璃基密封材料中可以改进其力学性能；玻璃纤维可以在不牺牲高温密封性能的情况下提高密封材料的密封强度；Al_2O_3 陶瓷颗粒可以有效降低热循环过程中应力集中导致微裂纹形成的概率，使复合玻璃基密封材料泄漏率维持在很低水平。尽管玻璃和玻璃-陶瓷基密封材料具有许多优良的特性，但其仍然存在一些难以解决的问题。玻璃和玻璃-陶瓷基材料的脆性大，在玻璃化转变温度以下时很容易开裂，此外，其冷热循环性能较差。玻璃基密封材料的密封性能受稳定影响较大，其耐热冲击的性能较弱。此外，此类材料的高温稳定性和化学相容性仍有待进一步提高。

3. 压密封材料

压密封是将密封材料放置在需要密封的两个组件表面，利用外力压缩燃料电池堆，使得密封材料发生形变，形成"密封圈"，达到密封的目的。SOFC 作为发电装置，工作温度高，寿命需要达到 40000h 以上，这就要求压密封材料具备良好的变形能力、稳定性和耐高温等性质，特别是材料形变的能力。基于对压密封材料需求，目前适用于平板式 SOFC 压密封材料主要包括以下三类：第一类，韧性金属材料，由于金属键不具有方向性，所以大多数金属具有良好的延展性和可塑性；第二类，云母和云母基复合材料，云母属于层状结构，层与层之间的作用力较弱，因此具有很高的压缩比，便于压缩变形；第三类，陶瓷基材料，优化制备工艺或者复合金属材料的陶瓷基材料，具备一定的变形能力。此外，压密封的最大优势是密封材料与相邻部件之间不发生反应，依靠外加载荷来实现良好的气密性，所以对于密封材料的热膨胀系数要求不高。目前，使用最多的金属压密封材料是贵金属材料 Ag、Au 等，不利于降低电池成本，在 SOFC 中的应用有限。因此，本书中主要介绍云母基和陶瓷纤维压密封材料。

（1）云母基压密封材料　云母属于铝硅酸盐矿物，包含白云母、金云母、绿云母、绢云母和锂云母等，它们均属于层状结构（见图6-51），相邻层之间通过 K^+ 弱键连接，这种结构使得云母受到外力压缩时，层与层之间可以相对滑动，而且还具有耐高温、电绝缘、化学稳定性好、抗压能力强等特性，所以常被选作 SOFC 压密封材料。作为 SOFC 密封材料的云母主要是白云母 $[KAl_2(AlSi_3O_{10})(F,OH)_2]$ 和金云母 $[KMg_3(AlSi_3O_{10})(OH)_2]$，金云母和白云母常被制作成云母纸用于密封。

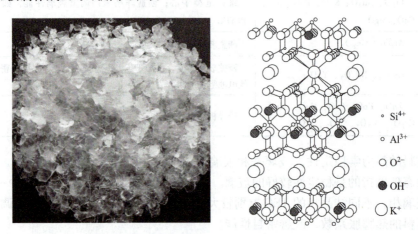

图 6-51　云母及其晶体结构示意图

云母基压密封材料主要的气体泄漏路径有两条：第一条是云母基压密封材料与金属连接体或者单电池的接触界面处，它与相邻部件之间的界面结合性相关。界面结合性主要受热膨胀系数匹配度和界面粗糙程度的影响。因此，目前改善第一条泄漏路径存在以下两种方法：①调配热膨胀系数，由于金云母的 TEC（$\leq 11 \times 10^{-6} K^{-1}$）相对于白云母的 TEC（$\leq 6.9 \times 10^{-6} K^{-1}$）更大，与相邻电池组件有更好的热匹配，热稳定性比白云母更高，所以金云母纸比白云母纸密封效果更好；②改善表面粗糙度，降低表面缺陷，白云母除了可以制成云母纸，还可以以片状单晶的形式密封，相较于表面粗糙的云母纸材料，表面相对光滑的单晶密封材料能够有效规避由于接触界面粗糙带来的密封缺陷，因此虽然白云母与相邻电池组件的 TEC 匹配性较差，但在较低的压应力下，白云母单晶的密封效果要优于金云母纸。此外，通过在云母基密封材料与相邻电池组件界面处引入额外的中间层，如玻璃和金属 Ag，堵塞界面处的泄漏路径，降低表面缺陷，也可以极大地改善密封效果。

第二条泄漏路径来自云母基压密封材料本身的片状结构空隙。云母基压密封材料的厚度、作用于云母基压密封材料上的压应力及片状云母之间的填充物等都对密封效果有影响。针对第二条泄漏路径，可以从以下几个方面进行改善：①增大作用于云母基压密封材料上的压应力，随压应力增大，云母内部空隙被压缩，缺陷减少，气密性增强；②降低云母基压密封材料的厚度，在玻璃-云母复合密封件中，气体通过离散的云母薄片之间的空隙泄漏，降低云母厚度泄漏率也随之降低；③在云母片层之间填充或渗透第二相。如 Thermiculite 866 的片状云母结构中固有的空隙被滑石填充，因此气密性得到了改善。或利用 $Bi(NO_3)_3$ 或者 H_3BO_3 浸渍云母，其在高温下会生成 Bi_2O_3 或者 B_2O_3 阻塞泄漏通道，降低材料的泄漏率。

早期，美国 Flexitalic Group 公司推出了一种专用于平板式 SOFC 应用的压密封材料 Thermiculite® 866 密封垫片（见图 6-52）。Thermiculite 866 由化学去角质蛭石（黑云母和金云母经低温热液蚀变的产物）和滑石组成，不含有任何有机黏结剂材料，在 SOFC 操作温度下不会燃烧挥发性成分，能够在 1000℃下使用，且质地较软，容易切割成不同形状的密封垫片。该垫片可以应用于电池片间、电池片与端板间及电池与其他接触面间。当前研究较多的为云母基复合密封材

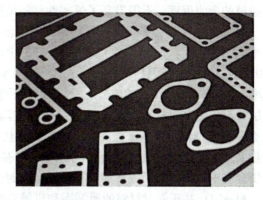

图 6-52 不同形状的 Thermiculite® 866 密封垫片

料，如高温固力特 866（Thermiculite 866）和云母与 Ag 或玻璃形成的复合密封材料。例如 Thermiculite® 866 LS，在密封垫片制造过程中，将少量玻璃粉末黏结到每个蛭石薄片表面，以便在 SOFC 电池的工作温度下，在每个薄片表面都有一层非常薄的熔融玻璃涂层以减小界面泄漏路径。Thermiculite® 866 LS，无须在高于 SOFC 电堆工作温度下进行玻璃初始烧结，当 SOFC 的工作温度高于 700℃时，玻璃粉末将直接形成所需的密封涂层。后来 Flexitalic Group 又推出了专门为 SOFC 和 SOEC 设计的 Thermiculite® 870 密封垫片，该垫片仅包含蛭石和滑石两种矿物，不存在会污染电池的有机材料或其他元素（如磷或硫）。在低表面压应力下具有更高的压缩性和良好的密封性，在承受 1MPa 的压应力下，Thermiculite® 870 垫片可以压缩 0.22mm，而 Thermiculite® 866 垫片仅能压缩 0.02mm。

（2）陶瓷纤维压密封材料　陶瓷纤维是一种由 Al_2O_3 和 SiO_2 复合制成的纤维状材料（见图 6-53）。它的可塑性好，易于制造和安装，抗氧化，化学稳定性好，可长时间使用，弹性恢复率高于 93.35%，可用于炉内保温和制备高温密封垫片。其大部分特性满足了 SOFC 密封的要求，但是其孔隙率高（>90%），呈现网状结构，需要选择合适的填充材料来降低孔隙率，提高 SOFC 工作环境下的密封性能。①采用二氧化硅作为填充材料可以明显降低孔隙率，提高密封效

图 6-53 陶瓷纤维密封环

果，材料经 20 次热循环后，在 15kPa 的压差下，施加 0.8MPa 的压缩载荷，泄漏率为 0.06sccm/cm，则总泄漏量仅为 0.6%；②经过预压缩处理后填充的陶瓷纤维明显降低了孔隙率，提高了密封效果。预压缩前样品内存在大量空隙并且表面布满裂纹，二氧化硅胶体不能完全填充陶瓷纤维中的这些裂缝，因此气体通过纤维的裂缝发生泄漏，通过预压缩可以弥补这些裂纹或孔洞。预压缩样品的密封性能远远优于没有预压缩的样品，且预压缩样品的泄漏对压缩载荷的依赖性较小，具有更好的密封性。

Al-Al$_2$O$_3$ 基压密封材料具有一定的变形能力和良好的高温电绝缘性，在 SOFC 工作温度下电阻率高达 $7.5 \times 10^4 \Omega \cdot cm$，满足 SOFC 对密封材料的要求。Al 粉在加热过程中变软熔化成液态，受压应力作用填充于 Al$_2$O$_3$ 基体的孔隙中，从而降低孔隙率，Al 氧化生成 Al$_2$O$_3$ 还会导致体积膨胀，同时 Al 的氧化反应可以把 Al$_2$O$_3$ 颗粒连接起来，在一定程度上增加了漏气通道的弯曲程度，不但提高了气密性，还增强了结构稳定性，其渗漏率与混合云母封接相近。Al 粉的添加量会影响密封材料的密封性能，随着 Al 粉含量的增加，Al-Al$_2$O$_3$ 封材料泄漏率显著降低。例如，在 800℃、0.35MPa 的压应力下，20% Al-Al$_2$O$_3$ 的泄漏率为 0.025sccm/cm，大约只有 10% Al-Al$_2$O$_3$ 泄漏率（0.047sccm/cm）的一半以及 0 Al-Al$_2$O$_3$ 泄漏率（0.096sccm/cm）的四分之一。而且相同试验条件下，20% Al-Al$_2$O$_3$ 的泄漏率远低于单层云母压缩密封材料，并与二氧化硅渗透陶瓷纤维纸、玻璃-云母纸复合密封材料接近。Al 含量的增加不但降低了泄漏率，还提高了热循环稳定性，随着 Al 粉含量的增加，泄漏率随热循环的增量有明显的改善。但 Al-Al$_2$O$_3$ 基密封材料中含有较多有机添加剂，升温速率过快会在密封剂内部形成贯穿气孔，导致密封失效。

Al-Al$_2$O$_3$ 基压密封材料的泄漏率和机械完整性仍有待进一步改善。主要途径有：①通过增加压应力来改善 Al-Al$_2$O$_3$ 基压密封材料的气密性，当压缩孔径减小到亚微米级时，泄漏率将显著降低；②优化制备工艺，通过控制升温速率，减少升温过程中有机物挥发造成的孔洞，或调整分散剂含量使密封剂浆料具有良好的分散性和流动性等，都可改善 Al-Al$_2$O$_3$ 基材料的密封性能；③复合陶瓷纤维，将适量的陶瓷纤维加入到 Al-Al$_2$O$_3$ 复合密封材料中，可以增强其塑性能力和力学性能，并提高其对热循环的耐受性。陶瓷纤维的含量为 20%时，材料表现出极低的泄漏率，在 10 个热循环过程中，泄漏率稳定在 0.01sccm/cm。但纤维含量超过一个临界值，陶瓷纤维的存在会导致密封件的孔隙率增加，从而降低密封效果。

密封技术一直是制约 SOFC 商业化应用的瓶颈问题。在气密性问题基本得到解决的现状下，人们逐渐意识到当前密封的主要问题是长期稳定性不足，无法满足 SOFC 在长期工作、多次热循环条件下的稳定运行要求。密封材料自身稳定性差、与环境的相容性不佳以及由此引发的热膨胀失配导致的应力问题是密封稳定性差的主要原因。因此，在开发稳定性高和环境友好的密封材料的同时，调整密封材料的组成和结构，增加热膨胀失配补偿能力也是提高 SOFC 密封稳定性的主要方向。

6.3 SOFC 电池构型

与其他类型的燃料电池一样，SOFC 也需要将单电池组成电堆以增加电压和功率输出。由于没有液态组件，SOFC 可做成多种构型。目前 SOFC 的构型主要有平板式、管式，以及结合平板和管式电池优点的平管式电池。

6.3.1 平板式 SOFC

平板式 SOFC 是指电池的电解质和两侧的电极都是平板状结构的电池。平板式 SOFC 的优点是电池结构相对简单,电池组件制备工艺相对成熟,电池的制备通常可以采用常见的陶瓷加工技术如流延、涂浆烧结、丝网印刷、等离子喷涂等技术,造价比管式电池低得多。而且平板式 SOFC 由于电流流程短、收集均匀,电池功率密度比管式 SOFC 高。

但平板式 SOFC 也存在一些缺点:①密封困难,抗热应力性能较差,较难实现多次热循环。高温加压密封时,要求密封材料同时与合金连接板和单电池浸润黏附,达到气密要求,在较大温度波动或热循环时会由于热膨胀不匹配而造成界面热应力,因此对密封材料的性能要求非常苛刻,密封技术一直是制约其发展的技术难题之一。②大面积高平整度单电池制备困难。为了保证一定的输出功率,功率密度固定时必须扩大单电池的工作面积,而大面积陶瓷薄片很难保证其机械强度和平整度。

如图 6-54 所示,平板式 SOFC 可分为电解质支撑型、阳极支撑型、阴极支撑型和金属支撑型 SOFC。电解质支撑型电池一般先通过流延法或干压等方法制备电解质层,然后在电解质的两侧通过丝网印刷或喷涂等方式制备阴极和阳极,最后将阳极、电解质、阴极烧结在一起,获得三层结构的 SOFC 单电池。阳极支撑型、阴极支撑型、金属支撑型 SOFC 则是先通过流延+共烧结制备电极支撑体和电解质双层半电池,然后在电解质一侧制备另一个电极。不同构型的 SOFC 存在结构和性能上的差异,可以满足不同应用的需求。

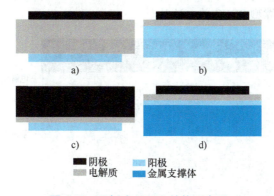

图 6-54 平板式 SOFC 结构示意图
a) 电解质支撑型 b) 阳极支撑型 c) 阴极支撑型 d) 金属支撑型

1. 电解质支撑型 SOFC

电解质支撑型 SOFC 的结构对称且简单,制备容易,机械强度高,电池堆的密封相对容易,是一种较为理想的电池构型。目前采用电解质支撑型 SOFC 的公司主要是美国的 Bloomenergy 和德国 Sunfire 公司。Bloomenergy 公司使用离子电导率较高的 SSZ 作为电解质,电解质厚度在 150~200μm。德国 Sunfire 公司则采用机械强度更高的 3-YSZ 作为电解质,电解质厚度控制在 90μm。电解质支撑型 SOFC 制备工艺简单,制造成本低,更易于规模化生产。但由于电解质层较厚,电池欧姆电阻较大,电池需要在高温(850~900℃)下运行才能获得较高的输出功率,因此对连接体和密封材料的要求较为苛刻,增加了 SOFC 的材料成本。随着 SOFC 向中低温发展,电池结构也逐渐向阳极支撑型电池发展。

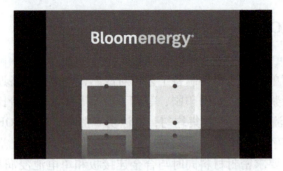

图 6-55　美国 Bloomenergy 电解质支撑型 SOFC

2. 阳极支撑型 SOFC

阳极支撑型 SOFC 是目前 SOFC 的主流构型，该构型电池以较厚的阳极作为支撑体，电解质的厚度在 $5\sim10\mu m$（见图 6-56）。由于电解质很薄，因此阳极支撑型电池在中低温下也具有较高的功率输出。阳极支撑型电池是一种非对称结构，阳极为多孔结构，电解质为致密结构，电池的结构和材料组成相对复杂，因此大面积高平整度单电池的制备难度较大，且电池的机械强度不如电解质支撑型电池。但阳极支撑型电池的功率密度高，可以在中低温运行，有助于降低 SOFC 的运行成本，推动其商业化。因此，目前绝大部分 SOFC 公司的电池都采用阳极支撑构型。例如，国内潮州三环、宁波索福人、徐州华清，美国 Fuelcell Energy，爱沙尼亚 Elcogen，丹麦 Topsoe 等 SOFC 公司都采用阳极支撑型电池。图 6-57 为我国宁波索福人公司制备的阳极支撑型 SOFC 单电池片。

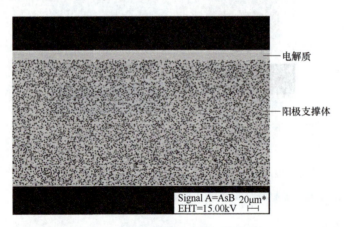

图 6-56　阳极支撑型半电池显微结构图

图 6-57　宁波索福人公司制备的阳极支撑型 SOFC 单电池片

3. 金属支撑型 SOFC

金属支撑型 SOFC 属于第三代电池技术，具有高机械强度和耐热震性能。金属支撑体具有良好的热传导性能，有助于快速分散热量，减少热应力，电池可以快速启动。金属支撑电池在较低温度下也具有较好的功率输出和良好的冷热循环特性，因此金属支撑电池可以用作交通运输工具的电源。目前，金属支撑型 SOFC 依然面临诸多挑战，特别是在材料选择、界面工程和稳定性方面。它在耐用性和成本效益方面展现出巨大潜力，使其成为未来燃料电池技术发展中的一个重要方向。目前英国 Ceres Power 公司与德国博世、韩国斗山公司合作推动金属支撑型 SOFC 技术商业化应用，主要应用领域为：车用电源、家庭热电联供系统（Combined Heat and Power，CHP），近年来也开始涉足 SOEC 电解制氢领域。英国 Ceres Power 公司的 SteelCell 金属支撑型 SOFC 如图 6-58 所示。

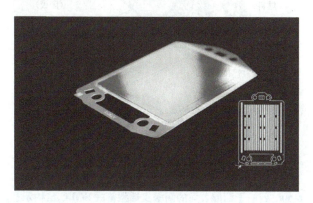

图 6-58　英国 Ceres Power 公司的 SteelCell 金属支撑型 SOFC

6.3.2　管式 SOFC

管式结构 SOFC 也是一种较为成熟的 SOFC 构型。如图 6-59 所示，管式结构单电池可分为两端开放型和一端封闭型两种结构。管式 SOFC 的结构可设计为自支撑型和外支撑型两种，早期的单电池主要是外支撑型，即由内到外由多孔支撑管、空气电极、固体电解质薄膜和金属陶瓷阳极组成。氧气由管芯输入，燃料气体通过管外供给。随着管式 SOFC 技术的发展，自支撑型管式 SOFC 逐渐增多，图 6-60 是西门子西屋（Siemens Westinghouse）公司的阴极支撑型管式 SOFC，其管壁由内向外依次为阴极支撑管、电解质薄膜和阳极，空气通入管内，而燃料在管外流动。电池与电池之间的连接通过电池侧面的陶瓷连接体相连。

管式 SOFC 的优点是：①高可靠性和耐久性，管状结构天生具有较高的机械稳定性，可以耐受高压（0.3~0.5MPa）运行。管式结构还可以耐受因快速

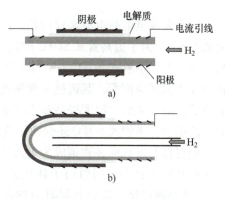

图 6-59　管式 SOFC 示意图
a）两端开放型　b）一端封闭型

升温带来的热应力，因此管式结构电池可以实现快速升降温，长期热循环耐受性好；②电池密封容易，可以在管式电池的冷端进行密封，降低了密封难度，密封材料的选择也较多；

③热管理较容易，圆筒形设计有助于使热分布更均匀，减少局部过热的风险，这对于保持电池的长期稳定性和效率至关重要。

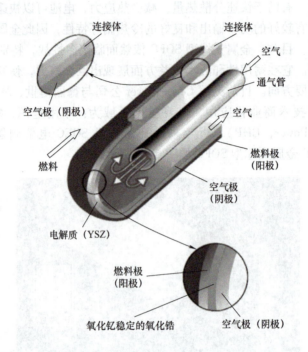

图 6-60　西门子西屋公司的阴极支撑型管式 SOFC 结构示意图

但管式 SOFC 也存在较多的缺点：①电流收集困难，管式电池的电子传导路径长，欧姆电阻大，因此电池的功率比平板型电池低；②长管单电池制备困难，通常需要进行吊烧，电池制造成本高；③管式电池组堆困难，电池与电池间的连接难度大。

6.3.3　平管式 SOFC

由于管式电池的电流路径较长，欧姆电阻较大，因此管式 SOFC 的功率密度明显低于平板式 SOFC。为了提高管式 SOFC 的输出功率，研究人员将管式和平板式 SOFC 结构结合起来，开发出了平管式 SOFC（见图 6-61）。平管式 SOFC 结合了平板式 SOFC 的优势，提供了相对较大的反应面积，其通过平面侧连接体实现电池的串联，缩短了电流传导路径，减少了电池的内阻，从而大幅度提高输出功率密度，使平管式 SOFC 在相对较小的体积内能够提供更多的电力。平管式 SOFC 还保留了管式电池容易密封性的良好优势。平管式电池的结构使得它们更容易进行堆叠和集成为更大功率的电池系统，以满足不同规模的能源需求。平管电池主要开发企业为美国西门子西屋公司、日本京瓷、韩国 LG 及中国的氢邦公司。平管式 SOFC 主要通过挤出成型获得具有内部通孔的平管构型，然后经预烧、电解质流延、共烧、阴极丝印等工艺流程获得单电池，目前高平整度大面积平管式电池的制备仍然存在技术挑战。

为了提高平管式电池的输出电压，劳斯莱斯在平管支撑体上集成多个 SOFC 电池单元，可以将单根管式电池的电压提高到几十伏特（见图 6-62）。该电池结构可以实现电池的高电压、低电流输出，有利于提高电池的运行稳定性，是商业化成熟度最高的管式电池产品。基于相同的概念，日本三菱重工开发了圆管多节 SOFC，并已在九州大学、丰田和东京燃气等地进行了 200kW 以上发电系统示范运行。三菱重工将该类型电池与蒸汽轮机或燃气轮机构建联合循环发电系统，分别以煤气化气和天然气为燃料，可将发电效率提高至 60%。

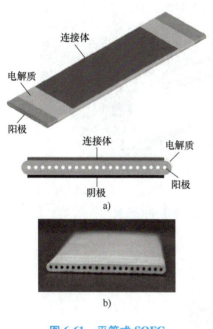

图 6-61 平管式 SOFC

a）示意图　b）电池实物图

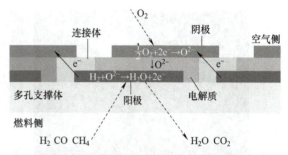

图 6-62 Rolls Royce 平面集成型 SOFC 示意图及电池实物图

6.3.4 微管式 SOFC

微管式 SOFC 是在管式结构基础上的微型化，其直径一般不大于 2mm。微管式 SOFC 一般为自支撑型结构，即以电池本身的一部分作为整个电池的结构支撑。根据支撑结构的不同，自支撑型微管式 SOFC 可分为阳极支撑型、阴极支撑型和电解质支撑型三种，支撑结构要求具有一定厚度，以保证可提供足够的机械强度。目前主要采用阳极支撑型结构，这是因为阳极陶瓷支撑管具有良好的机械强度和导电性能，并且容易在其上沉积一层薄而致密的电解质层，可以极大地降低电池的欧姆电阻。

微管式 SOFC 具有诸多优点，可以降低运行温度、加快启停速度、延长设备寿命和节约材料成本。微管式结构突破了 SOFC 只适于作为固定电站的局限，在便携式和移动式电源领域开辟了广阔的应用空间，如车辆动力电源、不间断电源（UPS）、便携电源、航空航天器电源等。图 6-63 所示为日本产业技术综合研究所开发的微型管式 SOFC，并将其用作无人机电源，提升无人机的续航里程。

虽然微管式 SOFC 有着广阔的应用前景，但依然存在一些技术挑战：①需要进一步提高纤细微管的机械强度，电极材料及其结构需要进一步优化；②细长的构造导致了轴向电阻较大，是微管式 SOFC 内部功率消耗的主因，需要开发和采用高电导率的电极材料；③由于微管式 SOFC 具有微细的电池结构，微管式 SOFC 的组装比较困难，需要开发设计新型的电堆技术。目前，微管式 SOFC 电堆的设计主要包括片型设计和立方体型设计两种。图 6-64 是立方体形微管式 SOFC 电池束和电堆的结构示意图，该立方体形微管式 SOFC 电池束的体积功率密度在 550℃ 下达到 2W/cm^3。

图 6-63 阳极支撑型微管式 SOFC 及其在无人机电源中的应用
a) 阳极支撑型微管式 SOFC b) 阳极支撑型微管式 SOFC 在无人机电源中的应用

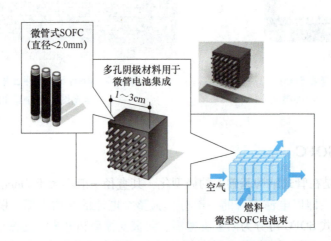

图 6-64 立方体形微管式 SOFC 电池束和电堆的结构示意图

6.4 应用领域及发展状况

6.4.1 SOFC 应用领域

SOFC 具有能量转化效率高、燃料适应性广、全固态结构、模块化组装、污染和噪声低等优点，可以直接使用氢气、一氧化碳、天然气、液化气、煤气及生物质气等多种碳氢燃料发电。在大型发电站、分布式电站、热电联供等发电领域，以及作为船舶动力电源、交通车辆动力电源、航空飞行器等移动电源领域，都有广阔的应用前景。

1. 固定式发电站

随着用电需求的增加和日益突出的环境污染问题，各国对于能源与电力供应的绿色环保、安全可靠性等相关要求也逐渐提高，分散式的大中型固定式SOFC发电系统（100kW～10MW）可以弥补传统的集中式发电的不足。分布式发电（Distributed Generation，DG）属于一种较为分散的发电方式，是相对于集中式发电而言的。常规发电站，如火力发电站、核电站、水坝和大型太阳能发电站，都是集中式发电，电力通常需要经长距离传输再使用。相比之下，分布式发电系统是分散的，具备模块化和更灵活的技术，虽然它具有较小的容量（小于10MW），但其可以建设在它们所服务的负载附近，不但降低了环境污染，而且提升了能源利用效率、供电可靠性和稳定性。

1998年，西门子西屋电力系统公司在荷兰展示了世界首个100kW SOFC发电系统，该系统由1152个管状单电池构成，其功率密度为0.13W/cm^2，发电效率为46%。2000年6月，西门子西屋电力系统公司220kW加压式SOFC与气体涡轮机联合发电系统在匹兹堡通过出厂测试（见图6-65），并随后在美国加利福尼亚大学尔湾分校进行了安装测试，发电效率达到52%。

图6-65　西门子西屋电力系统公司200kW加压式SOFC与气体涡轮机联合发电系统

从目前全球市场来看，美国的SOFC累计装机量处于绝对领先地位，在200kW以上规格的固定式电站中，SOFC的投放量最大。美国SOFC的装机量主要由Bloomenergy公司贡献。据称，Bloomenergy公司的新产品EnergyServer5能够达到65%的发电效率，功率密度是此前型号的两倍，平均寿命超过5年，为目前行业最高水平。Bloomenergy主要产品有ES5、ES-5700、ES5710等，它已经为美国Apple、Google、eBay、Wal-Mart等公司提供了超过100套的SOFC系统。2020年9月，美国Bloomenergy公司与韩国SK集团合作，在韩国西北部京畿道完工了两个采用SOFC技术的新型清洁能源电站。两座新型清洁能源设施分别位于韩国的华城市和坡州市，位于华城市的发电厂安装了Bloomenergy公司的28MW级的SOFC装置（见图6-66），该项目为Bloomenergy迄今在韩国建设的最大规模的项目。仅此一项装置就可以满足该市约4.3万户家庭的用电需求。位于坡州市的发电站安装的则是Bloomenergy公司的8.1MW级的SOFC装置，可满足该区域内约1.8万户家庭的用电需求。Bloomenergy

公司的能源服务器在全球所有商用发电系统中发电效率最高，这对依靠天然气进口的国家来说优势十分明显。在美国加利福尼亚州，Bloomenergy 公司建造了一座 2.5MW 的电力系统，以支持其不断增长的电力运营需求，并减少碳排放。

全球其他开展大中型固定式 SOFC 发电系统的公司包括芬兰的 Convion 公司开发的 58kW SOFC 发电系统，其发电效率为 53%，总的能量效率达到了 85%；美国通用公司开发了 50kW 的 SOFC 发电系统，并通过了 500h 测试，目前正在开发 1～10MW 的发电系统；美国 Fuel Cell Energy 公司开发了 50kW SOFC 发电系统，发电效率为 55%，每 1000h 衰减 0.9%；韩国 LG Fuel Cell Systems 开发了 200kW 增压式 SOFC 发电系统，发电效率为 57%，目前正在进行 1MW 商业化发电系统的研制。我国潮州三环（集团）股份有限公司（简称潮州三环）（见图 6-67）、宁波索福人、山东潍柴动力已完成了 100kW 级 SOFC 发电系统的示范验证。在我国"双碳"目标的推动下，SOFC 作为清洁高效的发电技术，将助力我国能源结构转型。

图 6-66　Bloomenergy 公司建设的 28MW 级 SOFC 电站

图 6-67　潮州三环 105kW SOFC 发电系统

2. 微型热电联供系统

微型热电联供系统（Micro Combined Heat and Power，mCHP）是利用燃料电池发电技术同时向用户提供电能和热能。用燃料电池运行过程中产生的余热供热，可提高能源的利用效率，而且可减少二氧化碳和其他有害气体的排放。这一概念是根据燃料电池的工作原理来定义的。在我国，根据热电联供的应用场景将燃料电池热电联供称为燃料电池分布式能源。在交通运输领域，燃料电池发电过程中能量损失较大的就是热量，电池的能量转化率为 40%，为了降低燃料电池运行过程中的温度，还需要配上冷却系统。热电联供就是将这一部分能量收集起来，使得燃料能源转化效率达到 80% 以上，远高于传统的火力发电总效率。如图 6-68 所示，SOFC 热电联供系统可以利用管道天然气发电，可为家庭、企业、医院等场所的照明、电器、设备等提供电能，燃料电池运行过程中产生的高质量热能可用于热水、地热取暖、空调加热。

微型热电联供系统的发电规模通常为 1～5kW，可直接将天然气转化的电能和热能，供给单个用户使用，当电力富余时可将电力售给电网，这种分散式的热电联供系统大大节省了一次能源消耗，提升了能源利用效率。日本和欧洲是发展微型热电联供系统的两个主要区域，其中较为著名的示范项目分别为日本的 ENE-farm 项目和欧洲的 ENE-field 项目。全球首个商业化的 SOFC 热电联供系统是日本新能源产业技术综合开发机构（NEDO）于 2011 年开发的 ENE-farm 型 SOFC-mCHP（见图 6-69a），该系统由发电单元和利用废热的热水供暖单元组成，输出功率为 700W，发电效率为 46.5%，综合能源利用效率高达 90.0%，工作时的温度为 700~750℃，在用作家庭基础电源的同时，还可以将废热用于热水器或供暖器。

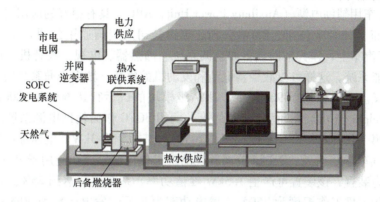

图 6-68　燃料电池热电联供系统构成示意图

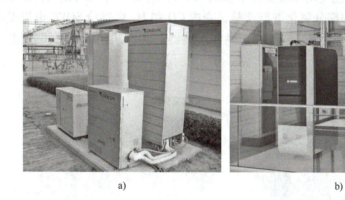

图 6-69　日本 ENE-farm 和德国 Bosch 开发的 CHP 热电联供系统

日本开发出 SOFC-mCHP 系统的公司有 JX Nippon Oil and Energy 和 Aisin，新型的 SOFC-mCHP 系统发电效率可达 53%。欧洲是另一个大力发展 SOFC-mCHP 的主要区域，具有代表性的公司有瑞士的 Sulzer Hexis（Galileo 1000N）、英国的 Ceres Power、意大利的 SolydEra（原 Solid Power，BuleGen）、丹麦的 Topsoe Fuel Cell、德国 Bosch Thermotechnology（CERAPOWER）（见图 6-69b）等。

3. 汽车移动电源

虽然 PEMFC 在低温快速启动、比功率能量转化效率等方面的优越性能使其成为运载工具的首选电源，但是由于 PEMFC 只能使用纯氢气作为燃料气，其气源供应是个大问题，除非建立像现在的汽车加油站一样的供应链，否则将极大地降低 PEMFC 电动汽车的推广使用程度。此外，由于制造工艺及使用贵重稀有金属作为催化剂材料，其制造成本很高，不利于市场化。而 SOFC 是一种全陶瓷结构燃料电池，其能量转化效率最高，操作方便，耐蚀性好，与 PEMFC 相比，燃料适用面广，可以用煤气、天然气、石油气、沼气、甲醇等重整作为燃料气，也可以直接采用天然气、汽油、柴油作为燃料。不须用贵金属催化剂，而且不存在直接甲醇燃料电池（DMFC）的液体燃料渗透问题。同时，当SOFC汽车的能量耗尽后，不用像传统的蓄电池电动汽车那样需要长时间充电，而只需补充燃料即可继续工作，这一点对汽车驾驶者来说尤为方便。因此，无论是从技术还是从成本来看，低温SOFC动力汽车在未来的汽车领域会占有一席之地。

SOFC作为车用辅助电源（Auxiliary Power Unit，APU）具有很好的应用前景。目前，一些大汽车生产商（如奔驰公司、BMW公司、丰田公司及美国通用公司）均已经成功地将SOFC系统用于汽车上，作为辅助设备如空调系统、加热器、电视、收音机、计算机和其他电气设备的供能系统，这样可以减少蓄电池和发动机的负荷。城市交通系统使用该技术具有更加重大的意义。奔驰公司1996年对2.2kW级模块的试运行达6000h。2001年2月，由BMW公司与Delphi公司合作近两年研制的第一辆用SOFC作为辅助电源系统的汽车在慕尼黑问世。作为第一代SOFC-APU系统（见图6-70），其功率为3kW，电压输出为21V，其燃料消耗比传统汽车降低46%。Delphi公司开发的第三代电堆已成功应用于Peterbilt 384型卡车上的辅助动力装置，该装置可产生1.5kW峰值功率，系统效率达到25%。目前Delphi公司开发的第四代电堆工作温度为750℃，发电功率为9kW，发电效率为40%~50%。Delphi公司研发出的SOFC-APU系统使用阳极支撑平板式SOFC。该APU单元可使用汽油或柴油工作，它通过在APU单元内的部分氧化进行重整，变成CO和H_2后供给SOFC电堆发电。如图6-70所示，该APU系统包括空气调节器、燃气重整器、SOFC电堆、尾气燃烧器以及相关辅助系统。

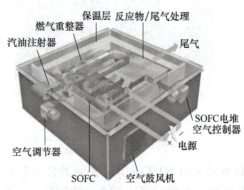

图 6-70　Delphi公司的SOFC-APU系统的基本构成

日本丰田公司和美国通用公司也在设计和优化SOFC系统，以便应用于车用辅助电源。加拿大的Global公司2004年已经开始向市场提供5kW的SOFC汽车辅助电源。城市公交车或出租车行驶速度慢，而且经常停车，当发动机处于怠速状态时，不但浪费能量，而且增加排污。当遇到这种情况时，可以让发动机熄火，使用SOFC为汽车空调等辅助设备提供能量，可以极大地降低城市公交系统的排污。丹麦Topsoe Fuel Cell公司的SOFC-APU技术处于欧洲的前列，在欧盟燃料电池和氢能联合组织的DESTA项目的资助下，该公司与AVL、Eberspächer、Volvo和Forschungszentrum Jülich合作，研发的SOFC-APU可通过传统燃料以30%的发电效率提供3kW的电力输出，该项目通过Volvo提供的8级重型卡车进行示范性运行。该卡车总共行驶了约2500km，运行非常可靠且噪声低。

SOFC直接作为汽车的动力源时，相对于PEMFC电动汽车，SOFC电动汽车在寒冷的气候下的行驶里程和效率不受影响。2011 年，美国马里兰大学能源研究中心通过改变固体电解质的材料和电池的设计，制造出体积更加紧凑的 SOFC 新电池，它在同等体积下的发电效率是普通固体氧化电池的 10 倍，在产生相同电量的情况下体积又要比汽油发电机小，换算下来，一颗 10cm×10cm 的新电池就可以替代原先体积庞大的电池组驱动电动车。

随着 SOFC 研究的进展，采用新型低温固体电解质和高活性的电极材料使其工作温度降至 600℃ 以下后，将其再与蓄电池或超级电容器联用，就可以作为汽车的动力源。SOFC 可以使电动汽车的行驶里程增加到 400km 或更高（增加的行驶里程由油箱的尺寸决定）。2016 年 8 月，日产公司在巴西推出了世界首款由 SOFC 驱动的 e-Bio Fuel-Cell 原型车，如图 6-71 所示。该车配备一个 24kW·h 的电池和一个 30L 的燃料箱，使用生物乙醇而非液态氢作为燃料。乙醇经重整器产生氢气，使用 SOFC 产生电能，排放出水。据日产公司称，该系统比现有的氢燃料电池系统更高效，续航里程约为 600km。

图 6-71 世界首款由 SOFC 驱动的 e-Bio Fuel-Cell 原型车

当前，我国能源的发展将兼顾经济性和清洁性的双重要求，尽量减少能源开发利用给环境带来的负面影响，努力实现能源与环境的协调发展。相比于其他燃料电池，SOFC 具有能量密度高、燃料范围广和结构简单等优点。随着 SOFC 的生产成本和操作温度进一步降低，以及碳氢燃料的直接利用、能量密度的增加和启动时间进一步缩短。可以预见，SOFC 在今后的新能源汽车发展中有非常广阔的应用前景。然而，SOFC 应用于新能源汽车依然面临着严峻的挑战，目前 SOFC 研究总的趋势是实现 SOFC 的低温化、低成本化以及对燃料气的高催化活性，发展新型材料和新型的制备技术。只有这样，才能降低 SOFC 的成本，从而实现作为新能源汽车动力的 SOFC 的商业化生产。

4. 船舶动力电源

全球 80% 的运输船队使用重质燃料油或船用燃料，这使得全球航运业产生的碳排放约占全球碳排放的 3%。国际海事组织（IMO）为航运业设定了宏伟的减排目标：2050 年将航运业温室气体排放量减少 50%。实现脱碳的长期目标需要新型燃料与技术变革，需要行业领导者共同探讨与推进，确保研究与创新成果得以发展成为成熟的解决方案。

用燃料电池代替石油发电可将海洋运输中的温室气体排放量减少 45%，2019 年，Bloomenergy 与三星集团旗下的三星重工业（SHI）宣布，双方将合作设计和开发采用 Bloomenergy 固体氧化物燃料电池技术驱动的船舶（见图 6-72）。2021 年初，阿法拉伐、DTU Energy、Haldor Topsoe、Svitzer 和 Mærsk Mc-Kinney Møller 零碳航运中心为加速开发固体氧化物燃料电池（SOFC）技术，共同开启了名为"SOFC4Maritime"联合项目。在丹麦能源署技术开发和示范计划（EUDP）的支持下，这些航运业的领军者集结在此，共同探索如何为船舶上的绿色燃料发电打造高效解决方案，以推进行业脱碳进程。2024 年 3 月 25 日，斗山燃料电池（Doosan Fuel Cell Inc.）与斗山集团子公司 Hyaxiom 一起开发的船用 SOFC 核心零部件 Cell Stack 通过了世界三大船级社之一的挪威船级社（DNV）的环境测试标准。

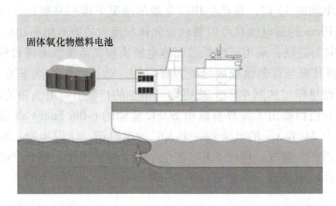

图 6-72　Bloomenergy SOFC 发电系用作船舶动力电源构想图

5. 无人机动力电源

便携式电子产品通常需要几毫瓦到几百瓦的电力供应，目前应用较多的包括镍氢电池、锂离子电池及 PEMFC，目前基于 SOFC 的微型发电系统也扩展到便携式电源领域，特别是用作无人机电源，这主要是因为 SOFC 具有更高的比功率密度，微管式 SOFC 可满足迅速启动的要求，还可以使用液态碳氢燃料，可以极大地减小电源的体积，提高体积能量密度，延长无人机的续航里程。

目前国际上进行微管式 SOFC 开发的公司包括：美国的 Ultra Electronics AMI、Lilliputian Systems 和 Acumentrics 公司，日本的 TOTO 及 Atsumitec 公司，英国的 Adelan 公司。Ultra Electronics AMI 是开发便携式 SOFC 的行业领导者，它开发的 250W 的 PowerPod 燃料电池已在无人地面车辆上进行了广泛测试。该系统采用丙烷或液化石油气驱动，用于延长军事任务的时间和为电子设备、无线电和计算机等提供非电网电力。2020 年，日本产业技术综合研究所 AIST 开发出世界上第一架基于 SOFC 电源的无人机，使用液化石油气（Liquefied Petroleum Gas，LPG）为燃料。2022 年，洛克希德马丁量产型无人机"Stalker VXE"突破 39h 超长续航，该无人机使用 SOFC 作为动力电源，使用丙烷作为燃料。显然，SOFC 在无人机动力电源领域具有非常大的应用潜力（见图 6-73）。

图 6-73　美国跟踪者延长续航无人机系统

6. 固体氧化物电解池 SOEC

固体氧化物电解池（SOEC）是 SOFC 的逆过程。H_2O 通入 SOEC 的阴极（通常是 Ni 基陶瓷电极，即 SOFC 的阳极），在外加电源的作用下发生还原反应，生成 H_2，同时在 SOEC 的阳极发生 O^{2-} 的氧化反应生成 O_2，SOEC 由于高温运行特性，不仅可以用于电解水制氢，还可以实现 CO_2 与 H_2O 的共电解，生成以 CO 和 H_2 为主的合成气（见图 6-74），从而实现 CO_2 减排与资源化利用，将间歇性、不稳定的可再生能源电力以氢气、合成气或者碳氢燃料的形式储存，从而实现可再生能源的储存。其反应式如下：

阴极：
$$H_2O(g) + 2e^- \longrightarrow H_2(g) + O^{2-} \tag{6-56}$$
$$CO_2(g) + 2e^- \longrightarrow CO(g) + O^{2-} \tag{6-57}$$

阳极：
$$2O^{2-} \longrightarrow O_2(g) + 4e^- \tag{6-58}$$

SOEC 技术因其无与伦比的转化率而备受关注，这是因为它在较高的操作温度下具有良好的热力学和动力学特性。

H_2O 和 CO_2 的电解还原是吸热反应，所需的总能量 ΔH 可以用式（6-59）表示：
$$\Delta H = \Delta G + T\Delta S \tag{6-59}$$

式中，ΔH 为总反应焓，即电解反应所需要的总能量；ΔG 为吉布斯自由能，代表电解过程所需要的总电能；$T\Delta S$ 为温度与熵增的积，代表反应所需要的总热能。

从图 6-75 可知，当温度升高时，反应所需要的热能（$T\Delta S$）随之升高，但所需的电能会随之下降，如果可以充分利用其他高温热能，例如核热能和工业余热，高温电解池要比低温电解水技术更加经济。

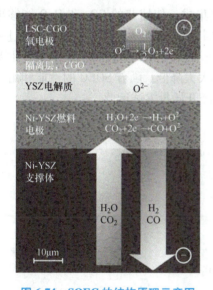

图 6-74 SOEC 的结构原理示意图

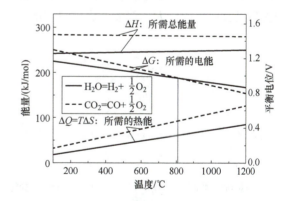

图 6-75 H_2O 和 CO_2 的电解热力学参数随温度的变化曲线

在 SOEC 实际运行时，为了尽量减少电池系统热电气管理的复杂性，常常使 SOEC 工作在热中性电压下。热中性电压（Thermoneutral Voltage，V_{tn}）是指电解所需的热能全部来自于电流流经电解池产生的焦耳热，即使用式（6-60）来计算电解所需的电解电压。

$$V_{tn} = \frac{1}{nF}\Delta H \tag{6-60}$$

对于 H_2O 电解，液态水和气态水电解的 V_{tn} 分别是 1.47V 和 1.29V；对于 CO_2 电解，V_{tn} 则为 1.47V。从图 6-76 可以看出，相对于目前已经商业化应用的碱性电解槽和正在开发的低温电解技术 PEM 电解槽，SOEC 具有更低的电解电压。SOEC 是目前电解效率最高的电解制氢技术，系统电效率可以高达 90%。碱性电解槽和 PEM 电解槽只能用于电解 H_2O 制 H_2，而 SOEC 可以实现 CO_2 的直接电解，也能实现 H_2O 和 CO_2 的共电解制备所需比例的合成气（H_2/CO 混合器），用于合成化工产品，具有非常高的经济效益，可以直接实现 CO_2 的循环利用。因此，SOEC 是助力"双碳"目标的重要技术途径。

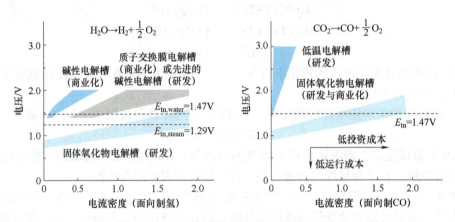

图 6-76　H_2O 和 CO_2 的电解技术性能对比

如图 6-77 所示，SOEC 可与一系列化学合成进行热集成，使捕获的 CO_2 和 H_2O 能够再循环成合成天然气或汽油、甲醇或绿氨，与低温电解技术相比，进一步提高了效率。在过去的 10~15 年中，SOEC 技术经历了巨大的发展和改进。此外，SOEC 原材料来源丰富，主要使用镍、氧化锆和不锈钢等材料，而不是贵金属，成本大大降低。随着 SOEC 的性能和耐久性的提高以及规模的扩大，首批产业化的 SOEC 工厂已经开始投入试运营。

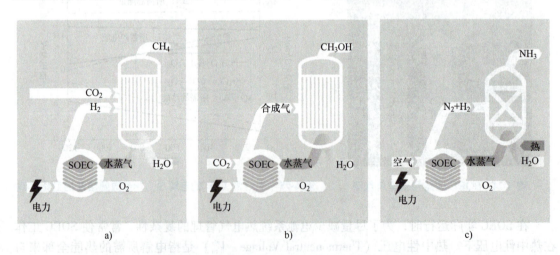

图 6-77　SOEC 电解池与化学合成的集成示意图
a) 合成甲烷反应器　b) 合成甲醇反应器　c) 合成氨反应器

欧盟十分看好 SOEC 电解制氢技术，正在积极开展 MW 级示范运行。德国 Sunfire 聚焦于 SOEC 系统，并在 2021 年试运营了当时世界上最大的 250kW 的 SOEC 电解制氢示范系统，每小时可生产 5.7kg 的氢气。2022 年该公司在荷兰鹿特丹的 Neste 炼油厂安装当时世界上首台 2.6MW 的高温电解槽，Sunfire 公司在 2022 年获得 2.15 亿美元 D 轮融资，并签署了高达 640MW 高温电解槽协议。丹麦托普索（Topsoe）时 SOEC 技术的倡导者，并在丹麦海宁建造了世界上最大的高温电解槽生产工厂，用以制造生产高效固态氧化物电解池。该工厂将于 2024 年投入运营，年产能为 500MW，并可选择扩大至 5GW。此外，Topsoe 和 First Ammonia 公司签署 5GW 项目协议，开启首个工业级规模固体氧化物电解槽生产绿氨。近年来，英国 Ceres Power、美国 Bloomenergy 也开始入局 SOEC 技术，并积极开展 MW 级电解系统示范运行。近年来，我国也开始加大 SOEC 电解制氢相关技术的研发投入，但整体技术仍然落后美国和欧盟。

此外，随着现今第四代核反应堆的发展，核能可用作制氢的理想热源，与 SOEC 集合高温电解制氢已成为世界能源领域的研究热点。2004 年，美国爱达荷国家实验室（INL）和 Ceramatec 公司模拟第四代核反应堆提供的高温进行 SOEC 电解制氢，其制氢效率可以达到 45%～52%。我国清华大学核能与新能源技术研究院开发的高温气冷实验堆（HTR-10）也被广泛认为是具有第四代特征的先进堆型和最有希望用于制氢的核能系统，并于 2005 年就启动了利用 SOEC 进行高温水蒸气电解制氢的研究。将高温 SOEC 制氢技术与先进的核反应进行耦合，可以开拓核能新的应用领域，实现核能与氢能的和谐发展。

6.4.2 SOFC 的发展状况

1. 国际发展历史概况

从 20 世纪 80 年代开始，能源出现紧缺，很多国家和地区为了开辟新的能源，对 SOFC 的开发和研究都非常重视，日本、美国和欧盟等纷纷进行了大量的投资。1960 年，以西门子西屋公司为代表，研制了管式结构的 SOFC。1987 年，该公司与日本东京煤气公司、大阪煤气公司合作，开发出 3kW 电池模块，并成功地连续运行了 5000h，标志着 SOFC 研究从试验研究迈向商业发展。20 世纪 90 年代，美国能源部（DOE）继续投资西门子西屋公司 6400 多万美元，旨在开发出高转化率的 SOFC 发电机组。1997 年 12 月，西门子西屋公司在荷兰的 Westervoort 安装了第一组 100kW 的管状 SOFC 系统，到 2000 年底关闭，累计稳定运行了 16612h。2000 年 5 月，该公司与美国加利福尼亚大学合作，安装了第一套功率为 250kW 的 SOFC 与气体涡轮机联动发电系统，能量转化效率超过 58%，最高达到了 70%。后来西门子西屋公司又在挪威和加拿大的多伦多附近建成了两座功率为 250kW 的 SOFC 示范电厂。在平板式 SOFC 研究方面，1983 年，美国阿贡国家重点实验室研究并制备了共烧结的平板式电堆，后来加拿大的 Global Thermoelectric 公司，美国的 GE 公司和 SOFC 公司、ZTEK 公司等都对 1kW SOFC 电堆模块进行了开发，Global Thermoelectric 公司获得了很高的功率密度，在 700℃ 运行时达到 0.723W/cm^2，2000 年 6 月完成了 1.35kW 电池系统运行了 1100h 的试验。澳大利亚的 Ceramic Fuel Cell 公司致力于开发圆形平板状 SOFC 发电堆，研发出工作温度为 850℃、压力为常压、在 80%～85% 的燃料利用率下提供数十千瓦的发电堆，在 2005 年对 40kW 级电堆进行了实地测试，而在 2006 年试制了大于 120kW 的发电堆。美国的 Fuel Cell Technology 公司于 2013 年下半年开始开发了 250kW 和 MW 级系统，使用天然气和生物气体作为燃料，并于2018年测试了200kW的系统，未来将进一步实证兆瓦级系统，远期目标是打造公用事业100MW级整体煤气化燃料电池发电系统（Integrated Gasification Fuel Cell，IGFC）和天然气燃料电池发电系统（Natural Gas Fuel Cell，NGFC）。2019年9月，三菱重工业株式会社与株式会社日立制作所合资的MHPS公司成功研发了10套250kW的SOFC-微汽轮机混合动力发电系统。此外，德国和瑞士也在积极开发10kW级和1kW级家庭用燃料电池模块。日本微型热电联产项目Ene-Farm也取得了非常亮眼的成果。截至2019年4月，日本共部署了305000个商业Ene-Farm装置，计划到2030年实现家用燃料电池累计装机量达530万套。为了将研究转向固体氧化物电解池技术，2019年，美国能源部化石能源办公室发布了一项针对5~25kW小型SOFC系统和混合能源系统的资助公告（Funding Opportunity Announcement，FOA），将向相关研究和项目提供高达3000万美元的资助。FOA旨在开发先进技术，利用固体氧化物电解池（Solid Oxide Electrolysis Cell，SOEC）改进小型SOFC混合系统，使其达到氢生产和发电的商业化水平。

目前，SOFC在世界范围内处于从科研界向产业界的转化阶段，从示范运行向商业运行的发展阶段。世界各地已经有数百套SOFC示范系统成功运行，最长运行时间达40000h，展示了SOFC在技术上的可行性。研究机构Markets and Markets预计，到2025年，SOFC的全球市场规模将达到28.81亿美元。政府补贴及越来越多的燃料电池项目研发投入、燃料多样性、高能效发电需求和欧洲北美日趋严格的碳排放标准是推动SOFC市场的主要驱动力。按类型来看，平板式SOFC市场最大，在2017年市场销售额已达3.74亿美元。美国是世界上最大的SOFC市场，其次是日本、韩国和欧洲。美国的SOFC累计装机量处于绝对领先地位，在200kW以上规格的固定式电站中，SOFC的投放量最大。美国SOFC的装机量主要由Bloomenergy公司贡献，Bloomenergy公司已经为美国Apple、Google、eBay、Wal-Mart等公司提供了超过100套的SOFC系统。截至2020年，该公司已累计投放350MW的SOFC产品，其中近一半的产品投放于加利福尼亚州。

2. 国内发展概况

我国的SOFC研究起步于"八五"时期，但是支持力度较小，研究较为零散，未形成自己的特色。后来，国家863计划和973计划相继支持了SOFC系统的相关研究，资助力度持续增加，但是，由于缺乏对SOFC相关基础科学问题研究的支持，我国在SOFC领域进展缓慢，总体技术水平与国外先进水平相比仍然有很大差距。中国科学院上海硅酸盐研究所在"九五"期间曾组装了800W的平板高温SOFC电池组。2003年8月，中国科学院大连化学物理研究所在中温SOFC研究方面取得了重大进展，成功组装并运行了由12对电池组成的电池组，输出功率达到616W，向实用化迈出了一大步。中国科学技术大学、北京科技大学、清华大学、中国矿业大学（北京）、哈尔滨工业大学等高校主要进行SOFC基本材料的合成与性能研究及电解质薄膜制备工艺研究，并进行平板型SOFC的研发。2007年成立的中国科学院宁波材料技术与工程研究所设有燃料电池与能源事业部，并组建了国家固体氧化物燃料电池工程中心，以期形成拥有自主知识产权的SOFC技术，为大规模商业化打下基础。

我国最早研发生产SOFC的是潮州三环（集团）股份有限公司。该公司于2004年开始开展SOFC电解质隔膜开发和生产业务；2012年开始批量生产SOFC单电池，主要为Bloomenergy公司供应单电池；2015年收购澳大利亚Ceramic Fuel Cell公司，获得其电堆和小功率SOFC系统技术；2016年将SOFC专利授权Solid Power公司（现更名为SolydEra）使用，并且为其供应单电池；2017 年开始向国内市场推出 SOFC 电堆。潮州三环出货量最大的是电解质隔膜、单电池，同时具备电堆量产能力，系统则主要由 Ceramic Fuel Cell 在德国的生产基地完成，以 15kW 系统为主。目前，潮州三环成为全球最大的 SOFC 电解质隔膜供应商和欧洲市场上最大的 SOFC 单电池供应商。2010 年，中国矿业大学（北京）在南通市参与 SOFC 研发生产基地。2011 年，苏州华清京昆能源有限公司正式试生产国内首批新型 SOFC 发电系统核心元件，填补了国内在该发电领域的空白。2019 年 8 月，徐州华清京昆能源有限公司 SOFC 项目首批 20 万片单电池片生产线投产试产。成立于 2014 年的宁波索福人能源技术有限公司（SOFCMAN）是一家从事 SOFC 发电系统研发的高科技公司，SOFCMAN 由中国科学院宁波材料技术与工程研究所的 SOFC 研发团队组成，经过多年的集中研究，SOFCMAN 在 SOFC 发电系统的发展上取得了卓越的成就。该公司提供从粉末、电池、电堆到系统的整个产品链，现在正在开发 100kW 发电系统。此外，徐州华清京昆能源有限公司、清华大学、中国矿业大学（北京）还联合山西晋煤集团煤化工研究院共同开发以煤为原料的 SOFC 整体示范工程。2018 年 8 月 2 日，山西晋煤集团煤化工研究院对外宣布，他们建设的全国首个以煤为原料的 15kW SOFC 项目在山西晋煤集团天溪煤制油分公司燃料电池实验室打通全流程，实现了煤经气化再通过固体氧化物燃料电池发电的工程示范。此外，潍柴动力股份有限公司于 2018 年 5 月以 4000 多万英镑收购英国知名金属支撑型 SOFC 开发商 Ceres Power 20% 股权，成为其第一大股东，并在中国潍坊成立合资公司，在 SOFC 领域展开全面合作。2022 年初，该公司首款 30kW SOFC 热电联供系统在潍坊投入运行，使用的燃料是天然气。2023 年 2 月 18 日，潍柴发布全球首款大功率金属支撑商业化 SOFC（固体氧化物燃料电池）产品，系统功率达到 120kW。该产品的热电联产效率高达 92.55%，创下了大功率 SOFC 热电联产系统效率全球最高纪录（见图 6-78）。

图 6-78 潍柴动力 120kW 金属支撑 SOFC 热电系统

然而由于起步晚、投入少，我国固体氧化物燃料电池研发的总体水平与美国、欧盟、日本等发达国家的先进水平存在着不小的差距，尤其是在电堆设计、组装与系统集成等方面差距较大。近十几年来，在国家有关部门的大力支持下，我国 SOFC 材料研究与国际接轨，一批科研机构分别开发了不同结构和技术路线的电堆，尝试了小型的示范系统开发，并培养了一大批人才，为后续的产业化发展奠定了坚实的基础。结合国内已有基础和目前低碳化的需求，一批大型企业已经开始有关 SOFC 的系统集成研发，我国已具备快速追赶国际先进水平的条件。

第 7 章

其他类型燃料电池

7.1 碱性燃料电池

碱性燃料电池（Alkaline Fuel Cells，AFC）是最早开发的燃料电池。Francis T. Bacon 在剑桥大学（1946—1955 年）以及剑桥有限公司马歇尔分部（1956—1961 年）建造了第一个实用的氢-空气燃料电池。后来联合碳化物公司的科德施和西门子公司的 Justi 和 Winsel 证明，在氢气和不含有二氧化碳的空气中，AFC 可以高效工作。20 世纪 60 年代，Pratt&Whitney 公司成功研制出 Bacon 型中温氢氧燃料电池，并应用作阿波罗登月飞船的主电源（见图 7-1），为载人登月飞船提供电能以及大部分饮用水。20 世纪 60 年代和 70 年代初，研究人员对 AFC 进行了测试，以验证其作为农用拖拉机、汽车、海上导航设备、船舶、叉车和其他各种应用提供动力的能力。随着质子交换膜燃料电池（PEMFC）的出现，大量研究逐渐转向 PEMFC。但应指出的是，与 PEMFC 相比，

图 7-1 阿波罗太空船中使用的碱性燃料电池系统

AFC 仍然具有一些技术优势。AFC 阴极的活化过电势通常低于酸性燃料电池中的活化过电势，电极反应更快。因此，在 AFC 中不必使用铂基等贵金属催化剂。此外，由于阴极的过电势低，AFC 的发电效率通常比 PEMFC 更高，这是美国国家航空航天局（NASA）决定在美国太空计划中部署 AFC 的主要原因。

7.1.1 结构及工作原理

如图 7-2 所示，碱性燃料电池的基本电化学反应如下：

在阳极侧，H_2 在催化剂的作用下发生氧化反应，与电解液中的 OH^- 结合生成 H_2O 并释放出电子：

$$2H_2 + 4OH^- \longrightarrow 4H_2O + 4e^- \quad (E_{anode}^{\ominus} = -0.828V) \tag{7-1}$$

电子经外部电路做功回到阴极，在阴极侧，空气中的 O_2 在催化剂的作用下得到电子发

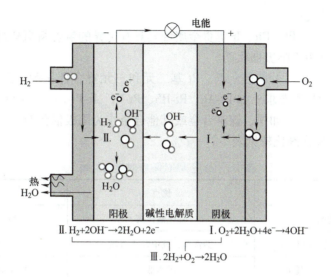

图7-2　碱性燃料电池工作原理示意图

生还原反应，并与H_2O结合形成新的OH^-离子：

$$O_2+4e^-+2H_2O\longrightarrow 4OH^- \quad (E^{\ominus}_{cathode}=0.40V) \tag{7-2}$$

式中，$E^{\ominus}$是25℃下电池的标准电极电势。

碱性燃料电池的理论开路电压与质子交换膜燃料电池一样仍然是1.23V。

7.1.2　碱性燃料电池关键材料

碱性燃料电池的性能和寿命很大程度上取决于电解质及电极催化剂材料的选择。

1. 电解质材料

碱性燃料电池一般用KOH或NaOH作为电解质，在电解质内部传输的导电离子是OH^-。NaOH和KOH是最丰富、最便宜的碱性氢氧化物，是早期AFC电解质的主要候选材料。KOH因其具有良好的离子传导性和化学稳定性常被用作电解质。比较典型的电解质溶液是质量分数为35%~50%的KOH溶液，可以在较低温度下使用（<120℃）。当温度较高的时候（如200℃），可以使用较高浓度85%的电解质。

但燃料或空气中存在的CO_2非常容易与此类氢氧化物发生反应，导致电解质溶液中形成碳酸盐：

$$2OH^-+CO_2\longrightarrow CO_3^{2-}+H_2O \tag{7-3}$$

该反应具有以下不利影响：①电解质溶液中的OH^-浓度降低，电解液电导率下降，电池反应动力学过程变慢；②电解质溶液的黏度增加，离子扩散速率降低和极限电流降低；③多孔电极中碳酸盐的沉淀，阻碍了气体传质过程；④降低了氧气的溶解度。这些原因最终导致电池性能严重下降。因此在AFC工作时，需要去除燃料和空气中的CO_2，以保证其稳定运行。NaOH也可作为电解质，其优点是价格比KOH低，但是如果反应气中有CO_2存在，会生成Na_2CO_3，其溶解度比K_2CO_3低，易堵塞电池的气体通道，因此在两种候选的氢氧化物中，通常优选KOH。

2. AFC电极材料

（1）阳极催化剂　阳极材料需要具有良好的导电性和催化氢气氧化反应的能力。阳极催化剂主要有以下几类：

1) 贵金属催化剂。Pt、Ru、Ir 等贵金属因其具有优异的氢燃料氧化反应（HOR）催化活性和稳定性被广泛用于阳极催化剂。

2) 贵金属合金或多元金属催化剂。Pt 基二元和三元复合催化剂满足催化剂的高活性、高抗毒能力和低使用量等要求，如 Pt-Ag、Pt-Rh、Pt-Ni、Ir-Pt-Au、Pt-Pd-Ni、Pt-Co-Mo 等。

3) 非贵金属催化剂。如镍、镍基合金或其他合金作为阳极催化剂。

典型 AFC 阳极催化剂比较见表 7-1。

表 7-1 典型 AFC 阳极催化剂比较

类型	优点	缺点
贵金属催化剂	催化活性高	价格昂贵，成本高
贵金属合金或多元金属催化剂	活性高，抗中毒能力强	价格昂贵，成本高
非贵金属催化剂（雷尼镍）	成本低	催化活性低，寿命短

（2）阴极催化剂　由于 AFC 阴极的过电势对燃料电池的电压损耗贡献最大，因此阴极催化剂的研究受到特别关注。AFC 阴极催化剂主要有以下几类：

1) 贵金属催化剂。AFC 最初使用贵金属作为阴极催化剂，但它存在价格高、储量少等缺点。而且由于 O_2 在碱性介质中反应速率较快，可以不使用贵金属催化剂，因此，人们一直在寻找可以代替贵金属的阴极催化剂。

2) 氮化物催化剂。氮化物的催化活性可与贵金属相媲美，被誉为"准铂催化剂"。此外，氮化物还具有一定的磁性和抗 CO 中毒性能。因此，氮化物是有望替代铂作为 AFC 的阴极催化剂。

3) 银催化剂。为了解决贵金属催化剂成本高的问题，Ag 或 Ag-Ni 催化剂成为 AFC 常用的阴极催化剂。金属银具有非常高的电导率，它的价格约为铂的 1/50。此外，银是氧还原活性较高的催化剂之一，因此在成本和性能方面，银催化剂具有较好的竞争力，但其催化活性有待进一步提高。通过原位还原硝酸银（$AgNO_3$）将银负载到碳载体中可以获得非常细小的颗粒，构成具有高表面积的 Ag 催化剂，可获得优异的阴极性能，或通过复合铂或二氧化锰（MnO_2）催化剂提高银电极对 ORR 的催化活性。

典型 AFC 阴极催化剂比较见表 7-2。

表 7-2 典型 AFC 阴极催化剂比较

类型	优点	缺点
贵金属催化剂	催化活性高	价格昂贵，成本高
氮化物催化剂	催化活性高，具有一定的抗 CO 中毒性	价格昂贵，成本高
银催化剂	成本低	催化活性低

（3）AFC 电极　在 AFC 中，阴、阳极催化剂常被负载到多孔电极表面以发挥其催化作用，因此多孔电极的结构和组成对 AFC 性能的发挥十分重要。目前 AFC 电极主要有双孔结构电极和含有聚四氟乙烯（PTFE）等防水剂的黏合型电极。

1) **双孔结构电极**：一般采用雷尼镍制成，具有粗孔层和细孔层。在电池工作时，可以通过控制反应气与电解液压差的方式将反应区有效地稳定在粗孔层内，为了提高双孔电极的电催化活性，可将高催化活性的组分引入粗孔层，采用原位液相还原法将其高度分散到粗孔层框架的表面。细孔层在浸入电解液后，起隔绝气体和传导离子的作用。

雷尼镍（Nickel Raney），常用作工业催化剂，特别是在氢化反应当中。雷尼镍以其发明人 Murray Raney 命名。雷尼镍的典型制备过程为：①制备合金，首先，通过将镍与一个或多个可以被碱性溶液腐蚀的金属（通常是铝）一起熔化，制备出一个镍铝合金，合金中镍的含量（质量分数）通常为 50%~90%；②粉碎，将制备好的合金粉碎成较小的颗粒，以增加其表面积，从而提高催化效率；③碱性腐蚀，将合金颗粒与浓碱溶液（如 NaOH 或 KOH 溶液）混合，以去除掉合金中的铝成分，形成一个多孔的镍结构，这些多孔结构对催化反应特别有效；④洗涤和干燥，碱性腐蚀后，通过水洗涤去除残留的碱和溶解的金属，最后将催化剂干燥以去除多余的水分；⑤分级，根据应用需要，通过筛分将催化剂分成不同粒径的粉体。雷尼镍具有高度多孔的结构，拥有很高的比表面积和催化活性，非常适合用于各种化学反应，尤其是氢化反应。

2) **黏合型电极**：是通过在各种电催化剂材料中加入适量的防水剂（如 PTFE 等），将分散的催化剂材料牢固结合的同时形成相互交错的双网络体系结构的气体扩散电极。由防水剂构成的憎水网络为反应气在电极内的传输提供了通道；由电催化材料构成的亲水网络则使电解液完全浸润，具有良好的导电性，从而为电子和离子提供了传导通道，并在电催化剂上完成电化学反应。这种黏合型电极一般具有较高的极限电流和反应活性面积。

在含有 PTFE 防水剂的黏合型电极中，PTFE 除了起黏合电催化材料的作用，还起到为反应气提供扩散传质的疏水网络通道的作用。由于 PTFE 是绝缘体，因此在电极中含量过高会导致电极的电阻增大，增加电极的欧姆极化损失。但 PTFE 含量过低时，气体在电极中的传质阻力增大，增加电极的浓差极化损失，尤其是电极在高电流密度工作时更为明显。因此，特定电极 PTFE 的加入量存在一个最优区间。需要强调的是，电极内催化剂材料构成的亲水网络和由 PTFE 构成的疏水网络的比例是用体积比来衡量的，因此 PTFE 的用量实际是由催化剂材料的密度决定的，对于密度较大的银-铂黑等金属催化剂，电极中 PTFE 的质量分数一般为 10%~20%；而密度较小的 Pt/C 等催化剂，电极中 PTFE 的质量分数一般为 30%~50%。PTFE 充当黏合剂，其疏水特性可防止电极溢流，并通过电解质溶液控制电极的渗透。另外，经常还会在电极表面上放置一层 PTFE 薄层，原因有两个：①进一步控制孔隙率；②阻止电解质溶液通过电极，而无须对反应气体加压。有时还会将碳纤维添加到电极当中以增加所得电极的强度、电导率和孔隙率。

3. 双极板材料

制备双极板的材料需要具有良好的导电性，以确保电子高效传输。同时，这些材料需要具有耐蚀性能。相较于 PEMFC，碱性燃料电池的双极板比较简单，目前常用的 AFC 双极板材料有镍和无孔石墨板，这些材料在 AFC 工作条件下性能稳定，且价格低廉。对于具有高的质量比功率和体积比功率要求的 AFC，则多采用厚度为毫米级的镁、铝等轻金属制备双极板，但这些双极板需要镀上金或银以提高耐蚀性能。其他一些材料（如铁板镀镍）也可以作为双极板。双极板上的流场一般采用点状流场、平行沟槽流场和蛇形流场。

7.1.3　碱性燃料电池的优缺点

1. AFC 的优点

1) **能量转换效率高**。AFC 的性能一般要好于使用酸性电解质的 PAFC 和 PEMFC。
2) **成本低**。AFC 使用的电解质和催化剂价格较低。
3) **启动容易**。AFC 电池启动速度快，而且可在常温下启动。
4) **低温工作性能好**。由于在碱性溶液中，浓的 KOH 电解液的冰点较低，所以 AFC 可在低于 0℃下工作。
5) **易于热管理**。通过电解液完全的循环，电解液可被用作冷却介质，易于热管理。

2. AFC 的缺点

1) **二氧化碳的毒化**。碱性电解液对二氧化碳具有显著的化合力，电解液与 CO_2 接触会生成碳酸根离子（CO_3^{2-}），这些离子并不参与燃料电池反应，且削弱了燃料电池的性能，影响电池的输出功率；碳酸盐的沉积还会造成电极阻塞。二氧化碳去除器能够将空气中的二氧化碳气体去除，但这会增加系统的成本和复杂度。
2) **电解液循环使用，增加了短路和泄漏的风险**。液态氢氧化钾具有高腐蚀性，发生泄漏时会造成环境污染。循环泵和热交换器的结构复杂，电解质循环增加泄漏风险。电解质的过度循环会造成单电池间电解质短路的风险。
3) 由于 AFC 工作温度低，电池冷却装置中冷却剂进出口温差小，冷却装置需要有较大体积，废热利用受到限制。

3. AFC 中毒问题

AFC 催化剂在使用过程中受多种因素的影响，会不同程度地失去活性，通常也称为催化剂中毒。对于阴极催化剂而言，如果 AFC 使用空气作为氧化剂，空气中的 CO_2 会随着氧气一起进入电解质和电极，与碱液中的 OH^- 发生反应，形成碳酸盐，反应如式（7-3）所示，生成的碳酸盐会造成微孔堵塞，导致电池性能下降。与此同时，该反应使电解质中的 OH^- 浓度降低，影响电解质的导电性。另外，碳载型催化剂虽然具有较好的催化活性和较高的电位，但高电位同时会造成炭电极的快速氧化，使催化剂性能下降。

对于阳极而言，电催化剂失活主要受以下三个方面的影响：①毒性金属杂质的影响，一些杂质金属（如 Hg、Pd 等）会对催化剂产生较强的毒化作用，而且这些杂质主要来源于反应原料、化学药品和设备材料等，因此在进行催化剂制备或者燃料净化等过程时，要注意防止这些杂质的引入；②CO 的毒化，如果阳极燃料中存在 CO 杂质，会对催化剂产生毒化作用，CO 会吸附在 Pt 颗粒催化剂的表面，占据活性位点，降低催化剂对 H_2 氧化反应的催化作用，造成催化剂中毒；③电解质中杂质阴离子的影响，杂质阴离子在电极表面的吸附也会造成催化剂的毒化，进而降低电催化剂的活性，在电极表面吸附作用最强的阴离子为 Cl^-，其次为 SO_4^{2-}，吸附作用最弱的为 ClO_4^-。

为了保持 AFC 电催化剂的反应活性，延长 AFC 的使用寿命，目前防止催化剂中毒的方法主要有以下四种：

1) **利用物理或化学方法除去 CO_2**。主要有化学吸收法、分子筛吸附法和电化学法。化学吸收法原理简单，缺点是需要不断更换吸收剂，操作比较复杂，实际应用起来比较困难。分子筛吸附法是利用原料气多次通过分子筛的方法以达到降低 CO_2 含量的目的。由于吸附过程中水优先被吸附，所以需要增加空气干燥和系统再生程序，增加了能量消耗和系统再生成本。电化学法则是在碳酸盐形成后，将电池在高电流条件下短时间运行，以降低电极附近 OH^- 的浓度，增大碳酸盐浓度，形成 H_2CO_3，然后分解释放出 CO_2。此方法简单易行，不需要任何辅助设备。

2) 使用液态氢。液态氢也可以作为一种去除 CO_2 的方法。主要原理是利用液态氢吸热汽化的能量，采用换热器来实现对 CO_2 的冷凝，从而使气态 CO_2 的含量降低到 0.001% 以下。但液态储氢本身还面临着许多问题有待改善和解决，因此这种方法很少使用。

3) 采用循环电解液。这种方法主要通过连续更新电解液，清除溶液中的碳酸盐，使其不会在电极上析出，减弱其对电极的破坏作用，并可以及时向电溶液中补充 OH^- 载流子。但是这种方法增加了电解液循环装置，提高了系统的复杂性。

4) 改善电极制备方法。一般是通过在电极制备中加入聚四氟乙烯（PTFE），为反应气扩散提供通道，同时阻碍了析出碳酸盐对电极微孔的堵塞，减少了碳酸盐对电极的破坏。

7.1.4 碱性燃料电池的发展现状

20 世纪 60 年代初，碱性燃料电池被用于太阳神阿波罗太空飞船登月飞行，标志着燃料电池技术成功应用。碱性燃料电池能够在太空飞行中成功应用，因为空间站的推动原料是氢和氧，电池反应生成的水经过净化可供宇航员饮用，其供氧系统还可以与生保系统互为备份，而且对空间环境不产生污染。20 世纪 90 年代以来，众多汽车生产商都在研究使用低温燃料电池作为汽车动力的可行性。由于低温碱性燃料电池存在易受 CO_2 毒化等缺陷，使其在汽车上的应用受到限制。但碱性燃料电池可以不采用贵金属催化剂，使用 CO_2 过滤器或碱液循环等手段去除 CO_2 克服其致命弱点后，用于汽车的碱性燃料电池将具有现实意义。因此，碱性燃料电池领域近年的研究重点是 CO_2 毒化的解决方法和替代贵金属的催化剂。CO_2 毒化问题可以通过多种方式解决，如通过电化学方法消除 CO_2，使用循环电解质、液态氢，以及开发先进的电极制备技术等。德国西门子公司开发了 100kW 的 AFC 并在 U-1 型潜艇上试验，将其作为不依赖空气的动力源并获得成功。2007 年，日本汽车制造商大发工业（Daihatsu）宣布开发出了一款无铂的碱性燃料电池。该技术适用于小型、有限范围的汽车，对性能和耐久性的要求不像大型汽车那么严格，但该技术还处于初级阶段，近期不会出现商业化产品。AFC Energy 是全球领先的碱性燃料电池电力公司。2019 年，该公司宣布推出了新型的高功率密度的碱性燃料电池（见图 7-3）。相比传统的碱性燃料电池，这种新型碱性燃料电池具有更快的响应时间、更大的功率密度、更小的体积和占地面积，同时仍保持高的效率，能够接受低品位燃料来源，有望应用于交通领域。

在我国，碱性燃料电池的研究起步也很早。20 世纪 50 年代末，美国和苏联展开了以月球探测为中心的空间竞赛，掀起了第一次探月高潮，氢氧燃料电池技术成为航天电源研发的热点。20 世纪 60 年代中期，针对我国航天飞船的能源需求，中科院大连化学物理研究所开始进行碱性燃料电池的研究工作，在国内首次研制成功两型氢氧燃料电池样机。中科院大连化学物理研究所研制成功两种石棉膜型、静态排水的碱性燃料电池。一种为以纯氢为燃料、纯氧为氧化剂，带有水回收与净化分系统；另一种为以肼（N_2H_4）分解气（其中 H_2 体积分数>65%）为燃料，空气中氧气为氧化剂。这两种碱性燃料电池系统都通过了例行的航天环境试验。天津电源所进行了培根型和石棉膜型动态排水碱性燃料电池研究，成功研制了动态排水石棉膜型碱性燃料电池系统。中科院大连化学物理研究所在20世纪70年代组装了10kW、20kW以NH_3分解气为燃料的电池组,并进行了性能测试,在20世纪80年代研制成功了千瓦级水下用的碱性燃料电池。

图7-3 AFC Energy 公司燃料电池发电系统

7.2 磷酸燃料电池

磷酸盐燃料电池(Phosphoric Acid Fuel Cells,PAFC)是一种成熟的燃料电池技术,主要应用在固定式电源系统,如备用电源和联合热电联产(CHP)系统。PAFC使用磷酸作为电解质,工作温度一般在150~200℃之间。这种燃料电池以其相对较高的耐久性和燃料适应性著称,主要使用较纯净的氢气为燃料,也能使用经过纯化处理的天然气、生物气等作为燃料。

7.2.1 电池结构及工作原理

如图7-4所示,磷酸盐燃料电池的基本电化学反应如下:

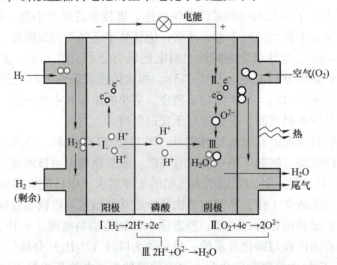

图7-4 磷酸盐燃料电池工作原理示意图

在阳极侧（燃料侧），H_2 在阳极催化剂（通常是铂）的作用下发生氧化反应生成 H^+（质子）并释放出电子（e^-）：

$$2H_2 \rightleftharpoons 4H^+ + 4e^- \quad (E^\circ = 0V) \tag{7-4}$$

质子通过电解质（磷酸）向阴极侧移动，电子经外部电路做功回到阴极。

在阴极侧（氧化剂侧），空气中的氧分子 O_2 在阴极催化剂（通常是铂）的作用下得到电子发生还原反应，并与迁移过来的 H^+ 离子结合生成 H_2O：

$$O_2 + 4H^+ + 4e^- \rightleftharpoons 2H_2O \quad (E^\circ = 1.229V) \tag{7-5}$$

PAFC 的工作压力一般在 0.7~0.8MPa，工作温度在 180~210℃，发电效率大约在 40% 左右，加上余热利用，总能效可以达到 80%。

7.2.2 磷酸燃料电池关键材料

磷酸盐燃料电池核心单元主要由多孔阴极、含磷酸电解质隔膜、多孔阳极三部分构成（见图7-5），其中阴、阳极均为含有铂催化剂的多孔碳电极，电解质为磷酸（H_3PO_4），通常浸渍在碳化硅隔膜中。磷酸盐燃料电池常使用石墨板作为双极板实现电池堆的串联和集流。

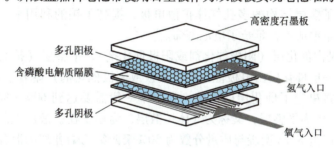

图 7-5 磷酸盐燃料电池结构示意图

1. 电极催化剂材料

PAFC 所使用的阳极催化剂仍然以铂或铂合金为主，因为贵金属催化剂的催化活性较高，能耐受燃料电池中酸性电解质的腐蚀，具有长期的化学稳定性。在 PAFC 中，为加快电极反应，起初采用贵金属（如铂黑）作为电极催化剂，铂黑用量为 $9mg/cm^2$，成本较高。随着引入具有良好导电性、耐蚀性、高比表面积、低密度的廉价炭黑（如 X-72 型炭）作为电催化剂的载体后，铂催化剂的分散度和利用率得到极大的提高，电催化剂中的铂用量大幅度降低。碳载体提供以下功能：①提高 Pt 的分散度，增加 Pt 的利用率；②在电极中提供微孔，使气体最大限度地扩散到催化剂和电极-电解质界面；③增加催化剂层的导电性。随着纳米技术的进步，Pt 催化剂的粒径可以做到 1~2nm，比表面积高达 $100m^2/g$，在最先进的 PAFC 电池组中，阳极中的铂负载量已降至约为 $0.1mg/cm^2$。PAFC 阳极催化剂对比见表 7-3。

表 7-3 PAFC 阳极催化剂对比

类型	优点	缺点	铂载量
铂或铂合金	耐电解质腐蚀、催化活性较高、化学性质稳定	铂用量高，成本高	铂黑的用量为 $9mg/cm^2$
铂+炭黑（X-72 型炭）	铂分散度和利用率高，铂用量低	催化活性有所降低	铂黑的用量为 $0.1mg/cm^2$

阴极也主要使用贵金属 Pt 作为催化剂，由于氧还原反应所需的活化能较大，因此阴极侧所需的 Pt 担载量较多，大概为 0.5mg/cm^2。为了降低电池成本，有人采用其他金属大环化合物催化剂来代替纯 Pt 或 Pt 合金催化剂，如 Fe、Co 的卟啉等大环化合物作为阴极催化剂，虽然这类催化剂的成本较低，但稳定性较差，只能在 100℃下工作。后续研究发现贵金属 Pt 与过渡金属元素形成的合金催化剂对氧还原反应具有更好的催化活性。研究较多的为 Pt 与 Ni、V、Cr、Co、V、Zr、Ta 等元素的合金催化剂。PAFC 阴极催化剂对比见表 7-4。

表 7-4 PAFC 阴极催化剂对比

类型	优点	缺点
铂或铂合金	耐电解质腐蚀、催化活性高、化学性质稳定	成本高
金属大环化合物	成本低	稳定性差
铂与过渡金属合金催化剂	催化活性较高、化学性质稳定	成本高

在寻求新型高效电催化剂的同时，人们在 PAFC 的电极结构的改进方面取得了突破性的进展，成功研制出了多层结构的多孔气体扩散电极，提高了铂的利用率，降低了铂的负载量，进一步降低了电池成本，延长了电池寿命。

PAFC 的电极是由催化层（阴极催化剂或阳极催化剂）、平整层（扩散层）与支撑层组成的多孔电极。第一层催化层由电极催化剂（阴极或阳极催化剂）附着于多孔炭纸上构成。炭纸的微观结构直接决定了催化层的性能，孔隙率一般需要达到 60%~90%，平均孔径为 3.4~12.5μm。第二层为平整层，又称为气体扩散层，为便于在扩散层上制备催化层，需要在其表面上制备一层由 X-72 型炭与质量分数为 50% 聚四氟乙烯乳液的混合液所构成的平整层，其厚度为 1~2μm，其作用有两个：①整平扩散层表面，利于制备催化层；②防止在制备催化层时，Pt/C 电催化剂进入扩散层的内部，降低铂的利用率。第三层支撑层对催化层和平整层（扩散层 GDL）起到支撑作用。

2. 电解质材料

PAFC 使用的电解质是 100% 的磷酸，采用磷酸作为电解质有明显的优势。磷酸是一种无色、黏稠、吸湿的液体，具有较好的热、化学和电化学稳定性。磷酸具有较高的沸点，即使在 200℃，挥发性也很低。基于磷酸电解质耐高温的特性，PAFC 可以在较高温度（180~210℃）工作，因此电极反应动力学快，电池的性能较高。最重要的是，与碱性燃料电池中的电解质溶液不同，磷酸能耐受燃料和氧化剂中的二氧化碳，PAFC 可以利用城市天然气和甲醇热解气体作为燃料，燃料适应性较好。因此，在 20 世纪 70 年代联合技术公司选择磷酸作为陆地应用中燃料电池的首选电解质。

磷酸通过毛细作用浸润在由碳化硅颗粒制成的多孔隔膜的孔隙中。 100% 磷酸的固化温度在 42℃左右，当电池停运和启动时，磷酸在凝固和熔化的过程中会产生较大的应力，这都会损害电池的电解质隔膜，导致电池性能衰减。因此，PAFC 电池组在投入使用后通常会保持在 45℃以上。

燃料电池中磷酸电解液的损失主要来自于电解液的体积变化、蒸发及电化学泵送转移。 因此，需要在使用过程中补充流失的电解液，或者确保在运行开始时，电池中有足够的磷酸储备来维持电池的预期寿命。在 PAFC 运行过程中，磷酸电解液的体积会随温度、压力、负载功率和反应气体的湿度而发生膨胀和收缩，从而导致流失。为了补充因膨胀或体积变化而损失的电解液，PAFC 的多孔碳流场板充当了多余电解液的储槽。流场板的孔隙率和孔径分布经过精心设计，从而适应电解液的体积变化，以减少电解液的流失。此外，尽管磷酸电解液的蒸汽压较低，但在高温下长时间运行过程中仍然会损失一部分电解液。损失量受气体流速和电流密度影响。通过优化电池组的运行温度，电解质通过蒸发的损失被最小化，但是即使在 200℃下，仍有一些电解质会通过空气通道逸出。在实际的 PAFC 电堆中，阴极排出气体会通过电池边缘的冷凝区，该区域保持在 160~180℃，通过额外的冷却，使大部分电解质蒸气冷凝，减少电解液的流失。

电化学泵送（Electrochemical Pumping）是一种迁移现象，它发生在使用任何液体电解质或溶解电解质的燃料电池中。在 PAFC 的情况下，电解质分解成带正电的质子（H^+）和带负电的磷酸二氢根离子（$H_2PO_4^-$）。在电池运行过程中，质子从阳极向阴极移动，而磷酸二氢根阴离子向另一个方向移动。因此，磷酸根阴离子在阳极积聚，并能与阳极产生的质子反应形成磷酸，从而导致电解质在每个电池的阳极积聚。通过优化多孔部件的孔隙率和孔径分布可以降低电化学泵送效应，缓解电解液的流失。

3. 电解质隔膜

早期 PAFC 的隔膜主要使用经过特殊处理的石棉膜和玻璃纤维纸，但是，石棉和玻璃纤维中的碱性氧化物会与浓磷酸电解质发生反应，导致电池的性能降低。经过多年的研究，现在主要选用在 PAFC 工作条件下具有良好化学和电化学稳定性的碳化硅（Silicon Carbon，SiC）作为隔膜材料（见表 7-5）。在 PAFC 中碳化硅隔膜与其两侧的氢、氧多孔气体扩散电极构成"电极/膜/电极"三合一电池组件。一般先将小于 1μm 的碳化硅与 2%~4%聚四氟乙烯（PTFE）和少量（<0.5%）的有机黏合剂（如环氧树脂胶黏剂）配成均匀的溶浆，在氢、氧多孔气体扩散电极的催化层一侧制备厚度为 0.15~0.2mm 的碳化硅隔膜，在空气中干燥，并于 270~300℃烧结。

饱浸磷酸的碳化硅隔膜可以起到两点作用：①起传导离子的作用，为了减少隔膜的电阻，它必须具有尽可能大的孔隙率，一般为 50%~60%，同时为了确保磷酸优先充满碳化硅隔膜，其平均孔径应小于电极的孔径；②起隔离氧化剂和燃料的作用。磷酸燃料电池隔膜的优缺点见表 7-5。

表 7-5 磷酸燃料电池隔膜的优缺点

类型	优点	缺点
石棉膜和玻璃纤维纸	原材料容易获取，价格低廉	化学稳定性和电化学稳定性差，电池性能衰减快
碳化硅	化学稳定性和电化学稳定性优异	价格较贵

4. 双极板材料

双极板用作分隔氧化剂和燃料，并同时传导电流。在两面加工的流场将反应气均匀分配至电极各处。由于磷酸的强腐蚀性，不能采用一般金属材料，因此主要采用石墨作为双极板。早期的双极板是将石墨粉和树脂的混合物在 900℃左右使树脂部分炭化制得，但这种材料在 PAFC 的工作条件下会发生降解。后来将热处理温度提高到 2700℃，使石墨粉和树脂的混合物接近完全石墨化，该双极板稳定性达到预期目标，但加工成本较高。为了降低双极板的成本，目前一般采用复合双极板，中间一层为无孔薄板，起着分隔气体的作用，在其两侧制备带气体分配孔道的多孔碳板作为流场板，以构成一套完整的双极板。在 PAFC 中，这种多孔流场板可储存一定容量的磷酸，当电池隔膜中的磷酸因蒸发等因素损失时，被储存的磷酸就会依靠毛细力的作用迁移到电解质隔膜内，以延长电池的工作寿命。不同双极板材料优缺点对比见表 7-6。

表 7-6　不同双极板材料优缺点对比

类型	优点	缺点
石墨粉和树脂的混合物（在 900℃制得）	成本低	会发生降解
石墨粉和树脂的混合物（在 2700℃制得）	稳定性好	制造成本高
复合双极板	成本低，寿命长	制备工艺复杂

7.2.3　磷酸燃料电池优缺点

经过多年的努力，PAFC 得到了很大的发展，已经进入了商业化阶段。这主要得益于 PAFC 具有如下优点：

1) PAFC 对燃料气体及空气中 CO_2 的耐受性强，无须对气体进行除 CO_2 的预处理，所以系统简化，成本降低。

2) 电池的工作温度在 180~210℃，工作温度较温和，所以对构成电池的材料要求不高。

3) PAFC 在运行时可产生热水，即可以进行热电联供，能量利用率高。

4) 电池的稳定性比较好。

5) 排气清洁，对环境污染小。

6) 噪声低，振动小。

虽然 PAFC 的技术已经比较成熟，但 PAFC 依然存在一些缺点：

1) 发电效率较低，仅能达到 40%~45%。

2) 由于采用酸性电解质，必须使用稳定性较好的贵金属铂催化剂，因而成本较高。

3) 磷酸具有一定的腐蚀作用，电池的寿命很难超过 55000h。

4) 由于采用贵金属 Pt 作为催化剂，为了防止 CO 对催化剂的毒化，须对燃料气进行净化处理。

5) PAFC 电堆的启动时间较长，需要几个小时，不适合作为快速启动装置的电源，如汽车用等移动电源，应用范围受到限制。

6) 不适合中小型移动电源。

磷酸盐燃料电池是较早商业化的燃料电池之一，主要用于固定和分布式发电厂以及备用电源：①安装在配电站中的容量为 10~20MW 的分布式发电厂；②容量超过 100MW 的中央发电厂，可替代中型火力发电厂。

7.2.4　磷酸燃料电池发展现状

20 世纪 60 年代，磷酸燃料电池最早在美国开始研究，磷酸燃料电池技术的发展主要是在 20 世纪 70 年代后期开发出合适的炭黑和石墨等燃料电池零部件后才取得重大突破。受 1973 年以来世界性石油危机及美国磷酸燃料电池研发的影响，日本决定开发各种类型的燃料电池，磷酸燃料电池作为大型节能发电技术由新能源产业技术开发机构进行开发。1991年，东芝与美国国际燃料电池公司（IFC）联合为东京电力公司建成了世界上最大的 11MW 磷酸燃料电池装置。该装置发电效率达 41.1%，能量利用率为 72.7%。1993 年 9 月，大阪煤气公司在大阪建造了未来型试验住宅 ECT21。该住宅以 100kW 磷酸燃料电池作为主要电源，屋顶辅以太阳能电池，开创了一条建设符合环保和节能要求的独立电源系统新方案。富士电机公司是日本最大的磷酸燃料电池电堆供应商。截至 1992 年，该公司已向国内外供应了 17 套磷酸燃料电池示范装置，富士电机在 1997 年 3 月完成了分散型 5MW 设备的运行研究。

2006 年，德国大众开发出了可在 120℃下工作的磷酸燃料电池。该电池通过使用浸有磷酸的电解质膜，可在最高 160℃的温度下工作，而且不需要加湿装置。对于燃料电池车，一般设想燃料电池在平均 120℃的温度下工作，而此款燃料电池在温度达到 130℃时效率也不会降低。大众认为，与原来的燃料电池相比，整个新型磷酸燃料电池系统所需要的部件可削减至 1/3。

2013 年，日本北九州市利用设置在生命之旅博物馆中的 100kW 磷酸燃料电池开展了验证试验。它与街区能源管理系统（CEMS）和大厦能源管理系统（BEMS）联动，当地区内的电力需求较大时，提高燃料电池的输出功率，使之高于平时的输出，从而为地区的电力供需稳定做出贡献。该磷酸燃料电池的额定输出功率为 105kW，但平时只以 35% 的输出功率运转；当电力需求紧迫时，根据 CEMS 发出的信号，提高到 100% 运转。北九州通过这些示范项目逐步确认，燃料电池和氢能基础设施可以为地区提供稳定的电力，并降低二氧化碳的排放。

采用磷酸燃料电池的 50~250kW 独立发电设备能够作为分布式发电站用于医院、旅馆等。许多医院、旅馆和军事基地使用磷酸燃料电池覆盖了部分或总体所需的电力和热供应。实践已经证明了磷酸燃料电池电站运行的可靠性。美国是磷酸燃料电池技术开发及应用的主要国家，现已建造了 1MW、4.5MW 和 7.5MW 的电站。

7.3 熔融碳酸盐燃料电池

熔融碳酸盐燃料电池（Molten Carbonate Fuel Cells，MCFC）是一种高温燃料电池，工作温度通常在 650~700℃之间。MCFC 使用熔融碳酸盐混合物作为电解质，通常是碳酸锂（Li_2CO_3）和碳酸钾（K_2CO_3）的混合物，这种混合物在高温下熔化形成高导电性的液态电解质。值得注意的是，与其他普通类型的燃料电池不同，在 MCFC 工作时，二氧化碳（CO_2）和氧气必须同时提供给阴极以转化为碳酸根离子（CO_3^{2-}），电解质中的碳酸根离子起到传输氧离子的作用。

7.3.1 结构及工作原理

如图 7-6 所示，熔融碳酸盐燃料电池中的基本工作原理为：氧化剂（氧气或空气）和燃料（通常是氢气或天然气）被分别输送到电池的阴极和阳极。在阳极（燃料电极）侧，燃料分子通过与电解质中的碳酸根离子（CO_3^{2-}）反应，生成水、二氧化碳，并释放出电子。这些电子通过外部电路做功后流回阴极。氧气（O_2）在阴极与电子及 CO_2 反应生成碳酸根

离子（CO_3^{2-}），碳酸根离子回到电解质中继续参与离子传输和阳极的电化学反应。MCFC 的电极反应方程为

阴极反应： $O_2+2CO_2+4e^- \longrightarrow 2CO_3^{2-}$ (7-6)

阳极反应： $2H_2+2CO_3^{2-} \longrightarrow 2CO_2+2H_2O+4e^-$ (7-7)

总反应： $O_2+2CO_2+2H_2 \longrightarrow 2H_2O+2CO_2$ (7-8)

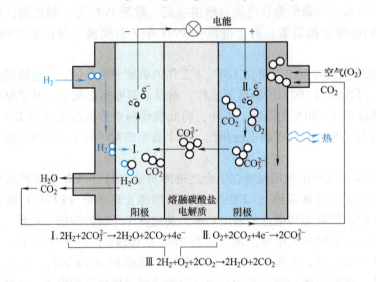

图 7-6 熔融碳酸盐燃料电池工作原理示意图

7.3.2 熔融碳酸盐燃料电池关键材料

如图 7-7 所示，MCFC 由**多孔陶瓷阴极**、**多孔陶瓷电解质隔膜**、**多孔金属阳极**和**金属双极板**构成。电解质隔膜通常由 $LiAlO_2$ 制成，而阴极和阳极分别由添加锂的氧化镍和多孔镍构成。

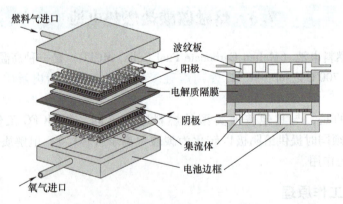

图 7-7 MCFC 电池堆结构示意图

1. 电解质材料

熔融碳酸盐混合物是 MCFC 的核心部件，通常由碳酸锂（Li_2CO_3）和碳酸钾（K_2CO_3）混合而成。这种混合物会在电池的工作温度（650~700℃）下熔化形成高电导性的液态电解

质，可以实现 CO_3^{2-} 离子的快速传导。早期使用碳酸锂-碳酸钠（Li_2CO_3-Na_2CO_3）的低共熔混合物，之后则使用 Li-K（Li_2CO_3-K_2CO_3），尤其是物质的量比为 62∶38 的 Li_2CO_3-K_2CO_3 的混合物，其熔点为 487℃（见图 7-8）。

2. 电解质隔膜材料

电解质隔膜是 MCFC 的重要组成，在 MCFC 中，熔融态碳酸盐电解质被浸润在高表面积的多孔隔膜中。电解质隔膜应至少具备四种功能：①隔离阴极与阳极的电子绝缘体；②作为碳酸盐电解质的载体，为碳酸根离子的迁移提供通道；③浸满熔盐电解质后防止阴、阳极气体的渗透；④通过"湿封"阻止气体泄漏。

早期采用 MgO 作为 MCFC 的隔膜材料，但 MgO 在高温熔融碳酸盐中存在微量的溶解，使隔膜的强度变差。目前，大多数采用偏铝酸锂（$LiAlO_2$），它有 α、β、γ 三种类型，其中

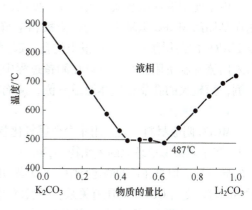

图 7-8　Li_2CO_3-K_2CO_3 二元相图

α-$LiAlO_2$ 和 γ-$LiAlO_2$ 都可用于 MCFC 的隔膜材料。早期 γ-$LiAlO_2$ 使用较多，但由于在 MCFC 的工作温度以及熔融碳酸盐存在的情况下，β 型和 γ 型都会不可逆转变为 α 型 $LiAlO_2$，因此现在主要使用 α-$LiAlO_2$ 隔膜材料。隔膜的孔隙率越大，浸入的碳酸盐电解质就越多，隔膜的电阻率也就越小。考虑隔膜需要承受较大的穿透气压，同时应尽量减小电阻率，所以隔膜应具有小的孔半径和大的孔隙率。一般熔融碳酸盐燃料电池隔膜的厚度为 0.3~0.6mm，孔隙率为 60%~70%，平均孔径为 0.25~0.8μm。

MCFC 电解质尤其是陶瓷基体的欧姆电阻对工作电压有重要影响。在典型的工作条件下，电解质占 MCFC 中欧姆损耗的 70%。损耗取决于电解质的厚度，可根据公式测算：

$$\Delta V_r = 0.533 t \tag{7-9}$$

式中，t 是厚度，单位 cm。

该式表明，0.025cm 电解质结构的燃料电池工作电压可比 0.18cm 电解质结构的电池高 82mV。使用流延法可以获得非常薄（0.25~0.5mm）的电解质隔膜，从而显著降低电池的欧姆电阻，但隔膜过薄又会损失电池的长期稳定性，因此在实际应用中需要优化隔膜厚度，从而在低电阻和稳定性之间寻求一个平衡。

3. 阳极材料

阳极（燃料电极）需要在高温和腐蚀性环境下保持稳定，阳极材料早期采用铂或银，但因为价格昂贵，后期则改用镍（Ni）或镍基合金材料。

镍具有良好的导电性和催化活性，能有效促进燃料（如 H_2 或 CO）的氧化反应。但是纯 Ni 在高温下会发生蠕变现象，产生形变破坏阳极结构，导致电极性能衰减。因此，为改善 Ni 阳极的性能，特别是其蠕变性能，常在 Ni 中加入摩尔分数为 10% 左右的 Cr、Co、Al 等金属形成合金以分散蠕变应力，提高电极的机械强度。Ni-Cr 或 Ni-Al 合金阳极的稳定性尽管已达到商业应用要求，但其成本较高，因此技术人员一直在寻求替代材料。通常阳极的厚度为 0.4~0.8mm，孔隙率为 55%~75%，平均孔径为 4~6μm。阳极主要通过流延工艺制备。与热压粉末工艺相比，它可以生产出比较薄的阳极，而且能够很好地控制电极厚度和孔

径分布。阳极除提供电催化活性外，还可作为熔融电解液的贮藏层。在 MCFC 工作温度下，阳极反应相对较快，因此可以接受熔融碳酸盐部分注满阳极，充当碳酸盐的储藏层，从而补充因长期使用时从电堆中流失的碳酸盐。

由于使用液体电解质，当电池一侧的压力过大时，可能会导致燃料气体穿过电解质。因此在早期的 MCFC 电堆中，会在阳极和电解质之间添加一个气泡阻挡层。气泡阻挡层由 Ni 或 $LiAlO_2$ 的薄层组成，只有很小的孔，起到防止电解液流动到阳极并降低气体交叉的风险。而采用流延制备阳极时，可以在制备过程中控制阳极中的孔分布，使小孔分布在靠近电解质一侧，而较大的孔靠近气体通道一侧，从而实现气泡阻挡层的作用。

4. 阴极材料

MCFC 阴极材料一般采用非贵金属氧化物，如 NiO。在 MCFC 环境中，NiO 会被电解质中的 Li^+ 离子掺杂形成理化的氧化物 $Li_xNi_{1-x}O$，并产生一定含量的 Ni^{3+}（电子空穴），从而提高阴极的导电性。但是在长期的运行中，NiO 易溶解于熔盐电解质中导致电极性能下降。NiO 在电解质中的溶解度与 CO_2 的分压有关系。一般随着 CO_2 的分压增加，NiO 先经历"碱性溶解"再经历"酸性溶解"，因此 CO_2 的分压较高时，以"酸性溶解"为主，其反应机理为

$$NiO + CO_2 \longrightarrow Ni^{2+} + CO_3^{2-} \tag{7-10}$$

由于 Ni^{2+} 还原反应 $[Ni^{2+} + 2e^- \longrightarrow Ni(0)]$ 的电位较低 $[E°(V) = -0.23]$，溶解产生的 Ni^{2+} 会扩散到阳极侧被还原成金属 Ni，金属镍会在电解质中沉淀，进而导致电池短路：

$$Ni^{2+} + H_2 + CO_3^{2-} \longrightarrow Ni(0) + H_2O + CO_2 \tag{7-11}$$

根据 NiO 易溶于酸性介质的特点，在阴极制备过程中加入 MgO、CaO、SrO 和 BaO 等碱土元素化合物，制成碱性较强的掺杂型 NiO 多孔阴极。其中，添加 $x=59\%$（x 为摩尔分数）的 MgO 具有最佳效果。La、Al、Ce、Co 等元素掺杂也能够显著提高 NiO 阴极的性能和化学稳定性。在实际应用中，减少阴极 NiO 溶解的方法有：①使用碱性碳酸盐；②在大气压下运行且使阴极室中 CO_2 的分压保持在较低值；③使用相对较厚的电解质基质以增加 Ni^{2+} 的扩散路径。通过这些方式，电池工作寿命可超过 40000h。

此外，开发新型阴极材料是解决阴极 NiO 溶解问题的另一个途径。其中，研究比较多的是 $LiCoO_2$ 和 $LiFeO_2$。表 7-7 给出了目前使用的几种阴极材料的结构参数和在高温电解质中的溶解速率和交换电流密度。从表中可以看出，$LiCoO_2$ 阴极在高温电解质中的溶解速率是 NiO 阴极的 1/10~1/2，但其交换电流密度明显低于 NiO，因此纯的 $LiCoO_2$ 不是理想的阴极材料，需要通过掺杂增加其电导率。$LiFeO_2$ 阴极在高温电解质中虽然有很低的溶解速率，但其交换电流密度很低，电催化性能较差，同样需要离子掺杂等方法改善其电化学性能。

表 7-7 几种阴极材料的结构参数和在高温电解质中的溶解速率和交换电流密度

阴极		NiO	$LiCoO_2$	$LiFeO_2$
孔隙率（%）		60~62	58~68	58~68
孔径 μm		18~26	13	11
电极厚度/mm		0.4	0.4	0.4
溶解速率/[μg/(cm·h)]		4~5	0.5~2	0.1~0.5
交流电流密度/（mA/cm²）	650℃	3.4	1.0	0.05
	700℃	—	3.6	0.5

5. 双极板材料

双极板不仅要将电子从一个单元传输到另一个单元，还需要在电池单元之间隔离燃料和氧化剂。双极板材料需要具备良好的导电性、机械强度和耐蚀性，常用的材料包括不锈钢和镍基合金。

MCFC 的双极板通常用不锈钢和镍基合金钢薄板制成。目前使用最多的是 316L 不锈钢和 310 不锈钢双极板。对于小型电池组，其双极板采用机械方法进行加工；对于大型电池组，其双极板采用冲压方法进行加工。

在高温电解质的环境中，双极板会发生腐蚀，腐蚀产物主要为 $LiCrO_2$ 和 $LiFeO_2$，其反应式如下：

$$M+\frac{1}{2}Li_2CO_3+\frac{3}{4}O_2\longrightarrow LiMO_2+\frac{1}{2}CO_2 \quad (M \text{ 为 } Fe, Cr) \tag{7-12}$$

由式（7-12）可知，在双极板受到腐蚀的同时，还消耗了电解质，同时在密封面的腐蚀易引起电解质流失，若不及时补充电解质，会导致电池性能的衰减。此外腐蚀作用会导致双极板的电导降低，欧姆极化增加，机械强度降低。为了提高双极板的防腐蚀性能，除了采用防腐蚀性能更好的材料（如特种钢）外，还可以对 316L 不锈钢双极板的表面进行防腐蚀处理，一般在阳极侧镀镍，在密封面镀铝来提高防腐蚀性能。阳极侧镀镍层，可提高电流收集效果并隔绝从阳极迁移来的电解质；而镀铝层会与电解液中的 Li_2CO_3 反应形成了 γ-$LiAlO_2$ 保护层。

7.3.3 熔融碳酸盐燃料电池的优缺点

1. MCFC 的优点

1）燃料的选择性广泛。氢气、天然气、合成气都可以作为 MCFC 的燃料，也可以使用如煤气等 CO 含量高的燃料气。

2）转化效率高。MCFC 总的能量转化效率可以达到 80%。

3）污染物排放低。MCFC 的污染物排放指标低，可以满足环保要求。

4）使用非贵金属催化剂。MCFC 的阳极催化剂可用镍，阴极催化剂可用氧化镍。

2. MCFC 的缺点

1）电解液腐蚀性强。高温下碳酸盐电解质对电池材料的腐蚀较为严重，在一定程度上影响了电池的寿命。

2）电池密封困难。单电池边缘的高温湿密封技术难度大，尤其是在阳极区，电池会遭受严重的腐蚀。

3）系统结构复杂。MCFC 系统需要进行 CO_2 循环，即将阳极释放出的 CO_2 重新输送到阴极，这增加了整个电池系统的复杂性。

MCFC 的工作温度约 650℃，余热利用价值高；电极催化剂以镍为主，不用贵金属，并可用脱硫煤气、天然气为燃料；电池隔膜与电极制备工艺相对成熟。若能成功地解决电池关键材料腐蚀等技术难题，则可使电池使用寿命从现在的 1 万~2 万 h 延长到 4 万 h。

7.3.4 应用领域及发展现状

1. 应用领域

MCFC 在建立高效、环境友好的 50~10000kW 的分散电站方面具有巨大优势。MCFC 以天然气、煤气和各种碳氢化合物为燃料,可以减少40%以上的CO_2排放,也可以实现热电联供或联合循环发电,将燃料的有效利用率提高到70%~80%。

不同功率的MCFC用途不同,发电能力约为50kW的小型MCFC发电站,主要用于地面通信和气象站供电;发电能力在200~500kW的MCFC中型发电站可用于水面船舶、机车、医院、岛屿和边防的热电联供;发电能力超过1000kW的MCFC大型发电站可以与热机联合循环发电,还可以作为区域性供电站与市电并网。MCFC在国外已经进行了兆瓦级大规模的示范和应用,寿命基本在40000h以上。

2. 发展现状

MCFC的概念最早出现于20世纪40年代。20世纪50年代,Broes等演示了世界上第一台MCFC。由于MCFC比较容易建造,成本也比较低,除了高的能量转换效率,其副产的高温气体也可以得到有效的利用。20世纪80年代,MCFC作为第二代地面用燃料电池基本上已经进入了商业化阶段。世界各国,尤其是美国、日本和德国都投入了巨资开发MCFC。MCFC的开发者认为天然气将是商业MCFC发电系统的主要燃料,其他的燃料如水分解气、垃圾场气、生物废气、石油冶炼的剩余气和甲醇均可作为MCFC的燃料。

现在MCFC的研究主要集中在美国、日本、西欧等国家和地区。1994年开始,美国建造了2MW的MCFC示范电站,它的建成为大型发电站提供了有益的经验。美国从事MCFC研究的单位有国际燃料电池公司、煤气技术研究所和能量研究公司。能量研究公司已具备年产2~5MW型MCFC的能力,并于1995年在加州圣克拉拉建立了2MW试验电站。煤气技术研究所已具备年产3MW型MCFC的生产能力。德国MTU公司在解决MCFC性能衰减和电解质迁移方面取得突破,开发了250kW的MCFC发电装置,该装置由200个错流单电池堆组成,总发电效率超过50%。德国开发了一个1kW的MCFC发电站,该装置使用污水废气作为燃料,将污水废气转化为100%的再生能源。1981年,日本开始研究MCFC;1987年与美国合作开发出10kW的MCFC;1993年研制出加压型MCFC,功率达到100kW;日本1994年分别由日立和IHI株式会社完成了两个100kW、电极面积为$1m^2$加压外重整MCFC;1997年开发投资了1MW中试MCFC电站,被选为日本"新阳光计划"的核心项目,并于2000年完成了1MW级MCFC电站的试验。荷兰、意大利、西班牙和其他国家也已经完成了额定功率为10kW、100kW和280kW的MCFC电堆的开发。在荷兰由ENC组织并负责实施的为期5年的发展计划,建立了两个250kW外部重整MCFC,分别以天然气和净化煤气为燃料。在意大利Ansaldo公司与西班牙合作开发了100kW MCFC。近年来,韩国建成了世界上最大的59MW电站,已经开始在韩国京畿道的工业园区示范应用。

我国在很早就开展了MCFC的自主研发。国内开展MCFC研究的主要机构是中国科学院大连化学物理研究所、长春应用化研究所和上海交通大学等。大连物理化学研究所从1993年开始对MCFC进行研究,先后研究了$LiAlO_2$粉料制备方法和$LiAlO_2$隔膜制备方法,并以烧结Ni为电极组装了$28cm^2$和$110cm^2$单电池,对其电性能进行了全面测试。单电池经5次启动停工循环,性能无衰减,工作电流密度为$100mA/cm^2$时,电压为0.95V;当工作电流密度升高至$125mA/cm^2$时输出功率密度达到$114mW/cm^2$;燃料利用率为80%时,电池能量转化效率为61%。2001年首次进行了MCFC电池组的发电测试。华能集团从2009年开始进行MCFC的研究,从粉末材料到电解质隔膜、电极、双极板以及小电堆到大电堆的组装,目前已经掌握了MCFC的核心关键技术,开发出了20kW的MCFC系统,燃料利用率达到

69%，发电效率达到51%。国内的中广核也投资了韩国10MW的MCFC电站，现处于示范应用中。

目前来说，MCFC的成本仍然较高，电堆的成本是1.2万元/kW左右，其中双极板的成本占了65%，其他的部件占35%。此外，电池加工费用是材料成本的三倍，未来在电堆制造成本方面降低空间较大。随着容量放大和技术进步，MCFC电堆成本可以下降至6000元/kW以下。MCFC是符合我国发展低碳绿色能源的革命性技术之一，可应用于分布式热电联产，也可以与可再生能源相结合实现绿色低碳能源的智慧供给。

3. 典型的MCFC公司

（1）美国公司　Fuel Cell Energy（FCE）是MCFC技术的领先开发商之一，专注于设计、制造、运营和维护高效的燃料电池电力植物。该公司的燃料电池解决方案被用于多种应用，包括电力和热能联产、可再生能源集成以及独立电网服务。

20世纪末，美国开展MCFC研发的公司主要有两家，即MC Power和Fuel Cell Energy（FCE）。联合技术公司（UTC）的MCFC项目于1992年结束，并在美国能源部的同意下把相关技术转让给了意大利Ansaldo公司。MC Power的技术源于芝加哥气体技术研究所，因而FCE成为美国唯一的MCFC系统制造商。该公司的总部设在康涅狄格州丹伯里，其在托灵顿（康涅狄格州）有一家MCFC制造工厂，年产能为90MW。

2014年，FCE在全球范围内设立了80多个亚兆瓦级和兆瓦级DFC®发电站（见图7-9），这些MCFC电站成功使用各种燃料，如天然气、源自工业及城市废水的生物沼气、丙烷和煤气。使用沼气作为MCFC的燃料具有很特别的意义，在废水处理设施中用污泥厌氧消化所产生的富含甲烷的沼气作为发电的燃料可为工厂提供动力，燃料电池产生的废气又可用于加热污泥以加速厌氧消化过程。2012年，FCE对几台沼气池进行了现场测试，其中的70%用于废水处理，最大的是位于美国华盛顿州金县的1MW DFC1500电站。

图7-9　Fuel Cell Energy公司DFC300燃料电池发电系统

（2）欧洲公司　联合技术公司UTC和天然气技术研究所20世纪70年代和80年代在美国开展的工作推动了欧洲研究人员在20世纪80年代中期开启自己的研究和示范项目。在随后的20年中，成立了多个研究和行业小组，提供了世界一流的创新技术，但是部分行业在为扩大规模和商业化投资上遇到了阻碍。过去的20年中，荷兰能源研究中心（ECN）和Ansaldo（意大利）分别进行了大量研究。在欧盟委员会研究与技术开发框架计划的支持下，上述组织与其他组织进行了合作，包括Gaz de France, Sydkraft（瑞典），ConsiglioNazionaledelle Ricerche（CNR）（意大利），British Gas（BG）Technology（英国），Stork Engineering（荷兰）和Royal Dutch Schelde Group。后来，德国公司MTU Friedrichshafen与美国FCE合作启动了自己的MCFC项目。不幸的是，欧洲MCFC的努力最终失败了。2005年，ECN将其在MCFC技术中的权益和知识产权出售给了美国FCE；MTU Friedrichshafen更名为CFCSolutions，其主要收益在于将美国MFC技术重新包装到欧洲市场。该公司于2010年倒闭；

Ansaldo 公司于 2010 年关闭，意大利和波兰的大学研究小组分割了测试设备和知识产权。最终，2012 年 5 月美国 FCE（75%）和德国 Fraunhofer Institute for Ceramic Technologies and Systems（Fraunhofer IKTS）（25%）合资成立了 Fuel Cell Energy Solutions GmbH（FCES）。该合资企业将把 FCE 开发的 Direct Fuel Cell 技术的优势与 Fraunhofer IKTS 授权给该公司的"Euro Cell"技术的优势相结合，继续努力开发 MCFC 技术。

（3）韩国公司　POSCO Energy 是韩国最大的钢铁制造商 POSCO 的能源部门之一，也涉足 MCFC 的研发和生产。POSCO Energy 采用 Fuel Cell Energy 的技术在韩国构建和运营了一些大型 MCFC 项目。POSCO Energy 是韩国最大的私人发电公司，在电厂建设和运营方面拥有 40 多年的经验。2000 年以来，该公司在政府的支持下与韩国电力公司（KEPCO）合作，促进了 MCFC 的发展。其研究内容涉及开发外部重整的 MCFC 技术，利用该技术其在 2010 年成功运行了 125kW 的电站。POSCO Energy 于 2007 年获得了在韩国生产和分销由美国供应的 FCE 电堆系统的许可。另外，POSCO Energy 还建立了研发中心，并于 2011 年 3 月增设了一个电池制造厂，以使产量增加到 170MW。POSCO 已为京畿道、吉安拉、庆尚和忠中省提供了 8.8MW 的 MCFC，并且在 2011 年向顺天、唐津、一山和仁川提供了 14MW 的 MCFC。随后，于 2012 年在大邱市建设了 11.2MW 的发电厂，并于 2013 年启用了世界上最大的运行中的燃料电池发电厂——59MW 的 MCFC 系统集群（见图 7-10），为城市提供电力及地区供热。截至 2014 年年底，韩国 18 个地方的 MCFC 发电厂共产出了 144.6MW 电力。2024 年京畿绿色能源继续与 Fuel Cell Energy 合作，决定购买 42 套 1.4MW 升级版 MCFC 发电系统，替换现有的燃料电池。

图 7-10　京畿道绿色能源燃料电池园区 59MW MCFC 系统集群

参 考 文 献

[1] 许传博，刘建国. 氢储能在我国新型电力系统中的应用价值、挑战及展望[J]. 中国工程科学，2022, 24 (3): 89-99.

[2] 曹军文，张文强，李一枫，等. 中国制氢技术的发展现状[J]. 化学进展 2021, 33 (12): 2215-2244.

[3] YU Z Y, DUAN Y, FENG X Y, et al. Clean and affordable hydrogen fuel from alkaline water splitting: past, recent progress, and future prospects[J]. Adv Mater 2021, 33 (31): e2007100.

[4] WAN L, XU Z, XU Q, et al. Key components and design strategy of the membrane electrode assembly for alkaline water electrolysis[J]. Energy & Environmental Science 2023, 16 (4): 1384-1430.

[5] XU Q C, ZHANG J H, ZHANG H X, et al. Atomic heterointerface engineering overcomes the activity limitation of electrocatalysts and promises highly-efficient alkaline water splitting[J]. Energy & Environmental Science 2021, 14 (10): 5228-5259.

[6] LUO Y, ZHANG Z, CHHOWALLA M, et al. Recent advances in design of electrocatalysts for high-current-density water splitting[J]. Adv Mater 2022, 34 (16): e2108133.

[7] WANG X, XI S, HUANG P, et al. Pivotal role of reversible NiO(6) geometric conversion in oxygen evolution[J]. Nature 2022, 611 (7937): 702-708.

[8] ZHANG J, DANG J, ZHU X, et al. Ultra-low Pt-loaded catalyst based on nickel mesh for boosting alkaline water electrolysis[J]. Applied Catalysis B: Environmental 2023, 325: 122296.

[9] XIE X H, DU L, YON L T, et al. Oxygen evolution reaction in alkaline environment: material challenges and solutions[J]. Advanced Functional Materials 2022, 32 (21): 2110036.

[10] KIM J, JUN A, GWON O, et al. Hybrid-solid oxide electrolysis cell: a new strategy for efficient hydrogen production[J]. Nano Energy, 2018, 44: 121-126.

[11] NI M, LEUNG D Y, LEUNG M K, et al. An overview of hydrogen production from biomass[J]. Fuel processing technology, 2006, 87 (5): 461-472.

[12] CHEN Z, DINH H N, MILLER E. Photoelectrochemical water splitting[J]. Springer, 2013, 344: 6-15.

[13] 李星国. 氢与氢能[M]. 北京: 科学出版社, 2022.

[14] 吴朝玲，李永涛，李媛，等. 氢气储存和输运[M]. 北京: 化学工业出版社, 2021.

[15] BRUNNER MARKUS KAMPITSCH T, KIRCHER O. Fuel Cells: Data, Facts and Figures[M]. Manhattan: John Wiley & Sons, 2016.

[16] AHLUWALIA R K, PENG J K. Dynamics of cryogenic hydrogen storage in insulated pressure vessels for automotive applications[J]. International Journal of Hydrogen Energy, 2008, 33 (17): 4622-4633.

[17] YANG F H, LACHAWIEC A J, YANG R T. Adsorption of spillover hydrogen atoms on single-wall carbon nanotubes[J]. The Journal of Physical Chemistry B, 2006, 110 (12): 6236-6244.

[18] 任娟，刘其军，张红. 多孔储氢材料研究现状评述[J]. 材料科学与工程学报, 2017, 35 (1): 160-165.

[19] TIAN H Y, BUCKLEY C E, WANG S B, et al. Enhanced hydrogen storage capacity in carbon aerogels treated with KOH[J]. Carbon, 2009, 47 (8): 2128-2130.

[20] 罗渊，刘强，王源鑫，等. 空心玻璃微球储氢研究进展[J]. 功能材料, 2023, 54 (6): 6011-6020.

[21] KUMAR P, SINGH S, HASHMI S A R, et al. MXenes: emerging 2D materials for hydrogen storage[J]. Nano Energy, 2021, 85: 105989.

［22］ 张仲军，金子儿，曾玥，等. 我国氢能规模化储运方式经济性分析［J］. 中国能源，2023，45（12）：27-37.

［23］ 朱俊卿. 中日韩领跑全球加氢站建设规划［J］. 汽车与配件，2024（6）：46-48.

［24］ 李荻，李松梅. 电化学原理［M］. 4版. 北京：北京航空航天大学出版社，2021.

［25］ O'HAYRE，车硕源，COLELLA. 燃料电池基础［M］. 王晓红，黄宏，等译. 北京：电子工业出版社，2007.

［26］ 黄国勇. 氢能与燃料电池［M］. 北京：中国石化出版社，2020.

［27］ 王志成，顾毅恒，刘冠鹏. 固体氧化物燃料电池：材料、系统与应用［M］. 北京：科学出版社，2023.

［28］ 迪克斯，兰德. 燃料电池系统解析［M］. 张新丰，张智明，译. 北京：机械工业出版社，2021.

［29］ KAZULA S，DE GRAAF S，ENGHARDT L. Review of fuel cell technologies and evaluation of their potential and challenges for electrified propulsion systems in commercial aviation［J］. Journal of the global power and propulsion society，2023，7：43-57.

［30］ SHUK P，WIEMHÖFER H D，GUTH U，et al. Oxide ion conducting solid electrolytes based on Bi_2O_3［J］. Solid State Ionics，1996，89（3/4）：179-196.

［31］ SUN Z，FAN W，BAI Y，et al. Tailoring electrochemical performance of perovskite anodes through in situ exsolution of nanocatalysts［J］. ACS Applied Materials & Interfaces，2021，13（25）：29755-29763.

［32］ MOLENDA J，ŚWIERCZEK K，ZAJĄC W. Functional materials for the IT-SOFC［J］. Journal of Power Sources，2007，173（2）：657-670.

［33］ SENGODAN S，CHOI S，JUN A，et al. Layered oxygen-deficient double perovskite as an efficient and stable anode for direct hydrocarbon solid oxide fuel cells［J］. Nature materials，2015，14（2）：205-209.

［34］ YANG X，DU Z，ZHANG Q，et al. Effects of operating conditions on the performance degradation and anode microstructure evolution of anode-supported solid oxide fuel cells［J］. International Journal of Minerals，Metallurgy and Materials，2023，30（6）：1181-1189.

［35］ HAUCH A，KÜNGAS R，BLENNOW P，et al. Recent advances in solid oxide cell technology for electrolysis［J］. Science，2020，370：6513.

［36］ ARACHI Y，SAKAI H，YAMAMOTO O，et al. Electrical conductivity of the ZrO_2-Ln_2O_3（Ln=lanthanides）system［J］. Solid State Ionics，1999，121（1-4）：133-139.

［37］ RUIZ-MORALES J C，MARRERO-LÓPEZ D，CANALES-VÁZQUEZ J，et al. Symmetric and reversible solid oxide fuel cells［J］. Rsc Advances，2011（8）：1403-1414.

［38］ HUANG K，TICHY R S，GOODENOUGH J B. Superior perovskite oxide-ion conductor，strontium-and magnesium-doped $LaGaO_3$：I，phase relationships and electrical properties［J］. Journal of the American ceramic society，1998，81（10）：2565-2575.

［39］ BRETT D J L，ATKINSON A，BRANDON N P，et al. Intermediate temperature solid oxide fuel cells［J］. Chemical Society Reviews，2008，37（8）：1568-1578.

［40］ MAO J，WANG E，WANG H，et al. Progress in metal corrosion mechanism and protective coating technology for interconnect and metal support of solid oxide cells［J］. Renewable and Sustainable Energy Reviews，2023，185：113597.

［41］ MATHER G C，MUÑOZ-GIL D，ZAMUDIO-GARCÍA J，et al. Perspectives on cathodes for protonic ceramic fuel cells［J］. Applied Sciences，2021，11（12）：5363.

［42］ PARK B K，LEE J W，LEE S B，et al. La-doped $SrTiO_3$ interconnect materials for anode-supported flat-tubular solid oxide fuel cells［J］. international journal of hydrogen energy，2012，37（5）：4319-4327.

［43］ LEE D，LEE H N. Controlling oxygen mobility in Ruddlesden-Popper oxides［J］. Materials，2017，10

(4): 368.

[44] SUZUKI T, FUNAHASHI Y, YAMAGUCHI T, et al. Fabrication and characterization of micro tubular SOFCs for advanced ceramic reactors [J]. Journal of Alloys and Compounds, 2008, 451 (1-2): 632-635.

[45] MALAVASI L, FISHER C A J, ISLAM M S. Oxide-ion and proton conducting electrolyte materials for clean energy applications: structural and mechanistic features [J]. Chemical Society Reviews, 2010, 39 (11): 4370-4387.

[46] VINCHHI P, KHANDLA M, CHAUDHARY K, et al. Recent advances on electrolyte materials for SOFC: A review [J]. Inorganic Chemistry Communications, 2023, 152: 110724.

[47] 衣宝廉, 俞红梅, 侯中军, 等. 氢燃料电池 [M]. 北京: 化学工业出版社, 2021.

[48] 衣宝廉. 燃料电池: 原理·技术·应用 [M]. 北京: 化学工业出版社, 2003.

[49] 傅献彩, 沈文霞, 姚天杨, 等. 物理化学: 上册 [M]. 5版. 北京: 高等教育出版社, 2005.

[50] KIM H Y, IM D S, SON U H, et al. Replacement effect of fresh electrolyte on the accelerated deactivation test and recovery process of Pt/C catalysts in a half-cell system [J]. Carbon Letters, 2022, 32 (1): 313-319.

[51] AOKI N, INOUE H, OKAWA T, et al. Enhancement of oxygen reduction reaction activity of Pd core-Pt shell structured catalyst on a potential cycling accelerated durability test [J]. Electrocatalysis, 2018, 9: 125-138.

[52] COOK T R, DOGUTAN D K, REECE S Y, et al. Solar energy supply and storage for the legacy and nonlegacy worlds [J]. Chemical reviews, 2010, 110 (11): 6474-6502.

[53] NØRSKOV J K, ROSSMEISL J, LOGADOTTIR A, et al. Origin of the overpotential for oxygen reduction at a fuel-cell cathode [J]. The Journal of Physical Chemistry B, 2004, 108 (46): 17886-17892.

[54] TANG C, ZHANG Q. Can metal-nitrogen-carbon catalysts satisfy oxygen electrochemistry? [J]. Journal of materials chemistry A, 2016, 4 (14): 4998-5001.

[55] ZHOU R, ZHENG Y, JARONIEC M, et al. Determination of the electron transfer number for the oxygen reduction reaction: from theory to experiment [J]. Acs Catalysis, 2016, 6 (7): 4720-4728.

[56] ZHANG G, WEI Q, YANG X, et al. RRDE experiments on noble-metal and noble-metal-free catalysts: Impact of loading on the activity and selectivity of oxygen reduction reaction in alkaline solution [J]. Applied Catalysis B: Environmental, 2017, 206: 115-126.